· 中国现代养殖技术与经营丛书 ·

专家与成功养殖者共谈 ——

现代高效肉鸡养殖实战方案

ZHUANJIA YU CHENGGONG YANGZHIZHE GONGTAN

XIANDAI GAOXIAO ROUJI YANGZHI SHIZHAN FANGAN

丛书组编 中国畜牧业协会　　　本书主编 蔡辉益

金盾出版社

内 容 提 要

本书为《中国现代养殖技术与经营丛书》中的一册。由国家肉鸡产业技术体系饲料营养价值评定岗位专家蔡辉益研究员主编，会同遗传、营养、环控等多个岗位专家和综合试验站站长编写而成。全书在农业部畜禽标准化规模养殖示范创建的前提下，以现代肉鸡标准化规模养殖理念为核心，按照养殖技术环节，深入浅出地介绍了鸡场场区布局与建设、肉鸡品种与选择、营养需要与饲料配制、养殖模式与饲养管理技术、鸡场疾病防控技术、鸡场环境控制与废弃物处理、肉鸡屠宰与加工技术、肉鸡养殖场的运营与管理、生产记录与养殖档案等内容，并附有典型案例和图例，体现了现代高效肉鸡养殖的全新理念和技术要点。

本书的突出特点是，汇集了我国肉鸡产业一流的研究团队，既有研究院所的专家，又有大型企业的技术骨干；在编写内容方面，注重贯彻国家颁发的新标准，力推产业技术体系的新成果，理论与典型案例相结合，权威性、创新性、实用性和操作性强。本书既可供肉鸡养殖企业决策参考，也适合肉鸡养殖场各级管理者和技术人员阅读，同时也可作为相关院校教学参考用书。

图书在版编目(CIP)数据

专家与成功养殖者共谈——现代高效肉鸡养殖实战方案/蔡辉益主编 . —北京：金盾出版社，2015.12
（中国现代养殖技术与经营丛书）
ISBN 978-7-5186-0541-5

Ⅰ.①专⋯ Ⅱ.①蔡⋯ Ⅲ.①肉用鸡—饲养管理 Ⅳ.①S831.4

中国版本图书馆 CIP 数据核字(2015)第 227667 号

金盾出版社出版、总发行

北京太平路 5 号（地铁万寿路站往南）
邮政编码：100036 电话：68214039 83219215
传真：68276683 网址：www.jdcbs.cn
中画美凯印刷有限公司印刷、装订
各地新华书店经销

开本：787×1092 1/16 印张：21 彩页：16 字数：350 千字
2015 年 12 月第 1 版第 1 次印刷
印数：1～1 500 册 定价：150.00 元

（凡购买金盾出版社的图书，如有缺页、
倒页、脱页者，本社发行部负责调换）

丛 书 组 编 简 介

中国畜牧业协会（China Animal Agriculture Association, CAAA）是由从事畜牧业及相关行业的企业、事业单位和个人组成的全国性行业联合组织，是具有独立法人资格的非营利性的国家5A级社会组织。业务主管为农业部，登记管理为民政部。下设猪、禽、牛、羊、兔、鹿、骆驼、草、驴、工程、犬等专业分会，内设综合部、会员部、财务部、国际部、培训部、宣传部、会展部、信息部。协会以整合行业资源、规范行业行为、维护行业利益、开展行业互动、交流行业信息、推动行业发展为宗旨，秉承服务会员、服务行业、服务政府、服务社会的核心理念。主要业务范围包括行业管理、国际合作、展览展示、业务培训、产品推荐、质量认证、信息交流、咨询服务等，在行业中发挥服务、协调、咨询等作用，协助政府进行行业管理，维护会员和行业的合法权益，推动我国畜牧业健康发展。

中国畜牧业协会自2001年12月9日成立以来，在农业部、民政部及相关部门的领导和广大会员的积极参与下，始终围绕行业热点、难点、焦点问题和国家畜牧业中心工作，创新服务模式、强化服务手段、扩大服务范围、增加服务内容、提升服务质量，以会员为依托，以市场为导向，以信息化服务、搭建行业交流合作平台等为手段，想会员之所想，急行业之所急，努力反映行业诉求、维护行业利益，开展卓有成效的工作，有效地推动了我国畜牧业健康可持续发展。先后多次被评为国家先进民间组织和社会组织，2009年6月被民政部评估为"全国5A级社会组织"，2010年2月被民政部评为"社会组织深入学习实践科学发展观活动先进单位"。

出席第十三届（2015）中国畜牧业博览会领导同志在中国畜牧业协会展台留影

左四为于康震（农业部副部长），左三为王智才（农业部总畜牧师），右五为刘强（重庆市人民政府副市长），左一为王宗礼（中国动物卫生与流行病学中心党组书记、副主任），右四为李希荣（全国畜牧总站站长、中国畜牧业协会常务副会长），右三为何新天（全国畜牧总站党委书记、中国畜牧业协会副会长兼秘书长），右一为殷成文（中国畜牧业协会常务副秘书长），右二为宫桂芬（中国畜牧业协会副秘书长），左二为于洁（中国畜牧业协会秘书长助理）

领导进入展馆参观第十三届（2015）中国畜牧业博览会

中为 于康震（农业部副部长）
右为 刘 强（重庆市人民政府副市长）
左为 于 洁（中国畜牧业协会秘书长助理）

本书主编简介

蔡辉益，男，重庆人，1963年出生。博士生导师，农业部突出贡献中青年专家。国家肉鸡产业技术体系岗位科学家，中国农业科学院饲料研究所研究员、生物饲料开发国家工程技术研究中心主任。从事家禽营养和饲料添加剂应用技术领域研究，包括能量、蛋白质营养代谢、动态营养需要与生产性能预测、饲料营养价值评定、环保型饲料配制技术等研究。兼任中国畜牧兽医学会动物营养学分会副理事长，中国林木渔业经济学会饲料经济专业委员会理事长；《中国农业科学》《中国动物营养学报》编委，《饲料科技经济》和《饲料工业》编委会主任。

先后主持承担了国家重点科技支撑计划课题、国家"973"项目、国家自然科学基金项目等20余项，取得多项重大科技成果、发明专利和科技进步奖。在国内外专业学术期刊上发表学术论文250余篇，主编出版专著包括《饲料添加剂大全》《家禽营养需要》《饲料及饲料添加剂安全应用规范》《饲料安全及其检测技术》等10余部。

本书副主编简介

赵桂苹，女，河北人，1971年出生。动物遗传育种与繁殖专业博士，博士生导师，中国农业科学院北京畜牧兽医研究所研究员。中国畜牧兽医学会禽业分会理事，国家肉鸡遗传改良计划专家组专家，中国肉鸡产业技术体系首席科学家办公室成员。从事家禽遗传育种领域的研究，包括免疫抗病、肌肉品质的遗传机理与选育技术。主持国家科技支撑计划、国家自然科学基金等项目，已应用基因组学等技术，筛选到与鸡肉质、抗病性等性状的关键控制基因或基因组区域；建立了肉质和抗病性状的常规选择和分子辅助的综合选择方法。获得育种技术国家发明专利3项，培育肉鸡新品种3个。制定了《肉鸡标准化养殖场》等国家和行业标准4项，获得中华农业科技奖、农牧渔业部丰收奖等奖励。共发表论文60篇，主编《养鸡致富综合配套新技术》等著作。

本书编委会

肖 凡 北京家禽育种有限公司高级畜牧师
国家肉鸡产业技术北京综合试验站成员

吴礼奎 北京家禽育种有限公司兽医师
国家肉鸡产业技术北京综合试验站成员

徐幸莲 南京农业大学教授
国家肉鸡产业技术肉品加工与废弃物处理岗位专家

王 鹏 南京农业大学副教授
国家肉鸡产业技术肉品加工与废弃物处理岗位成员

孙京新 青岛农业大学教授
国家肉鸡产业技术肉品加工与废弃物处理岗位成员

邓雪娟 博士，国家生物饲料工程技术中心饲料营养室主任

张俊平 博士，北京挑战牧业公司技术总监

案例和彩页照片提供者

胡祖义 安徽五星食品股份有限公司高级畜牧师

瞿 浩 广东省农业科学院动物科学研究所研究员

彭志军 广东温氏食品集团股份有限公司高级畜牧师

季从亮 广东温氏食品集团股份有限公司高级畜牧师

徐振强 广东温氏南方家禽育种有限公司中级畜牧师

魏国辉 广东温氏南方家禽育种有限公司中级畜牧师

张 燕 广东温氏食品集团股份有限公司中级畜牧师

徐 彬 河南省农业科学院家禽研究所助理研究员

占秀安 浙江大学教授

唐 勇 山东新希望六和集团有限公司高级技术专员

孙京新 青岛农业大学教授

王虎虎 南京农业大学讲师

肖 凡 北京家禽育种公司高级畜牧师

李 鹏 中国农业科学院北京畜牧兽医研究所兽医师

郑麦青 中国农业科学院北京畜牧兽医研究所副研究员

耿慧娟 河北飞龙家禽育种公司高级畜牧师

刘大伟 广东佛山高明新广农牧公司高级兽医师

吴向东 安徽徽香源食品有限公司经济师

粟永春 广西金陵农牧集团有限公司畜牧师

现代化肉鸡
养殖场全景

标准化肉鸡
养殖场局布

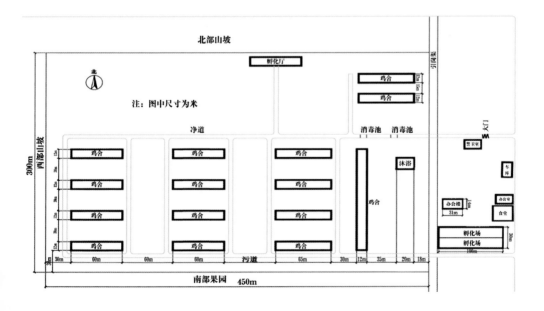

肉鸡养殖场平面示意图

平养饲喂设备

育雏前鸡舍准备

育 雏

舍内场景一

舍内场景二

饲料报酬测定设备

层叠式笼养
及其设备结构

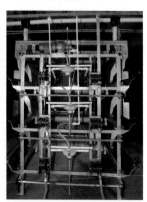

阶梯式笼养

笼养饲喂行车

自动清粪设备
及粪便清理输送

生物肥料场

沼气池

场区消毒一

场区消毒二

人员消毒通道

车辆消毒通道

鸡舍带鸡喷雾消毒

孵化设备

落盘设备

选蛋设备

种蛋保存

胴体分割

螺旋冷却

烧鸡制作

包 装

丛书序言

改革开放以来，中国养殖业从传统的家庭副业逐步发展成为我国农业经济的支柱产业，为保障城乡居民菜篮子供应，为农村稳定、农业发展、农民增收发挥了重要作用。当前，我国养殖业已经进入重要的战略机遇期和关键转型期，面临着转变生产方式、保证质量安全、缓解资源约束和保护生态环境等诸多挑战。如何站在新的起点上引领养殖业新常态、谋求新的发展，既是全行业迫切解决的重大理论问题，也是贯彻落实党和国家关于强农惠农富农政策，推动农业农村经济持续发展必须认真解决的重大现实问题。

这套由中国畜牧业协会和国家现代农业产业技术体系相关研究中心联合组织编写的《中国现代养殖技术与经营丛书》，正是适应当前我国养殖业发展的新形势新任务新要求而编写的。丛书以提高生产经营效益为宗旨，以转变生产方式为契入点，以科技创新为主线，以科学实用为目标，以实战方案为体例，采取专家与成功养殖者共谈的形式，按照各专业生产流程，把国家现代农业产业技术体系研究的新成果、新技术、新标准和总结的新经验融汇到各个生产环节，并穿插大量图表和典型案例，回答了当前养殖生产中遇到的许多热点、难点问题，是一套理论与实践紧密结合，经营与技术相融合，内容全面系统，图文并茂，通俗易懂，实用性很强的好书。知识是通向成功的阶梯，相信这套丛书的出版，必将有助于广大养殖工作者（包括各级政府主管部门、相关企业的领导、管理人员、养殖专业户及相关院校的师生），更加深刻地认识和把握当代养殖业的发展趋势，更加有效地掌握和运用现代养殖模式和技术，从而获得更大的效益，推进我国养殖业持续健康地向前发展。

中国畜牧业协会作为联系广大养殖工作者的桥梁和纽带，与相关专家学者和基层工作者有着广泛的接触和联系，拥有得天独厚的资源优势；国家现代农业产业技术体系的相关研究中心，承担着养殖产业技术体系的研究、集成与示范职能，不仅拥有强大的研究力量，而且握有许多最新的研究成果；金盾出版社在出版"三农"图书方面享有响亮的品牌。由他们联合编写出版这套丛书，其权威性、创新性、前瞻性和指导性，不言而喻。同时，希望这套丛书的出版，能够吸引更多的专家学者，对中国养殖业的发展给予更多的关注和研究，为我国养殖业的发展提出更多的意见和建议，并做出自己新的贡献。

农业部总畜牧师　王智才

本书前言

中国肉鸡产业发展具有重要的战略意义。历经几十年发展，肉鸡养殖，尤其是白羽肉鸡的养殖成为中国畜牧业中发展最快、标准化和集约化程度最高的产业。以温氏集团、正大集团、新希望六合集团、福建圣农集团、北京华都集团等为首的一批一条龙上市企业引领着我国肉鸡产业的发展方向。他们在过去创新的"公司＋农户"高速发展模式基础上，进一步提升为"公司＋基地＋金融＋农户"模式，目前再升级为"现代化设施、信息化与智能化管理方式、互联网＋"模式，推动肉鸡养殖产业实现了跨越式发展。

肉鸡养殖业之所以如此高速发展，主要原因是肉鸡养殖饲料转化率高，可以大幅降低粮食消耗。同样生产1千克肉，肉鸡消耗饲料1.8千克，生猪消耗饲料约3千克，肉牛消耗饲料6千克。其次是鸡肉成本低，价格便宜，是其他肉类的有效替代品。卓越的生产效率，低廉的生产成本，使得鸡肉价格在肉类消费品中极具竞争力。鸡肉价格比牛肉价格低近一倍，比猪肉价格低约60%。在大众肉类消费中，鸡肉作为便宜的肉类蛋白正成为消费者的重要选择。此外，大力发展肉鸡养殖还可有效带动就业，提高农民收入。

改革开放以来，中国鸡肉产量持续快速增长，是仅次于美国的世界第二大鸡肉生产国，占世界鸡肉总产量的13.3%，也是我国仅次于猪肉的第二大肉类食品。同时，鸡肉还是我国第一大肉类出口商品。统计资料显示，我国鸡肉产量的比重不断提高，未来我国鸡肉生产还有很大的发展空间。

据中国畜牧业协会统计，2014年我国白羽肉鸡出栏约46亿只，黄羽肉鸡出栏约37亿只，鸡肉产量1387万吨。然而，中国鸡肉在肉类结构中所占比重约为15%，远远低于世界平均水平。同时，由于我国消费者的肉类消费习惯偏重猪肉，人均消费量远远低于世界发达国家和国际水平，增长潜力巨大。

我国肉鸡养殖产业发展面临诸多挑战。首先，禽流感等疫情的不断爆发对行业打击巨大，产业链各环节销售价格持续低位徘徊，消费不振，价量双双受挫，致使肉鸡产业盈利能力大幅下降，一条龙企业产值骤降。其次，媒体和消费者缺乏对鸡肉安全问题的科学认识，"速生鸡"、"激素鸡"、"六个翅膀四条腿鸡"等错误理念严重误导了消费者，影响了产业的健康发展。再次，鸡肉产品一直处于初加工水平，深加工产业处于弱势发展之中。很多企业局限在为肉制品企业提供原料，成为低端原料的生产和供应商。

随着消费者对畜产品安全和环境保护意识的不断增强，肉鸡养殖产业今后将更加重视生态和健康养殖技术的应用和鸡肉质量安全的改善。国家肉鸡产业技术体系基于多年来的研究成果，组织撰写了《专家与成功养殖者共谈——现代高效肉鸡养殖实战方案》一书，对推动我国肉鸡产业发展转型升级具有重要意义。

本书的撰写从肉鸡养殖整个产业链中每个环节的关键技术出发，力求为广大养殖户提供目前最先进的、符合中小养殖企业或专业养殖户发展需要的实用技术。撰写过程中，得到了农业部畜牧业司、科教司有关领导和国家肉鸡产业技术体系岗位科学家、试验站站长的大力支持与配合。

希望本书的出版能给广大肉鸡养殖企业或专业养殖户带来技术指导，并为推动我国肉鸡养殖业走上健康可持续发展的道路做出贡献！

文　杰

2015 年 9 月于北京

目　录

第一章
肉鸡产业发展趋势

阅读提示：

    我国鸡肉产量居世界第二。鸡肉是仅次于猪肉的第二大肉类生产和消费品。从20世纪80年代起步到90年代的大规模兴起，再到现代肉鸡业规模的不断发展壮大，我国的肉鸡产业发展到今天，已经成为一项与国计民生高度相关、不可或缺的产业。目前我国人均消费鸡肉10千克/年，与美国、巴西等国家的人均鸡肉消费40千克/年相比，我国对鸡肉产品需求仍具有较大的发展空间。然而，我国肉鸡产业中仍然存在标准化程度低、疫病发病高等有待解决的问题，要实现肉鸡产业的可持续发展必须大力转变生产方式。本章简述了肉鸡产业概况、发展历程、未来需求等问题，旨在为经营者提供养鸡产业宏观的认识和参考。

第一节 我国肉鸡产业概况

肉鸡饲养在我国有着悠久的历史，改革开放以前，仅是作为家庭副业进行生产，尚未成为一项独立的产业；改革开放后，在没有国家经济补贴的情况下，我国肉鸡产业依靠自身具有的高效率、低成本优势稳定立足。尤其自1984年以来，大量肉鸡产业化经营企业逐步改制，这使得肉鸡产业持续高速增长，成为我国畜牧业中市场化、产业化程度最高的行业之一。目前，我国已经成为仅次于美国的世界第二大肉鸡生产国。鸡肉在我国已经成为第二大畜禽消费品，肉鸡产业的发展为改善我国城乡居民膳食结构、提供动物蛋白等方面做出了巨大贡献。

一、肉鸡生产总量及占肉类比例持续增长

改革开放以来，随着一批中外合资企业的成立，通过直接引进国外先进的生产技术和管理制度进行高位嫁接，我国肉鸡产业基本上结束了以农户散养为主的生产方式，转向集约化、规模化饲养，进入专业化的快速增长阶段。我国肉鸡存栏量、出栏量和肉鸡产量基本上都呈增长趋势（图1-1）。1978年我国肉鸡存栏量、出栏量和鸡肉产量分别是7.79亿只、8.94亿只和89.38万吨，到2013年分别达到了47.42亿只、91.19亿只和1 279.08万吨，年均递增速度分

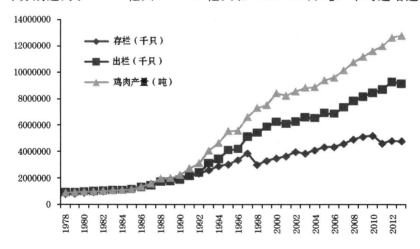

图1-1 我国肉鸡产业总体生产水平

数据来源：联合国粮农组织数据库（FAOSTAT）

别达到 5.51%、7.12% 和 8.1%。

我国鸡肉在禽肉中的比重一直维持在 70% 左右（表 1-1）。1978—2013 年，鸡肉在肉类中的比重从 8.73% 提升到 15.93%，目前这个比重还在平稳中逐步提升。这些数据表明，鸡肉正成为老百姓日常膳食中重要的肉类来源。

表 1-1　我国鸡肉在禽肉和肉类中的比重

年　份	鸡肉占禽肉的比重	鸡肉占肉类的比重
1978	71.08%	8.73%
1980	70.75%	6.88%
1985	72.52%	5.86%
1990	71.02%	7.90%
1995	69.47%	12.84%
2000	70.87%	14.97%
2005	70.37%	14.52%
2006	70.61%	14.31%
2007	70.14%	14.74%
2008	70.09%	15.01%
2009	70.04%	14.95%
2010	70.03%	14.98%
2011	70.04%	15.42%
2012	70.04%	15.45%
2013	70.03%	15.30%

数据来源：FAOSTAT 数据库。

随着农业和畜牧业结构的调整以及产业化的发展，肉鸡业在畜牧业和农业中的地位不断提高。20 世纪 90 年代初，肉鸡业产值约为 200 亿元，到 2013 年，肉鸡业产值接近 2 400 亿元（表 1-2）。肉鸡业产值占畜牧业总产值的比重基本上都保持在 10% 左右的水平，个别年份还超过 13%；占农业总产值的比重基本保持在 3% 左右的水平，个别年份还超过 3.5%。虽然，2013 年肉鸡业产值占畜牧业的比重较 1990 年略有下降；但在 1990—2013 年期间，肉鸡业总体上保持了与农林牧渔业一致的发展速度，甚至在"九五"和"十五"期间肉鸡业产值增长速度明显快于农林牧渔业。

表 1-2　1990—2012 年我国肉鸡产业在畜牧业和农业中的地位

年　份	产值（亿元）			鸡肉产值所占比重（%）	
	肉鸡业	畜牧业	农林牧渔	占畜牧业	占农林牧渔业
1990	205.19	1964	7662	10.45	2.68
1991	218.73	2159	8157	10.13	2.68
1992	253.93	2461	9085	10.32	2.80
1993	362.90	3014	10996	12.04	3.30
1994	535.58	4672	15750	11.46	3.40
1995	721.59	6045	20341	11.94	3.55
1996	787.30	6016	22354	13.09	3.52
1997	828.21	6835	23788	12.12	3.48
1998	855.45	7026	24542	12.18	3.49
1999	849.17	6998	24519	12.14	3.46
2000	829.73	7393	24916	11.22	3.33
2001	867.44	7963	26180	10.89	3.31
2002	862.39	8455	27391	10.20	3.15
2003	960.44	9539	29692	10.07	3.23
2004	1175.76	12174	36239	9.66	3.24
2005	1027.27	13311	39451	7.72	2.60
2006	1197.89	12084	40811	9.91	2.94
2007	1443.34	16125	48893	8.95	2.95
2008	1711.23	20584	58002	8.31	2.95
2009	1737.32	19468	60361	8.92	2.88
2010	1999.93	20826	69320	9.60	2.89
2011	2225.70	25771	81304	8.64	2.74
2012	2478.38	27189	89453	9.12	2.77
2013	2377.27	28436	96995	8.36	2.45

　　数据来源：根据 FAOSTAT 数据库、《中国统计年鉴》（历年）、《全国农产品成本收益资料汇编》（历年）相关数据计算。

二、人均鸡肉消费水平及占肉类消费比重不断增长

　　鸡肉是我国消费人群最广的肉类食品之一。我国有 10 个不吃猪肉的民族，

在南方，嫌牛羊肉有膻味而不吃的人数众多，而唯独鸡肉全民皆宜。20 世纪 80 年代以前，我国畜产品消费处于低水平阶段，鸡肉消费也不例外，人均鸡肉消费量不足 1 千克；到 1978 年，全国鸡肉总消费量仅为 84.04 万吨，人均鸡肉消费量也仅为 0.87 千克。改革开放后，特别是 1984—1985 年的畜牧业流通体制改革，使得我国畜牧业快速发展，畜产品供给迅速增加，再加上居民收入水平的提高，我国城乡居民对肉类产品的消费明显增加，其中家禽产品，尤其是鸡肉消费的增长最为明显，到 2013 年，全国鸡肉总消费量达到 1 287.17 万吨，人均鸡肉消费量达到 9.46 千克（表 1-3）。鸡肉不再是只有在逢年过节和婚丧嫁娶的时候才能吃到的奢侈品，并且已成为仅次于猪肉的第二大肉类消费品。

表 1-3　我国鸡肉总消费量及人均消费量

年　份	鸡肉产量（万吨）	进口数量（万吨）	出口数量（万吨）	全国总消费量（万吨）	人均消费（千克）
1978	89.38	0.00	5.35	84.04	0.87
1980	95.90	0.00	6.29	89.61	0.91
1985	115.45	0.30	4.71	111.04	1.05
1990	224.37	6.48	8.32	222.52	1.95
1995	555.78	25.39	32.86	548.32	4.53
2000	842.69	79.98	53.48	869.19	6.86
2005	939.93	37.09	37.59	939.44	7.18
2006	959.14	57.22	35.84	980.52	7.46
2007	1015.38	77.36	38.58	1054.16	7.98
2008	1074.85	78.73	30.44	1123.14	8.46
2009	1117.09	72.23	30.79	1158.53	8.68
2010	1159.85	51.59	39.98	1171.46	8.74
2011	1196.85	38.57	44.78	1190.64	8.84
2012	1262.92	47.33	44.08	1266.17	9.35
2013	1279.08	52.98	44.89	1287.17	9.46

数据来源：根据 FAOSTAT 数据库相关数据计算。

此外，随着收入水平的提高，我国居民消费模式发生了重大的转变，户外消费已经成为鸡肉消费的重要方式。有关学者通过对 2008 年全国七大区域的 11 个样本地区的省会城市、地级市、县级市、乡镇和农村的城乡居民肉类消费调查研究表明，城镇居民禽肉户外消费达到 46％，农村居民禽肉户外消费比重达到 27％。

随着城乡居民肉类消费量的增加，肉类消费的内部结构也发生了很大变化（表1-4），鸡肉消费数量和消费比例增长迅速。根据国家统计局对城乡居民食物户内消费的抽样调查数据，1978年城乡居民人均家庭消费0.36千克，占肉类家庭总消费的4.01%；2012年城乡居民人均家庭消费增长到5.45千克，占肉类家庭总消费的19%。

表1-4　1978—2012年我国人均肉类消费量与数量结构

年　份	肉　类	猪　肉		牛羊肉		鸡　肉		其他禽肉	
		数　量（千克）	比　例（%）	数　量（千克）	比　例（%）	数　量（千克）	比　例（%）	数　量（千克）	比　例（%）
1978	8.86	7.67	86.57	0.75	8.47	0.36	4.01	0.08	0.95
1980	11.79	10.16	86.17	0.83	7.04	0.62	5.24	0.18	1.54
1985	14.36	11.81	82.25	1.02	7.09	1.07	7.46	0.46	3.20
1990	16.23	12.60	77.63	1.45	8.96	1.52	9.39	0.65	4.02
1995	16.69	12.53	75.05	1.21	7.22	2.07	12.41	0.89	5.32
2000	20.91	14.54	69.55	1.91	9.12	3.12	14.93	1.34	6.40
2005	25.97	17.56	67.60	2.45	9.43	4.18	16.08	1.79	6.89
2006	25.71	17.50	68.05	2.57	9.98	3.95	15.37	1.69	6.59
2007	24.77	15.61	63.02	2.62	10.56	4.58	18.50	1.96	7.93
2008	25.34	15.73	62.06	2.31	9.10	5.12	20.19	2.19	8.65
2009	26.89	17.14	63.76	2.51	9.34	5.06	18.83	2.17	8.07
2010	27.35	17.56	64.21	2.59	9.46	5.04	18.43	2.16	7.90
2011	28.20	17.60	62.43	2.95	10.47	5.35	18.97	2.29	8.13
2012	28.66	17.99	62.76	2.89	10.09	5.45	19.00	2.33	8.14

数据来源：根据《中国统计年鉴》（历年）相关数据计算。

注：鸡肉消费量＝禽肉消费量×70%

三、肉鸡生产规模化程度不断提高

我国从20世纪80年代开始出现了工厂化家禽生产。建设工厂化家禽场的目的是丰富大中城市的菜篮子，满足人民日益增长的对禽肉和禽蛋的需求。到90年代，规模化家禽饲养在全国范围内逐步发展起来。2000年以来，我国规模化肉鸡养殖有了较快发展，专业化生产程度也有了很大提高，为我国肉鸡产量的快速增长发挥了重要作用。

2000—2012年我国肉鸡规模化养殖出栏数量占肉鸡总出栏数量的比重呈现

出比较稳定的上升趋势，年出栏 2 000 只以上规模养殖场肉鸡出栏比例从 50.07% 上升到 85.6%，年出栏 10 000 只以上规模养殖场肉鸡出栏比例从 23.92% 上升到 71.9%。同时，规模肉鸡场数量和平均饲养规模也都在不断增加（表 1-5），规模养殖场数量从 2000 年的 35.63 万个增加到 2013 年的 47.91 万个，平均饲养规模从 2000 年的 8 764.34 只增加到 2013 年的 16 302.53 只。

表 1-5　不同规模养殖场的平均养殖规模

年　份	2000～9999 只	10000～49999 只	50000～99999 只	100000～499999 只	500000～999999 只	100 万只以上	平均（千只）
2000	5.31	20.00	75.94	194.49	787.44	1705.31	8.76
2001	5.02	18.83	68.40	207.07	755.60	2050.84	8.49
2002	5.44	20.07	68.63	218.24	759.67	2028.83	9.76
2003	4.97	21.12	72.97	228.70	777.77	2277.62	9.75
2004	4.97	18.17	64.93	201.57	760.88	2709.86	9.81
2005	4.84	17.52	62.32	209.64	773.42	2737.80	9.66
2006	4.65	16.75	59.90	202.59	723.48	2671.93	9.84
2007	4.74	18.53	66.09	203.73	709.47	2835.12	11.06
2008	4.85	19.21	65.37	190.39	628.17	3279.29	12.48
2009	4.78	18.54	59.80	178.74	591.60	3026.80	13.18
2010	4.54	18.64	56.69	170.98	575.56	2862.97	14.17
2011	4.35	17.85	54.09	162.47	551.08	2697.02	14.36
2012	4.62	18.34	57.70	168.76	567.51	2687.10	16.51
2013	4.46	19.18	57.28	166.08	560.58	2437.25	16.30

数据来源：根据 FAOSTAT 数据库和《中国畜牧业年鉴》（历年）相关数据计算。

从 2000—2013 年规模养殖场（户）的发展变化情况来看，2000 年出栏 2 000～9 999 只的小规模肉鸡场（户）数占肉鸡规模养殖场总数的 86.26%，出栏 10 000～49 999 只的中规模场（户）数占 12.63%，出栏 5 万只以上的大规模场（户）数占 1.12%，其出栏肉鸡占全国规模养殖场总出栏数的比例分别为 54.24%、28.8% 和 18.96%。到 2013 年，出栏肉鸡 2 000～9 999 只的小规模肉鸡场占肉鸡规模养殖场总数的 58.54%，出栏肉鸡 1 万～5 万只的中规模场户占 29.4%，出栏肉鸡 5 万只以上的大规模场（户）数占 5.86%，其出栏肉鸡占全国规模养殖场总出栏数的比例分别为 16%、34.58% 和 49.42%。十年间，占肉鸡规模养殖场总数和总出栏数的比例提高幅度最大的是 5 万只的大规模饲养场，场户数和出栏量分别增长了 6.06 倍和 5.51 倍；其次是 10 000～49 999 只的中规模饲养场，场户数和出栏量分别增长了 2.12 倍和 2 倍；2 000～9 999 只的小规模饲养，无论是场户数还是出栏量增长都有所下降，分别下降了 8.81% 和

23.41％。中大型规模的肉鸡饲养已经成为我国肉鸡规模饲养的主要模式。

四、肉鸡生产区域集中度进一步提高

我国肉鸡饲养区域十分广泛，全国各省（直辖市、自治区）[以下简称省（市、区）]都有规模不等、数量不一的肉鸡饲养，主要集中在华东、华中、华北和东北等地区。2013年，山东、广东、江苏、广西、辽宁、河南、安徽、四川、河北、吉林10个产量超过50万吨的省（区）鸡肉产量达900多万吨，超过全国鸡肉总产量的70％。

1985—1995年是我国肉鸡产量增长速度最为迅猛的十年，同时也是各主产区增长速度最快的十年，在这十年中我国肉鸡主产区的区域格局也发生了一些较为明显的变动。进入20世纪90年代中后期，我国肉鸡产量增速明显放缓，主产区的区域格局也基本稳定下来。从1985—2013年肉鸡生产省（区）前十强的排序变动来看（表1-6），河南、河北、吉林从十强之外一跃而成为肉鸡生产大省，而原来的十强省湖南、浙江和福建，虽有较好的生产基础，但由于产量增长缓慢，被挤出了十强。在十强省（区）中，山东、辽宁凭借相对更高的增长速度，排名分别由1985年的第七位和第十位上升到2013年的第一位和第五位。

表1-6　1985—2013年肉鸡主产省（区）排名及产量　（单位：万吨）

排名＼时间	1985年		1990年		2000年		2010年		2013年	
1	广东	21.6	广东	37.8	山东	117.3	山东	167.2	山东	188.16
2	江苏	14.3	江苏	24.4	广东	76.4	广东	107.1	广东	100.1
3	四川	11.2	四川	23.2	江苏	67.6	江苏	92.9	广西	94.71
4	安徽	10.6	山东	21.0	四川	61.5	广西	87.4	江苏	92.33
5	广西	7.1	安徽	14.7	吉林	57.1	辽宁	85.3	辽宁	89.67
6	湖南	6.5	湖南	9.8	辽宁	53.5	河南	74.1	河南	85.61
7	山东	5.9	上海	9.7	河北	51.7	安徽	72.9	安徽	81.2
8	浙江	4.7	广西	9.5	安徽	48.4	四川	59.2	四川	66.92
9	福建	3.6	辽宁	7.9	广西	39.1	河北	48.9	河北	60.62
10	辽宁	3.0	浙江	7.3	河南	38.5	吉林	46.1	吉林	49.21

数据来源：根据《中国畜牧业统计年鉴》（历年）相关数据整理。

注：鸡肉产量＝禽肉产量×70％

此外，近几年，我国肉鸡主产区生产保持着稳定增加的趋势，而部分非主产区作为肉鸡生产的新生力量，以相对更快的速度发展起来（表1-7），成为肉鸡生产持续增长的重要支撑点。如山西省2005—2013年的年均增长速度达到9.82%，明显高于2.6%的全国平均水平。

表1-7　1985—2013年我国各省（市、区）鸡肉产量增长率

地　区	产量（万吨）		年均增长速度（%）					
	1985	2013	1985—1990	1990—1995	1995—2000	2000—2005	2005—2010	2010—2013
北京	1.33	9.66	27.49	10.40	15.42	4.43	−6.97	−9.47
天津	0.56	7.91	14.87	22.89	7.37	14.33	−5.14	5.59
河北	2.17	60.62	13.35	50.21	10.75	6.26	−6.93	7.40
山西	0.63	6.37	10.76	18.09	5.02	−0.46	10.55	8.62
内蒙古	0.49	15.61	14.87	29.44	8.07	32.39	−8.37	4.22
辽宁	3.01	89.67	21.32	32.60	10.53	5.97	3.61	1.67
吉林	1.47	49.21	30.67	35.18	17.68	2.56	−6.56	2.18
黑龙江	2.38	23.87	23.07	23.70	3.11	−2.33	0.89	4.25
上海	1.68	2.87	42.09	19.22	−3.24	−15.14	−11.21	−15.93
江苏	14.28	92.33	11.34	19.30	2.73	1.63	4.87	−0.20
浙江	4.69	22.05	9.19	11.82	5.63	6.86	3.32	−7.03
安徽	10.57	81.20	6.82	7.82	17.73	1.13	7.30	3.67
福建	3.64	31.85	13.28	15.19	5.90	−0.62	0.70	20.05
江西	2.80	42.84	18.13	22.93	6.02	6.94	2.63	3.56
山东	5.88	188.16	28.99	45.51	−3.05	9.06	−1.57	4.01
河南	2.87	85.61	18.05	26.96	12.14	9.73	3.87	4.95
湖北	2.66	49.07	19.86	24.86	6.12	4.61	6.47	2.13
湖南	6.51	40.18	8.52	14.90	9.03	4.64	−0.33	2.50
广东	21.63	100.10	11.81	15.28	−0.13	0.81	6.12	−2.23
广西	7.14	94.71	5.92	27.08	4.40	−9.73	30.11	2.70
海南	—	18.20	—	30.59	1.39	5.47	7.10	6.21
重庆	—	25.06	—	0.00	0.00	9.35	6.91	4.92
四川	11.20	66.92	15.72	15.39	5.30	−4.37	3.77	4.16
贵州	1.33	10.85	8.83	9.68	9.67	10.45	3.28	3.21
云南	1.82	24.99	7.31	14.60	11.50	10.33	10.02	2.45
西藏	—	0.14	0.00	0.00	0.00	0.00	0.00	25.99
陕西	0.56	5.67	20.11	27.13	4.05	4.72	−5.71	2.15

续表 1-7

地 区	产量（万吨）		年均增长速度（%）					
	1985	2013	1985—1990	1990—1995	1995—2000	2000—2005	2005—2010	2010—2013
甘肃	0.28	3.01	26.58	20.74	−3.44	8.96	−0.47	0.79
青海	0.14	0.49	−12.94	17.36	6.15	5.92	4.56	11.87
宁夏	0.07	1.54	37.97	26.16	11.87	2.71	−8.97	3.23
新疆	0.35	8.05	19.14	24.26	16.42	14.57	−11.16	11.48

数据来源：根据《中国畜牧业统计年鉴》（历年）相关数据整理。

注：鸡肉产量＝禽肉产量×70%

五、肉鸡产业化发展体系基本形成

在我国农业部门中最早开始产业化经营的是畜牧业，而在畜牧业中产业化水平发展最快的是肉鸡产业。经过 30 多年的发展，肉鸡产业已经成为我国农业产业化发展最迅速、最典型的行业。我国的肉鸡产业从改革开放后得到快速发展，很大程度上得益于产业化的经营。通过产业化经营，我国肉鸡产业由小到大，由弱到强，现在已经成为农业和农村经济中的支柱产业。饲养规模上，逐步从小规模分散饲养逐步向标准化规模饲养转变，涌现出一大批规模大、标准高的肉鸡养殖场；加工环节上，由以初级产品加工为主逐步向产品深加工为主，并涌现出一批经营规模较大的肉鸡加工企业；经营环节上，实现了逐渐由农户找市场向市场找农户的发展阶段转变，涌现出一批适应市场经济发展要求的农村经纪人队伍；此外，还逐步形成了"公司＋农户"、"公司＋合作社＋农户"、龙头企业垂直一体化等多种形式的产业化经营模式。可以说，我国肉鸡产业从起步发展到现在，已经从简单的单一养殖户独立经营发展到现在集种鸡繁育、饲料生产、肉鸡饲养、屠宰加工、冷冻冷藏、物流配送、批发零售等环节紧密结合甚至完全一体化的生产经营，肉鸡产业化发展体系基本形成。

第二节　我国肉鸡产业可持续发展趋势

随着城乡居民收入水平的进一步提高，城镇化进程的持续推进，我国人均鸡肉消费水平和全国鸡肉消费总量将进一步提高，鸡肉需求的持续增长势必促进肉鸡产业的可持续发展；同时，要实现肉鸡产业的可持续发展，必须大力转变生产方式。但是，受禽流感等疫病不可预测性的影响，未来肉鸡价格走势仍存在较大的不确定性，这为肉鸡产业可持续发展带来极大的不稳定性。

一、鸡肉消费水平的持续增长势必促进肉鸡产业的可持续发展

一方面，城乡居民收入的增长将拉动鸡肉消费持续增长。改革开放以来，我国城乡居民收入水平有了大幅度的提高，1978 年人均收入为 171.19 元，2012 年增长到 16 668.52 元，年均增长速度达到 14.42%。居民收入水平是影响人均鸡肉消费水平的重要因素。此外，我国城乡居民收入的差异、不同收入阶层收入的差异均导致了对鸡肉的消费存在巨大差异，通常低收入阶层较高收入阶层对动物食品的需求具有更高的收入弹性，随着消费水平的提高，低收入阶层对鸡肉的需求将快速增长。另一方面，城镇化水平的提高将推动鸡肉消费持续增长。我国城镇化水平在改革开放以来的 30 多年中也有了很大程度的提高，城镇人口所占比重从 1978 年的 17.92% 增长到 2012 年的 52.57%，这也在很大程度上带动了我国鸡肉消费的增长。城镇化不仅改善了居民的食品消费结构，而且也带来了更便捷的鸡肉销售市场，这些因素都促进了鸡肉消费的持续增长。未来，随着城镇化进程的继续推进，新增城镇居民人均鸡肉消费水平也将出现快速增长的趋势。鸡肉消费水平的持续增长将带动肉鸡生产水平的持续提高，势必会促进肉鸡产业的可持续发展。

二、现代化养殖模式的构建是肉鸡产业实现可持续发展的必要支撑

加快肉鸡生产方式转变是新时期肉鸡产业发展的主要任务和战略重点，也是肉鸡产业要实现可持续发展的必要支撑。虽然我国肉鸡规模化养殖有了较快发展，但大群体小规模饲养的状况在很多地区依旧存在，养殖设备以及养殖技术水平参差不齐的问题也较为突出，而由此带来的生产方式落后、鸡肉产品质量存在安全隐患、疫病防控形势严峻以及环境污染等问题，已成为制约我国肉鸡业可持续发展的重要因素。因此，大力推进禽舍标准化、规模化建造与改造，加大对养殖设施与设备的投入，借鉴世界先进经验，实现肉鸡饲养"人管设备，设备养禽"的模式，提高重大动物疫病控制能力，促进产业转型和技术升级。只有加快生产方式的转变，才能突破质量安全、疫病防控、生态环境等多重制约，保持畜牧业持续、健康、协调发展。

三、疫情的影响给肉鸡产业可持续发展带来极大的不稳定性

动物疫病风险具有不确定性，是造成养殖业高风险的重要因素。动物疫病对畜牧业生产的危害性已不仅限于造成畜禽死亡或个体生产性能下降，更加突出表现为养殖户、消费者对疫病产生恐慌而弃养、弃购。心理恐慌导致的损失，远远超过疫病死亡损失。从 1997 年香港禽流感初次暴发以来，我国肉鸡产业又经历了两次重大疫情的考验，2004 年和 2005 年的禽流感，以及 2013 年和 2014 年的 H7N9 流感。从每次疫情的影响来看，疫病的复杂性及对行业危害性呈几何倍数增长。比如，2004 年和 2005 年两年的禽流感疫情给家禽产业造成经济损失约为 950 亿元。而 2013 年和 2014 年的人感染 H7N9 流感疫情虽然不是动物疫情，但由于媒体在报道和宣传时均称"人感染 H7N9 禽流感"，造成了消费者恐慌，从业者恐惧，行业损失保守估计在 2 000 亿元。以上事件也深刻提醒我们，在资讯发达的今天，"恐慌"造成的损失远比疫情带来的损失更可怕。面对弱势的传统肉鸡养殖业，社会各方必须在尊重科学的前提下，恪守职业道德规范，让科学直面疫病，共同保护肉鸡产业健康发展的土壤。

第二章
鸡场场区布局与建设

阅读提示：

  鸡场建设是肉鸡生产中最大的固定资产投入，其选址、构造是否合理，会对整个鸡场效益产生影响。经营者应根据经营能力和未来规划，建造适用和适度规模的鸡场。鸡场建设应因地制宜，不同地理环境和地貌条件应有不同的设计方案，不可生搬硬套。本章系统介绍了肉鸡养殖场的选址、规划和平面布局以及鸡舍间距、朝向的设计原则和方法。通过阅读本章，可以为读者在肉鸡场规划和建设时提供帮助，减少鸡场设计和建造失误，为养好肉鸡打下坚实的物质基础，增加肉鸡养殖的经济效益。

肉鸡养殖场的选址、布局、设计是否合理，是影响养殖经济效益的重要因素。一个选址布局合理、设计和建造规范的鸡场可以给今后养殖生产中的防疫、环境控制工作带来诸多便利，从而提高生产成绩和降低生产成本；反之将后患无穷。

在养鸡生产中，从防疫的角度出发，鸡场应实行"全进全出"制，进雏和成鸡销售最好在一周内完成，然后清洗消毒空舍一周以上再进入下一循环。所以，鸡场的建设规模必须和销售能力相匹配。同时，还要根据所饲养的品种生产性能和生产工艺建造合适的鸡舍和适度规模的鸡场。也不能一味地追求"高、大、上"而不关注固定资产投资成本，所有投入的固定资产都会在以后的养殖中摊销到每只鸡上，过高的固定资产将会推高生产成本，从而降低养殖效益。

第一节　肉鸡养殖场选址和设计原则

一、合理利用土地资源

土地是养殖业最为重要的生产资料。目前，我国人均耕地只有 920 米^2（1.38 亩），不到世界平均水平的 40%。工业化、城市化进程不断加快，"人增地减"成为我国现代化进程中最突出的矛盾之一。新建养殖场需要占用较多的建筑用地、配套设备设施用地，以及防疫隔离带等。在地少人多的国情下，征用土地是新建养殖场最大的困难之一。在新颁布实施的《畜禽规模养殖污染防治条例》中，国家鼓励利用废弃地和荒山、荒沟、荒丘、荒滩等未利用地开展规模化、标准化畜禽养殖。同时，畜禽养殖用地按农用地管理，并按照国家有关规定确定生产设施用地和必要的污染防治等附属设施用地。

所以，在新建肉鸡养殖场时应重点考虑利用"四荒"土地资源，减少或避免占用可耕地和基本农田，在鸡舍设计中要着重考虑合理的鸡舍间距和密度。同时，在隔离带中进行绿化或者种植经济作物，以提高土地利用率。

二、保温、节能、环保优先

肉鸡在整个生产过程中对温度的要求较为严格，在冬季需要加温、而夏季需要降温来达到肉鸡生长的需求。加温和降温在肉鸡养殖过程中耗能最大，在肉鸡生产中占 10% 左右的成本。同时，温度的剧烈波动会严重影响肉鸡的健康和生产性能，鸡舍保温性能和降温措施显得尤为重要，所以在鸡舍设计过程中，就应根据当地的气候情况进行全面的考虑，通过增加鸡舍的保温措施和通风措施来节能，从而节约成本。

随着社会经济的发展和人们环境保护意识不断的加强，以及2014年1月1日实施的《畜禽规模养殖污染防治条例》对畜禽养殖污染物排放做出了严格的规定，在鸡场设计中必须将环保放在首要的位置。目前还有部分慢速鸡采用放养模式进行饲养，在放养过程中，鸡粪等排泄物无计划排放，必然造成环境污染。因此，在鸡场建造初期须考虑适度的养殖规模和合适的养殖密度，使养殖过程中产生的污染物可以被环境消纳，不对环境产生污染。一般放养情况下，每667米^2（1亩）土地放养鸡100只以内所产生的污染物能够被自然消纳。规模化舍饲的肉鸡场在设计时也必须做到雨污分流，污水、粪便处理设施设备配套齐全，确保污染物排放达标。

三、实现机械化、自动化

十多年前建造的传统型肉鸡舍，一般是就地取材，鸡舍结构简易，设备因陋就简，或者利用现有的空置房屋改造后养鸡，使用中出现费工、费时、劳动量大等问题。现在除了一些慢速鸡养殖中还部分使用以外，规模化、标准化的肉鸡养殖生产淘汰了这种类型的养殖场，取而代之的是设施养鸡。

在养鸡生产中，保温、饲料投喂和饮水供应是最为烦杂的工作，每天简单重复且劳动强度大，在鸡舍设计开始就应该使用自动化设备，通过电脑控制设备进行工作，减少工人体力劳动，使其可以更好地照料鸡群，充分发挥肉鸡的生产性能，从而获得最大的经济效益。

现代规模养殖企业基本上实现了"人养设备，设备养鸡"。我国集约式养鸡工程设施主要引自国外，难免有沿袭不变的问题。应该根据我国实际情况，设计出适合我国实际的机具设备和工程设计，将引进技术消化吸收，给予本土化的改进。

四、废弃物处理无公害化

现代养鸡生产企业建场伊始就要处理好环境保护问题，要严格执行"三同时"的环境要求，即"建设项目中防治污染的设施，应当与主体工程同时设计、同时施工、同时投产使用。"

集约型规模化设施养鸡场已成为现代养鸡生产发展的方向。大规模高密度的养鸡生产必然集中产生大量的鸡粪、污水和其他有机废弃物，高浓度的有害气体和恶臭也随之形成对周围环境的公害。一个年出栏 100 万只的规模化商品鸡场一年要排上万吨鸡粪，还要排放上万吨污水。如不能及时运走或者处理，极易造成环境污染。为了减少废弃物对养鸡场生产的危害，应该注意做到以下两点：①做到人、禽、污主次分明、错落有序。从整体环境上做好工程防疫及总体环境规划，做好净、污分隔，有效地防止交叉感染；从生产工艺流程上实行场区全进全出，以达到可以切断病源微生物残留繁衍的条件。无条件实行全进全出的，应做到出入通道设有消毒灭菌设施，并杜绝人员过路穿行。②利用场地的地形地势，进行植树种草，就地吸附，本场消纳，有效地做到环境自净。

五、区域性自然环境及社会条件

场址选择时要结合市场的需求和产品销售半径选择场址，根据地方经济状况和当地的政策导向，既要考虑市场需要，还要考虑地方条件的可行性加以综合分析。因此，在场址决定前要对拟建场地做好自然条件和社会经济条件的调查研究。

（一）自然环境的调查了解

自然条件包括地势地形、水源水质、地质土壤、气候因素等方面，对这几方面的资料要做现场勘测和收集。

1. 地势地形　地势是指场地的高低起伏状况；地形是指场地的形状范围以及地貌、河流、道路、草地、树林、居民点等的相对平面位置状况。养鸡场的场地应选在地势较高、干燥平坦、排水良好的向阳背风地带。

平原地区场地一般比较平坦、开阔，场址应注意选择在较周围地段稍高的地方，以利排水。地下水位要低，以低于建筑物地基深度 0.5 米以下为宜。在靠近河流、湖泊的地区，场地要选择在较高的地方，场地应比当地水文资料中最高水位高 1～2 米，以防涨水时被水淹没。山区建场应选在稍平缓坡上，坡度太大在建成投产后会给场内运输和管理工作造成不便，坡面最好向阳。山区建场还要注意地质构造情况，注意避开断层、滑坡、塌方的地段，也要避开坡底和谷底以及风口，以免受山洪和暴风雪的袭击。

2. 水源水质　水源水质关系着生产和生活用水与建筑施工用水，要给予足够的重视。首先要了解水源的情况，如地面水（河流、湖泊）的流量，汛期水位，含水层的层次、厚度和流向。对水质情况需了解酸碱度、硬度、透明度、有无污染源和有害化学物质等，科学做法则应提取水样做水质的物理、化学和生物污染等方面的化验分析。了解水源水质状况是为了便于计算拟建场地地段范围内的水资源和供水能力能否满足鸡场的需水量。

3. 地质土壤 对场地施工地段的地质状况的了解，主要是收集当地附近地质的勘察资料，地层的构造状况，如断层、陷落、塌方及地下泥沼地层。对土层的了解也很重要，如发生过裂断崩塌或回填土地带的土质松紧不均，会造成基础下沉房舍倾斜。遇到这样的土层，需要做好加固处理，对于情况严重不便处理的或投资过大的地块，应放弃选用。此外，还要了解拟建址附近土质情况，对施工用材也有意义，如沙层可以就地取材作为砂浆、垫层的骨料，以节省投资。

4. 气候因素 主要指与建筑设计有关和造成鸡场小气候有关的气候气象资料，如气温、风力、风向及灾害性天气的情况。

拟建地区常年气象变化包括平均气温，绝对最高最低气温，土壤冻结深度，降水量与积雪深度，最大风力，常年主导风向，日照情况等。气温资料对房舍供热设施均有意义。风向风力与鸡舍的方位朝向布置、鸡舍排列的距离、次序均有关系，还要考虑其对排污的影响以及对人畜环境卫生和防疫是否有利。

（二）社会条件的调查了解

1. "三通条件" 指供水、电源、交通。供水及排水要统一考虑，拟建场区附近如有地方自来水公司供水系统，可以尽量引用，但需要了解水量能否保证。同时，本场应打井修建水塔，采用深层水作为主要供水来源或作为补充水源。

鸡场育雏供暖、机械通风、照明以及生活用电都要求有可靠的供电条件，要了解供电源的位置与鸡场的距离，最大供电允许量，是否经常停电，有无可能双路供电等。特别是全封闭式鸡舍对稳定供电要求更为严格，必须自备发电机，以保证场内供电的稳定可靠。电力安装容量每万只鸡为20~30千瓦。

饲料、产品以及其他生产物资、人员生活物品均需大量的运输能力。拟建场区交通运输条件、距地方交通运输主干线的距离和路面是否平整等均需要调查了解。对于路面不好或道路通行困难等问题不能回避，应尽早解决，以免日后给生产、生活造成困难。

鸡场污水排出的条件也很重要。对当地排水系统也应调查清楚，如排水方式，纳污能力，污水去向，纳污地点，距居民区水源距离，是否需要处理，能否与农田灌溉系统结合等。如果需要自行处理，则每栋鸡舍都要做渗水池，还要了解土壤的纳污能力。鸡场的生产生活污水以及冲洗消毒污水的排放，都要注意防止污染居民水源与环境，给予足够的重视。

2. 环境疫情 拟建场地的环境及附近的兽医防疫条件的好坏是影响鸡场成败的关键因素之一。不仅要对当地禽类养殖情况和养殖场分布进行调查，避开禽类养殖密集区域建场，同时对附近的历史疫情，也要做周密的调查研究，特别警惕附近的兽医站、畜牧场、集贸市场、屠宰场与拟建场地的距离、方位、有无自然隔离条件等，以便有针对性地设计本场防疫工作方案。

（三）位置的确定

鸡场位置的确定需要注意下面几点。

1. 满足鸡场的隔离和防疫要求 建设鸡场最好的环境就是在交通便利的丘陵地区，良好的自然隔离环境可以减少许多传染病的发生，提高养殖经济效益。在平原地区建设肉鸡养殖场应远离铁路、交通要道和车辆来往频繁的地方，距主要公路在 400 米以上，距次级公路也应有 100～200 米的距离。除防疫距离的需要外，也便于控制其他干扰，使鸡群处于比较僻静的环境。此外，也应注意勿使鸡场处于中、小学校的附近和大多数学生必经之路。

2. 注重环境保护 不管鸡场采取何种通风模式，鸡舍内的空气必须排出舍外，外界清新的空气进入舍内，满足鸡群的生长需要。在进行内外气体交换的过程中，不可避免地会排出粉尘和臭气，为了减少对人类的影响，鸡场应远离居民点 500 米以上，尤其要远离农村卫生院、疗养院、敬老院，以免鸡场气味污染环境。鸡场应采取绿化植树，建立有组织排放、过滤除尘设施等方式解决空气污染问题。

3. 确保食品安全 重工业、化工厂排放的废气中，经常会有重金属及有毒有害气体，烟尘及其他微细粒子也大量悬浮于空气之中，鸡群长期处于工业污染严重的环境中，不但会影响鸡群健康，也会导致禽产品有害成分残留和超标，因此不应在工业污染重的地区建设鸡场。

总之，鸡场应建设在尽量远离人类活动的区域，这样不仅可以减少鸡群和人类活动的相互影响，也可保障鸡群的健康，从而保障食品安全。

（四）场地面积

鸡场场地面积的拟定应本着节约用地、少占农田、不占良田的原则，尽量利用荒山、荒坡等无农耕价值的地段建场。因此，在土地的利用方面，不能强调选平坦的地段而忽略与农争地的问题。有些地段虽然平整度不理想，但如果不属于"开山劈壤"的工程量或稍加推平修整即可利用的荒地，是可以选用的。

建场土地面积应该根据鸡场的任务、性质、规模和场地的具体情况而定。

一般肉鸡场以适度规模为宜，根据企业规模进行规划，建议每批出栏肉鸡不超过 20 万只为宜，单个鸡场用地面积不超过 6.7 公顷（100 亩）。

第二节　肉鸡养殖场的工艺和设备

一、鸡场生产工艺和工程配套

肉鸡场的生产工艺流程与饲养品种有很大的关系。一般来说，饲养快大型肉鸡的鸡场，为了减少工作量和对肉鸡的应激，都会选择在育雏育成一体化的鸡舍进行养殖肉鸡，整个生产周期都在一个舍内完成，可以减少饲养期间转群应激，更加方便生产和管理，以提高工作效率。50 日龄以内出栏的快大型肉鸡，一般采用全舍饲方式管理，整个生产过程肉鸡都在鸡舍内生长。因此，快大型肉鸡采用封闭式鸡舍、自动化设备的较多。

目前，在部分饲养慢速型肉鸡的鸡场，为了最大限度地利用鸡舍和提高鸡肉品质及外观商品性能，大多采用半牧式和放牧式饲养管理模式，鸡舍大多采用开放式或半开放式鸡舍；将肉鸡的生产工艺流程划分为两个阶段，即育雏期和育成期，俗称"套养"，这样不仅可以提高生产效率，还可以节约加温费用。这种生产工艺大多适用于日龄长的肉鸡群，这些慢速品种鸡的自身抗逆性强，只要做好免疫工作，一般不会出现严重的问题。

二、鸡场设备的选型配套

商品肉鸡一般采用地面平养工艺，由于近些年的技术更新，部分鸡场采用了网上平养，也有部分鸡场采用的是笼养方式饲养肉鸡。

（一）地面平养

1. 特点　地面平养方式最为常见，鸡舍建造成本相较于其他饲养方式最为低廉，只要在建成的鸡舍中铺好水泥地面即可生产，在北方干旱地区和部分沙土土质地区不用铺水泥地面也能获得同样的饲养效果。在饲养肉鸡时，地面铺上稻壳、木屑、沙子等松软的物质作为垫料，即可以在上面直接养鸡，等成鸡出栏后将垫料全部清除、清洗消毒后进入下一个循环。这种方式的养殖模式相较于其他几种饲养方式的优点是，鸡舍固定资产投入费用少、鸡粪处理方便

（简单发酵后可以作有机肥使用），清洗和清理鸡舍操作便利，饲养出栏的肉鸡羽毛颜色较网养和笼养更为顺亮，活鸡销售时商品外观好。缺点是，部分地区获取垫料困难，球虫病不容易控制。

现在，美国等发达国家大多数也采用垫料平养方式饲养肉鸡，有所不同的是他们采用的是厚垫料、一年左右更换一次的模式。肉鸡出栏后，将鸡粪堆积起来发酵几天后，用消毒水泼洒一下直接养殖下一批雏鸡，这样更利于操作，缩短饲养周期，省时省工。国内也有企业在尝试这种方式生产，但成绩并不理想，原因是生搬硬套、断章取义式地模仿别人的生产模式。若实行不换垫料养鸡必须做到以下几点：①要有良好的加温和机械通风系统，空气的更换量必须确保满足肉鸡的呼吸量，严冬季节更要注意。②饮水系统应该使用乳头式饮水系统，且保证不会滴漏，控制垫料的水分含量，以减少舍内氨气浓度。③鸡场不能发生传染病。如果发生，必须及时更换垫料，同时对全场进行清洗消毒。

2. 设备 地面平养方式的设备包括：

（1）**环境控制系统** 包括风机、湿帘、加温炉。

（2）**饲喂系统** 自动饲喂系统包括料塔、喂料线、料盘及控件系统，人工喂料只要料桶和开食盘即可。

（3）**饮水系统** 一般采用普拉松式自动饮水器或乳头式自动饮水器，两种饮水器各有利弊。乳头饮水器卫生状况较普拉松式自动饮水器好，而且不用每天清洗，大型养殖场一般采用乳头饮水器较多。

3. 适用情况 一般在以下几种情况下采用地面平养方式：固定资产资金投入不多，劳力资源充沛；以饲养活禽上农贸市场销售的；笼养纯鸡粪无法处理的地区（图2-1，图2-2）。

图 2-1　白羽肉鸡标准化鸡舍地面平养　　　图 2-2　黄羽肉鸡地面平养

（二）网上平养

1. 特点 网上平养也是肉鸡平养的一种重要方式。离地网上平养为鸡群离开地面，活动于金属或其他材料制作的网片上。网（栅）上铺平塑料网、金属网或镀塑网等类型的漏缝地板，地板一般高于地面约 1.2 米，以便于掏取鸡粪。优点是：鸡生活在板条上，粪便落到网下，鸡不直接接触粪便，有利于疾病的控制；饲养密度大，育雏时加温容易。缺点是：投资相对较高，鸡粪处理困难，腿病和胸囊肿发病率较地面平养高，清洗消毒不方便。

2. 设备 网上平养的设备是在地面平养设备的基础上增加漏缝地板及支架系统，以及清粪系统而成。

3. 适用情况 通常情况下，网上平养可以饲养所有品种的肉鸡。由于采用了较为柔软的塑料垫网和钢丝骨架，解决了肉鸡的腿病和胸囊肿的问题，目前，在北方地区饲养快大型白羽肉鸡时最为常见，取得了很好的生产成绩（图 2-3，图 2-4）。

图 2-3　带塑料垫网的网上育雏　　　　图 2-4　高床网养肉鸡

（三）笼　养

1. 特点 笼养肉鸡是近几年发展起来的新型肉鸡养殖方式，其具有以下优点：①自动化程度高。自动喂料、饮水、清粪、湿帘降温，集中管理、自动控制、节约能耗、提高劳动生产率，降低人工饲养成本，大大提高养殖户的养殖效率。②鸡不接触粪便，给鸡提供了一个干净舒适的生长环境，能使鸡更健康地成长，出栏时间提前。③笼养密度比平养密度高 3 倍以上。④笼养鸡可以大量节省养殖饲料，鸡饲养在笼中，运动量减少，耗能少，浪费料减少。

其缺点是：设备投资巨大，在目前的市场环境下，收回成本难度大，且饲养成功率不高。

2. 设备及适用情况　　笼养方式是肉鸡养殖生产中设备最为复杂的养殖方式，在地面平养的基础上还需要增加肉鸡笼，喂料、清粪系统较为复杂。笼养肉鸡鸡粪处理也是一个令人头痛的问题。相较于地面平养，尽管笼养肉鸡生产成绩会有所提高，但目前市场行情，每只笼养肉鸡笼位大约需要投入100～300元固定资产，仅资金占用费一项就是一个沉重的负担，同时固定资金折旧费用也是一笔很大的开支。建议资金实力不是特别雄厚和刚入行的养殖业者，尽量不要大规模采用笼养方式饲养肉鸡（图2-5，图2-6）。

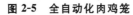

图 2-5　全自动化肉鸡笼　　　　　　　图 2-6　简易肉鸡笼

第三节　肉鸡场建筑设计

一、场区布局

（一）鸡场建筑物的种类和分区规划

1. 鸡场建筑物的种类　　鸡场除了建设鸡舍外，还需要配备辅助用房，至少配备门卫室、消毒池、仓库、食堂、职工宿舍、浴室、发电机房和配电房等，另外还需要配备死鸡处理设施。

2. 鸡场建筑物的分区规划　　肉鸡养殖场应分为生产区（用于肉鸡养殖）和生活区（用于人员生活）。在实际生产中，为了便于管理，在设计和建筑鸡场时，将宿舍、食堂、门卫室、配电房划分在生活区内，与鸡舍分开，利于防疫。仓库、发电机房、鸡舍划分在生产区，用时也必须配备浴室和卫生间，方便员工生活和工作。

（二）鸡场房舍功能

1. 生产性用房 鸡舍。

2. 生产辅助性用房 仓库、食堂、发电机房等。

（1）**仓库** 仓库是生产中最重要的配套设施之一，用于生产的物资（饲料、垫料、燃料、药品、零星物质等）储备，一般的大型肉鸡场都会建设多个仓库，储备相应的物资，便于管理，仓库应选择在鸡场的上风向处且地势相对较高的地方较为适宜，防潮和防鼠等工作在设计和建造时要考虑周全，仓库不能被鸡场排放的废气等污染，否则容易成为水平传播疫病的桥梁。

（2）**食堂** 食堂在设计和建造时，应把厨房和炊事员宿舍划分到生活区，因为炊事员经常去农贸市场采购食材，而农贸市场是家禽等集散地，疫病传播的风险大。生产管理人员的餐厅划分到生产区，与厨房严格分开，以减少防疫压力。

（3）**发电机房** 发电机房应划分到生产区，便于在生产中突然停电时，及时启动发电机供电，现在采用密闭式鸡舍的鸡场，一般都配备双发电机，以防万一。

（三）鸡舍间距

建造鸡舍之前应先规划好鸡舍的朝向、鸡场的布局，理论上来说，鸡舍间距越大越好，这样有利于防疫、防火，但现实生产中受土地等诸多因素的制约，鸡舍间距一般都较近，一般的鸡场，鸡舍间距在5～10米。鸡舍间距太小，会带来许多隐患。比如防疫问题，特别是有窗鸡舍，多数为自然通风，鸡舍太近，一旦一个鸡舍发生传染病，舍间传播速度就会很快；另一个隐患就是火灾，鸡舍在建筑时，为了达到保温和隔热的目的，屋面使用保温材料很多，大多数廉价的保温材料是易燃物，一旦鸡舍发生火灾时，鸡舍间距太小，会波及其他鸡舍，由于发生火灾而全场毁灭的事情并不罕见。

在生产实践中，一般建议采用10米以上的舍间距，鸡舍间空地进行绿化，采用高大的乔木和灌木结合，既可以遮阴，又可以过滤空气中的灰尘，有利于改善鸡场的小环境。

（四）鸡舍朝向

鸡舍的朝向主要是对有窗式鸡舍而言的，目的是防止夏天阳光直接照进鸡舍，发生热射病，导致肉鸡大面积死亡。同时，鸡舍的朝向也必须考虑到冬季的风向，防止冬季冷风大量灌入鸡舍，导致鸡舍的温度下降太快，影响肉鸡的生长。

鸡舍的朝向应根据地理位置不同而异。在华东地区，一般坐北朝南偏东 15°为宜；北京地区最佳朝向为南偏西 30°～45°；广州、上海地区，最佳朝向为南偏东 0°～15°为最佳。

目前，大型鸡场采用的新式鸡舍为无窗（小窗）鸡舍，纵向通风系统，其保温和遮光能力强，对鸡舍的朝向就没有严格的要求，一般就地形地势而建，但最好是采用东西走向。只是在鸡场设计时考虑好鸡舍的风向，鸡舍的排风口应在鸡场的下风向，尽量避免排出的废气再次进入鸡舍，形成交叉感染。

（五）鸡场道路

道路是总体布置的一个组成部分，是场区建筑物之间、建筑物与建筑设施、场内与场外之间的联系纽带。它对组织生产活动的正常进行和卫生防疫以及提高工作效率起着重要作用。它的主要功能是为人员流动、饲料、产品和鸡场废弃物的运输提供快捷方便的路径，因此需要合理布置和设计。

传统的肉鸡养殖场设计中要求鸡场应净道和污道分开，净道用于人员、饲料、垫燃料等物质的运输，污道用于鸡粪、成鸡、死鸡的运输。但目前采用全进全出地面平养的鸡舍集约化生产的鸡场，一般都是建设一条道路，即净道。多数商品肉鸡场为了节约成本和便利化管理都没有设计和建造污道，因为在肉鸡饲养期间没有鸡粪和成鸡出栏，只是在成鸡养殖结束时统一出栏，肉鸡出栏后统一清理清洗鸡舍和道路，这样不仅可以节约建筑成本，也可以最大化地利用土地资源。一位从事规模化养鸡 20 多年的养殖者认为，全进全出的商品肉鸡场没有必要建造两条道路，这样可以更好地节约成本和便利化管理。由于种种原因，目前也有部分肉鸡场实行的是套养方式，一个鸡场里面既有雏鸡、中鸡也有成熟的肉鸡正在出栏，采用这种经营模式的鸡场应该高度重视污道和净道的规划和建造，保证污道和净道不能交叉污染，并且市场上的装运成鸡车辆万不可进入鸡场内，确保生物安全。曾经有一个鸡场，整个场区就只有一条道路，一边卖鸡，一边饲养雏鸡，由于生物安全工作没有做好，导致发生传染病，先是感染成鸡，边卖鸡边大量死亡，后面的鸡也接二连三的全部感染，损失惨重，这种案例在生产中并不鲜见。

（六）鸡场的绿化

养鸡场的绿化是鸡场选址和规划时就应着重考虑的问题，鸡场的绿化不仅仅是为了美观，更主要的是可以改善鸡场环境，调节鸡舍的小气候。在鸡场的建设和规划之初，就要因地制宜的考虑整体绿化，建设在荒山、荒地、荒滩地区的鸡场尽量保护和利用原有的植被，不仅可以减少投资，而且可以保护环境，起到事半功倍的效果。鸡场的绿化布局如下。

1. 鸡舍四周　在北方地区鸡舍的四周可以种植高大的白杨树，白杨树生长速度快，树干高大挺拔、枝繁叶茂，其长成后夏季可以为鸡舍遮阴，起到降温作用，冬季落叶，影响鸡舍采光不多。南方地区适宜香樟树的生长，一般采用香樟树绿化鸡舍四周，樟树的生长速度也很快，长成后不仅可以在夏季为鸡舍遮阴，并且有很浓郁的香气，净化鸡场空气，同时也是驱蚊蝇的好方法。

2. 场区道路　场区道路可以种植行道树和矮小的灌木，最好选择四季常青的植物，减少落叶，同时可以美化环境。场区内的空地应种植草坪等植物绿化，可以吸收和消纳空气中的浮尘，防风固沙，也是一个天然的绿化带。在南方地区，竹林是比较好的绿化植物，不仅可以起到自然隔离和绿化作用，还可以消纳和吸收鸡舍排放的粉尘和清洗鸡舍产生的污水，利于生物隔离和环境保护。

3. 生活区　生活区的绿化一般以观赏性好的植物为主，主要有桂花树、广玉兰、银杏、槐树、花曲柳、云杉等。

二、鸡舍建筑设计

肉鸡鸡舍一般分为舍饲式、放牧式、半牧式3种类型。

（一）舍饲鸡舍

舍饲鸡舍一般应用于快大型肉鸡饲养，以饲养快大型白羽肉鸡和60日龄内出栏的黄羽肉鸡为主，其建造结构复杂，固定资产投入量大，造价高，人工控制的鸡舍环境好，适宜快大肉鸡的需求，同时也只有快大鸡的产肉量大，才能摊销其高昂的折旧费用。舍饲鸡舍又分为密闭式鸡舍和有窗式鸡舍。

1. 密闭型鸡舍　又称无窗鸡舍（图2-7）。鸡舍四壁无窗或者留有小窗，杜绝自然光源，采用人工光照、机械通风，可实现舍内环境条件的精确控制，从而提高肉鸡的生产性能。这种鸡舍的通风、光照均需要用电，耗能较多，其成本和造价较高。目前封闭型鸡舍在白羽肉鸡养殖场使用较多，而在相对生长速度较慢的黄羽肉鸡饲养中很少使用。

2. 开放型鸡舍　为利用自然环境条件而建造的节能型鸡舍（图2-8）。以自然通风为主，采用自然光照。对舍温的调节和通风控制主要依靠鸡舍南北两面房屋结构的窗洞或通风带。这类设施通常有两种类型，一种是用双覆膜塑料编织布做的窗帘，另一种是设置透明或半透明通风窗和由此多功能通风窗发展而成的大型通风窗。该窗与鸡舍长度相同，形若一面可以开关的半透明墙体，从而使鸡舍成为既可开放又可封闭的"开放—封闭"兼备的多功能鸡舍。无论是卷帘或窗体，控制启闭、调节开度均需用机械设施。通过开窗机控制启闭开度的大小调节舍内环境，保温和通风效果俱佳。

图 2-7　密闭型标准化肉鸡舍　　　　　　图 2-8　开放型肉鸡舍

（二）半牧式鸡舍

一般是在有窗式鸡舍的基础上添加了运动场，为了给鸡提供一个运动的环境，提高鸡肉的风味，一般应用于出栏日龄 60 天以上的中速型肉鸡的养殖（图2-9）。

（三）放牧式鸡舍

多见于南方的广东、广西地区。其结构简单，造价低廉，多数分布在山丘或树丛中（图 2-10）。许多鸡舍都没有外墙，只是木柱支撑屋面加盖水泥瓦挡

图 2-9　半牧式鸡舍　　　　　　　　图 2-10　放牧式鸡舍

雨，用塑料薄膜代替外墙遮风，大多数鸡舍没有加温和通风设备，育雏结束就转入放牧饲养。由于南方饲养的肉鸡大多数为 100 天左右的慢速型肉鸡，其抗逆性强，对环境条件要求不苛刻，加上南方的温度较适宜，四季的温差比北方要小很多，且市场对慢速型的肉鸡需求量大，适宜建造放牧式鸡舍。

第四节　鸡场的生物安全措施

在实际生产中，企业在建设鸡场的时候，由于种种原因鸡场规划建设的不够科学，给养鸡生产带来诸多不便。例如，某种场共存栏种鸡 30 万套，各个不同周龄的种鸡全部饲养在同一个鸡场内，经过 3 年的运行，疫病病原积累传播，造成免疫失败、耐药性增加等风险，不仅增加了防控成本，还降低了种鸡的生产性能及商品鸡的质量。又如，某商品鸡场，建设规模过大，批饲养量 60 万只，成鸡销售和雏鸡供应不能配套，形成一边进雏鸡、一边出售成鸡的局面，不能全进全出，疾病交叉传播，肉鸡成活率低，经济效益差。对于以上两种情况，广大养殖户要引以为戒，生产中要严格落实综合防疫措施，同时兼顾生产能力与工程配套，做到安全、高效生产。鸡场的综合防疫大体有以下几种措施。

一、整场全进全出

防止带菌（毒）鸡引起传染病，最好的方法是在转入新的鸡群前移走全部原有的鸡群，清群后的房舍要进行清洁冲洗和消毒，并空舍 2 周左右，时间越长效果越好。若能同时采用笼养、网上平养等手段，使鸡群与粪便分离，就可减少由于接触粪便而导致的肠道疾病的发生。

二、小区域内全进全出

在某些地区，养鸡企业高度集中，甚至出现了养鸡村，鸡场的传染源会由风吹或各种媒介的污染物带到邻近的鸡场。因此，即使管理良好的鸡场也会发生疾病侵入问题。鸡场之间的距离愈近，从感染鸡场向健康鸡场传播的可能性就愈大。

为了减少鸡场疾病的"接力传染"，现在的大多数规模化养殖小区采用小区域内全进全出，一定地理区域内的全部鸡群同时上市，房舍则同时重新使用。在建设规划时，注意保持鸡场间距，鸡场间距离越大越好，至少 500 米以上。

三、控制垂直传播

垂直传播主要是指蛋传疾病和孵化过程中对雏鸡的污染。所谓蛋传病是指一切能从感染母鸡通过受精蛋传给新孵出后代的疾病。有些致病因子是在蛋壳和蛋膜形成前侵入蛋内，而由蛋内携带的，其他是由蛋壳携带或者在蛋产出后，通过蛋壳气孔而进入的。因此，种鸡生产中对人工授精器械的消毒和种蛋采集环节应倍加重视，减少致病因子对种蛋的污染。同时，严格净化种源性疫病，如禽白血病、鸡白痢等。

四、隔　离

对于养鸡企业十分密集而全进全出又无法奏效的地区，解决地区传染性疾病的方法就是利用分隔空间的优势有效地实现隔离，其中包括自然和人为的屏障，如水域、小山、森林或中间的其他农业企业，如谷物、蔬菜或果树生产等。

[案例 2-1]　安徽五星食品股份有限公司16万只肉鸡标准化养殖场建设

一、鸡场发展目标

2011年以来大众媒体不断披露肉鸡药残问题，对鸡肉的消费造成了较大的影响。随着广大消费者对食品安全需求越来越高，优质安全鸡肉的生产是每一个有社会责任感的肉鸡生产企业重中之重的工作。为了保障所生产鸡肉的食品安全、扩大肉鸡出栏量，更好地提高养殖效率和企业经济效益，2011年公司确定建设机械化、标准化适度规模养殖小区。该鸡场制订以下发展目标。

1. 降低养殖成本

采用全封闭式鸡舍、人工光照、自动供水给料，全自动环境控制系统，改善了黄羽肉鸡的饲养环境。好的自动环境控制系统，能够保证鸡群更好的健康状态，减少肉鸡发病，减少饲料浪费和消耗，提高黄羽肉鸡的饲料报酬，降低养殖成本。

2. 降低劳动强度和劳动力成本

该养殖小区使用自动化设备养鸡，实现了"人管机器，机器养鸡"，能够降低工人的劳动强度，降低单位产品的劳动力成本，提高养殖效益和劳动生产率。

3. 反季节养殖，获取超额效益

传统的黄羽肉鸡养殖最适季节为春、秋季节，实施标准化养殖小区建设，通过自动控温设备，可以避免夏季高温、冬季低温对肉鸡养殖的影响，能够增加反季节养殖量，获得更高的经济效益。

4. 适度规模化养殖，降低养殖风险

适度规模化养殖不仅可以有效降低肉鸡养殖中防疫压力，而且更能保障肉鸡的出栏量和产品品质，降低养殖风险。

二、鸡场选址

鸡场位于安徽省宁国市，距离主要销售市场江浙沪地区均在 200 公里左右，这里工业聚集，工厂林立，人口众多，对肉鸡需求量大。姚高一号养殖小区坐落在宁国市姚高村群山的山坳中，距离市区 16 公里，这里交通便利，群山环抱，人烟稀少，森林植被覆盖率高达 85％以上，鸡场坐落在一个背风朝南的荒山的山坡上，山坡长满皖南独有的圆竹，可以吸附鸡舍排放的灰尘和臭气。地势高，通风防涝性能优越（图 2-11）。

图 2-11　鸡场全景

选址地区周围 5 公里内没有大型的居民社区，距离最近的学校和集市 5 公里，周边没有工厂等工业污染源，距离其他养殖场 5 公里以上。较为偏僻，具有不占用耕地资源、土地流转费用低、自然隔离条件好三大优势，是建设肉鸡养殖场的理想场所。

三、场区规划

根据公司生产能力和销售能力，采用"全进全出"的饲养方式。肉鸡饲养场设计规模控制在 20 万只以内，保证全场进雏或出栏时在 1 周内完成。鸡舍间距 10 米，檐口高为 2 米。

鸡场占地面积 36 亩，分为生产区（鸡舍）和生活区（食堂、宿舍、门卫室），建有消毒池、配电房、发电机房、污水处理和死鸡处理设施，功能完备。净道和污道分开，从节约成本和实用的角度出发，整个鸡场只硬化了一条净道。鸡舍周围种植桂花树、广玉兰等乔木，未硬化的地面铺草坪绿化。

四、鸡舍类型设计

图 2-12 鸡 舍

公司主要饲养肉鸡品种为快速型黄羽肉鸡和小型白羽肉鸡，均为快速生长型肉鸡，出栏日龄一般在 50 天左右，生长速度快，对饲养条件要求较为严苛（图 2-12）。所以，新建鸡舍采用了全封闭式商品肉鸡舍，120 米长，14 米宽，便于生产时鸡舍温度和通风等环境条件的控制。根据皖南地区气候潮湿和盛产木材的特点，鸡舍采用杉木为主要建材，耐腐、承压好，且能够减少建筑成本。采用垫料地面平养，可以更好地处理鸡粪。

五、设备选择

1. 自动喂料系统

采用肉鸡绞龙供料系统（图 2-13）。由料塔控制装置、驱动装置、供料装置、升降悬吊装置组成，它能满足肉鸡从 1 日龄到成品鸡全部过程的饲养需求。料筒可存 800～2 000 克饲料设五档调控，自动调节，满足各饲养阶段的需求档。料缘可防止饲料溅撒，料盘凸台可使饲料在料盘边缘均匀分布，方便采食。

图 2-13 鸡舍内景

2. 自动饮水系统

采用乳头饮水器，球阀式乳头供水系统，配有先进的水过滤器、水压调节器，能满足肉鸡平养的饮水需求。不锈钢三层密封阀门，360°触头，开阀力小。PVC 塑料饮水管全封闭式水线，杜绝了外界环境污染，防止了细菌的传播。所用材料为不锈钢，耐磨、防腐、寿命长。

3. 光照和温控自动控制系统

采用以色列 AC607 微电脑控制仪控制舍内的光照和温度。

主要供温设备采用畜禽场专用暖风炉，具有区别于燃煤热风炉的环保、卫生特点，特别适合鸡舍使用。该设备主要由主体炉、散热片、控制系统 3 部分构成。传统的鸡舍供暖，如站炉、火墙、炕面等，为静态供暖，属辐射热传导、升温较慢，取暖空间温度不均匀，能耗高，效果差；又不能通风换气，经常因缺少新鲜空气和湿度较高或较低而引发各种鸡病；特别是育雏阶段，既需要 35℃ 高温，又要保证有抗病力较强的雏鸡防病循环环境，传统供暖方法较难实现。该炉采用燃烧与换热一体，炉体高温部分实行吊胆供热的最新加热技术，烟和清洁空气各行其道；空气通过炉体加热到 180℃，变成无毒、无菌、清洁净化的新鲜空气；内外循环，内内循环，自动切换，升温与换气同步进行，迅速降低舍内氨气；彻底杜绝雏鸡煤气中毒，有效预防呼吸道疾病。

鸡场加温锅炉采用更先进的负压富氧燃烧技术，能保证煤燃烧充分。全面避免正压燃烧带来的炉温不均，燃烧不透，烟气四溢，局部烧损等缺陷。燃煤需求量相对于传统取暖方式（土炉子）能节省 30%～50%。该炉点燃后直接加热，热能利用率极高。双风机设计，更节能、更高效。风机和引烟机的工作均由温度自动控制仪控制，最大节能和节电。同时，还具有缺煤自动报警功能，自动控温、自动通风、风口温度达到设定值时炉子自动压火，风机、鼓风机微电脑自动控制，自动加湿等功能。

4. 降温设备

采用湿帘和风机降温系统。

湿帘风机是肉鸡养殖中很好的降温设备，结合负压风机使用，降温效果十分明显，整个系统由电脑自动控制，在肉鸡生长期中，温度超过设定温度下限时，控制系统首先减少通风量，关闭通风风扇，当温度再继续下降时，就启动加温炉；反之，温度超过设定温度上限时，系统就开启风扇，增加风量降温，当温度再继续上升时，系统就会启动湿帘系统，达到降温的目的。

鸡场通过以上的设备投入，简便了生产，大大减少了人力投入，每个饲养员可以轻松管理 2～3 栋鸡舍。在提高了员工待遇的同时，也减少了工资支出，节约工资成本近 1/3。

六、生产能力

本场共建 7 栋鸡舍，每栋 1 400 米²，肉鸡每批出栏最多可达 16 万只。实行全进全出制养殖肉鸡，每年出栏 5～6 批，年出栏肉鸡近百万只。正好符合公司经营的要求。

七、实际生产效果

通过对 2013—2015 年养殖成绩综合评定，肉鸡生长速度、出栏体重和饲料报酬均有较大幅度的提高。优点是，同一品种，出栏时间可以提前 3 天左右，料肉比下降 0.1。缺点是，相较于简易鸡舍，固定资产投入成本摊销提高 2 倍以上。由于生产性能提升，综合生产成本较简易鸡舍成本下降 0.1 元/千克以上，总体经济效益良好。

第三章

肉鸡的饲养品种及选择

阅读提示：

　　我国肉鸡品种主要分为引进白羽肉鸡和国产培育黄羽肉鸡两大类型，市场份额各占50%左右。由于全国各地消费需求的差异，黄羽肉鸡按出栏日龄、羽色等又分为多种类型。养鸡经营者如何选择符合销售要求且生产性能优秀商用品种，是获得良好经济效益的基础。本章针对我国不同地理区域差异，详细介绍了我国华南、华东、华中、西北、华北和东北等不同区域肉鸡品种需求的特点。围绕适宜养殖品种选择的关键点，重点从目标市场、养殖类型、品种挑选和效益评估4个方面进行阐述，并从商品代和父母代两个层面进行详细解释，最后提供了目前国内大型肉鸡供种企业的联系信息。通过本章阅读，可为读者选择合适的肉鸡品种从事养殖和经营提供重要参考依据。

第一节　肉鸡品种

　　长期以来，由于我国广大地区的自然环境（海拔、气候、光照、温湿度等），社会经济（社会需求、经济因素、生产水平等）以及人文因素（民风民俗、生活喜好等）的差异，使我国逐渐形成了多种多样的体型外貌和生产性能的鸡种以及相对复杂的市场需求。目前，我国市场上的肉鸡概括来讲可分为两大类：快大型白羽肉鸡和黄羽肉鸡。快大型白羽肉鸡，主要是从国外引进的一些商业配套系，如罗斯308、爱拔益加、科宝500、哈伯德等。黄羽肉鸡则涵盖品种较广泛，是指除快大型白羽肉鸡外的全部肉鸡，既包括土生土长的地方品种，也包括导入外血的仿土鸡。下面详细介绍国内市场上肉鸡的主要品种和区域分布，以及如何选择优良品种。

一、肉鸡品种分类

（一）快大型白羽肉鸡

　　快大型白羽肉鸡（图3-1）生长速度较快，体型大，胸肌发达，产肉率高，饲料转化率高，饲养成本低；但抗病力差，对饲养管理、硬件设施要求较高，且风味一般。其产地主要集中在我国长江以北的北方，如东北、华北、西北等地区。一般采用地面平养的方式进行饲养，在35～42日龄上市，上市公、母鸡

图3-1　快大型白羽肉鸡（公、母鸡混合）

平均体重可达 2～2.5 千克，料重比 1.6～1.7：1，屠宰后以分割冰鲜的方式销售为主。

（二）黄羽肉鸡

市场上的黄羽肉鸡品种根据毛色（麻羽、麻黄羽、黄羽、黑羽、花羽、白羽），生长速度（快、中、慢），肤色（黄、白、黑），胫色（黄、青、白、黑），胫长（长脚、矮脚），上市日龄（60 天前、60～90 天、90 天后）等方面的差异有多种分类方法，但其中以生长速度和上市日龄结合的分类方法得到了普遍的认可。大致分为快大型、中速型和慢速型 3 类。

1. 快大型　指生长速度较快的快大黄鸡、快大麻鸡等品种（图 3-2，图 3-3）。市场对其外貌（鸡冠、毛色、胫色等）的要求不高，毛色一般为黄色（或黄略带麻色）、麻色等。其长速、胸肌和饲料转化率都略次于白羽肉鸡，但

A

B

图 3-2　快大黄鸡

A. 公鸡　B. 母鸡

A

B

图 3-3　快大麻鸡

A. 公鸡　B. 母鸡

肉质风味和抗病力优于白羽肉鸡。其产地主要集中在西北、华东、华南等地区。根据市场需求不同，采用公、母混合或分开的地面平养方式饲养，在45～50天上市，上市公、母鸡平均体重达1.6～2千克，料重比为1.8～2.1∶1。市场上以活鸡销售为主，但近年来由于活鸡集中销售带来的疾病传播的风险越来越大，屠宰后冰鲜销售可能成为未来的发展趋势。

2. 中速型 指生长速度稍慢的快大广西三黄鸡（俗称土二）、麻黄鸡、竹丝鸡、青脚麻鸡、乌皮麻鸡等品种（图3-4至图3-7）。这类鸡的毛色多种多样，有黄、麻、黄麻等，鸡冠大且直，鸡体短圆形，肉质风味比快大型黄鸡好。其产地分布较广，主要集中在长江以南的华东、华中、西南、华南等地区。一般采用公、母鸡分开的地面平养方式饲养，在60～90天上市，上市公、母鸡平均体重达到1.5～2千克，料重比为2.5～3∶1。市场上以活鸡销售为主，但由于有些地区对公、母鸡的喜好不同而导致某个性别占据市场主导优势。

A   B

图 3-4　快大广西三黄鸡

A. 公鸡　B. 母鸡

A   B

图 3-5　麻 黄 鸡

A. 公鸡　B. 母鸡

图 3-6　青脚麻鸡（公、母鸡混合）　　　　图 3-7　竹丝鸡（公、母鸡混合）

3. 慢速型　指生长速度最慢的慢速型广西三黄鸡（俗称土一）、清远麻鸡、文昌鸡、胡须鸡等地方品种（图 3-8 至图 3-11）。这类鸡上市时性成熟已基本发育完善，冠大且红、毛色光亮、少部分开始产蛋，鸡体圆润，呈楔形；肉质风

图 3-8　慢速型广西三黄鸡（母鸡）　　　　图 3-9　胡须鸡（母鸡）

图 3-10　清远麻鸡（母鸡）　　　　图 3-11　文昌鸡（母鸡）

味具佳，抗病力也最好，但饲养成本最高。其产地主要集中在华南和华东地区。一般采用山地放养的方式进行饲养，要求母鸡在90～120天上市，上市体重达1.4～1.6千克，料重比在3～4∶1，而公鸡用作阉鸡饲养较多。

上述3种类型的黄羽肉鸡面对不同的消费市场和人群，销售价格以快大型最低，中速型次之，慢速型最高。近年来，随着人们生活水平的提高，对肉质和口感的追求也在不断提高，这3种肉鸡所占市场份额也在发生着变化，快大型鸡比例在逐步下降，而中速型鸡和慢速型鸡在逐渐上升。

二、肉鸡商业品种及配套系

目前，我国市场上的快大型白羽肉鸡主要来自美国科宝（Cobb）公司的科宝500（Cobb500）、艾维茵48（Avian48），美国安伟捷（Aviagen）公司的罗斯308（Ross308）、爱拔益加（AA＋）以及法国哈伯德（Hubbard）3家全球快大型白羽肉鸡育种企业的品种。根据中国畜牧业协会禽业分会统计，2013年白羽肉鸡祖代引种量大概在150万套左右，其中爱拔益加和罗斯308这两个品种占到祖代总量的80％以上，全年预计可生产父母代种鸡约6 500万套，商品肉鸡65亿只。快大型白羽肉鸡的突出特点是：商品肉鸡体质健壮，成活率高，增重速度快，出肉率和饲料转化率较高，其父母代种鸡高峰期产蛋率可达85％左右，种蛋受精率与孵化率也较高。

市场上黄羽肉鸡的品种相对较多。截至2014年4月，通过国家畜禽品种审定的黄羽肉鸡品种（配套系）就有45个（表3-1），这些品种（配套系）是我国各地具有较高技术水平和科研实力的高校、科研院所或大型育种企业培育而成，涵盖了多种外貌特征及生产速度，能够满足大部分市场的需求。除此之外，市场上还存在一些未通过国家畜禽品种审定的品种或配套系，也具有一定的市场份额，本书不再详列。

表3-1　截至2014年4月，通过国家畜禽品种审（认）定的黄羽肉鸡配套系

证书编号	配套系名称	培育单位	品种类型
农09新品种证字第1号	康达尔黄鸡128配套系	深圳康达尔（集团）有限公司家禽育种中心	快大型
农09新品种证字第3号	江村黄鸡JH-2号配套系	广州市江丰实业有限公司	快大型
农09新品种证字第4号	江村黄鸡JH-3号配套系	广州市江丰实业有限公司	中速型
农09新品种证字第5号	新兴黄鸡Ⅱ号配套系	广东温氏食品集团有限公司	快大型
农09新品种证字第6号	新兴矮脚黄鸡配套系	广东温氏食品集团有限公司	中速型
农09新品种证字第7号	岭南黄鸡Ⅰ号配套系	广东省农业科学院畜牧研究所	快大型

续表 3-1

证书编号	配套系名称	培育单位	品种类型
农 09 新品种证字第 8 号	岭南黄鸡Ⅱ号配套系	广东省农业科学院畜牧研究所	快大型
农 09 新品种证字第 9 号	京星黄鸡 100 配套系	中国农业科学院畜牧研究所	中速型
农 09 新品种证字第 10 号	京星黄鸡 102 配套系	中国农业科学院畜牧研究所	快大型
农 09 新品种证字第 12 号	邵伯鸡配套系	江苏省家禽科学研究所、江苏省扬州市畜牧兽医站、江苏省畜牧兽医职业技术学院	中速型
农 09 新品种证字第 13 号	鲁禽 1 号麻鸡配套系	山东省农业科学院家禽研究所、山东省畜牧兽医总站、淄博明发种禽有限公司	中速型
农 09 新品种证字第 14 号	鲁禽 3 号麻鸡配套系	山东省农业科学院家禽研究所、山东省畜牧兽医总站、淄博明发种禽有限公司	慢速型
农 09 新品种证字第 15 号	文昌鸡	海南省农业厅	慢速型
农 09 新品种证字第 16 号	新兴竹丝鸡 3 号配套系	广东温氏南方家禽育种有限公司	中速型
农 09 新品种证字第 17 号	新兴麻鸡 4 号配套系	广东温氏南方家禽育种有限公司	中速型
农 09 新品种证字第 18 号	粤禽皇 2 号鸡配套系	广东粤禽育种有限公司	快大型
农 09 新品种证字第 19 号	粤禽皇 3 号鸡配套系	广东粤禽育种有限公司	慢速型
农 09 新品种证字第 20 号	京海黄羽肉鸡	江苏京海禽业集团有限公司、扬州大学、江苏省畜牧总站	慢速型
农 09 新品种证字第 23 号	良凤花鸡配套系	广西南宁市良凤农牧有限责任公司	快大型
农 09 新品种证字第 24 号	墟岗黄鸡 1 号配套系	广东省鹤山市墟岗黄畜牧有限公司	快大型
农 09 新品种证字第 25 号	皖南黄鸡配套系	安徽华大生态农业科技有限公司	快大型
农 09 新品种证字第 26 号	皖南青脚鸡配套系	安徽华大生态农业科技有限公司	快大型
农 09 新品种证字第 27 号	皖江黄鸡配套系	安徽华卫集团禽业有限公司、安徽农业大学	快大型
农 09 新品种证字第 28 号	皖江麻鸡配套系	安徽华卫集团禽业有限公司、安徽农业大学	快大型
农 09 新品种证字第 29 号	雪山鸡配套系	江苏省常州市立华畜禽有限公司	慢速型
农 09 新品种证字第 30 号	苏禽黄鸡 2 号配套系	江苏省家禽科学研究所、扬州市翔龙禽业发展有限公司	快大型
农 09 新品种证字第 31 号	金陵麻鸡配套系	广西金陵养殖有限公司	快大型
农 09 新品种证字第 32 号	金陵黄鸡配套系	广西金陵养殖有限公司	中速型

续表 3-1

证书编号	配套系名称	培育单位	品种类型
农 09 新品种证字第 33 号	岭南黄鸡 3 号配套系	广东智威农业科技股份有限公司、开平金鸡王禽业有限公司、广东智成食品股份有限公司、广东省农业科学院畜牧研究所	慢速型
农 09 新品种证字第 34 号	金钱麻鸡 1 号配套系	广州宏基种禽有限公司、广州市权诚生物科技有限公司	中速型
农 09 新品种证字第 35 号	南海黄麻鸡 1 号	佛山市南海种禽有限公司、佛山科学技术学院	中速型
农 09 新品种证字第 36 号	弘香鸡	中山市南海种禽有限公司、佛山科学技术学院	慢速型
农 09 新品种证字第 37 号	新广铁脚麻鸡	佛山市高明区新广农牧有限公司	快大型
农 09 新品种证字第 38 号	新广黄鸡 K996	佛山市高明区新广农牧有限公司	快大型
农 09 新品种证字第 39 号	大恒 699 肉鸡配套系	四川大恒家禽育种有限公司、四川省畜牧科学研究院、四川农业大学	中速型
农 09 新品种证字第 42 号	凤翔青脚麻鸡	广西凤翔集团畜禽食品有限公司	快大型
农 09 新品种证字第 43 号	凤翔乌鸡	广西凤翔集团畜禽食品有限公司	中速型
农 09 新品种证字第 46 号	五星黄鸡	安徽五星食品股份有限公司、安徽农业大学、中国农业科学院北京畜牧兽医研究所、安徽省宣城市畜牧局	快大型
农 09 新品种证字第 47 号	金种麻黄鸡	惠州市金种家禽发展有限公司	中速型
农 09 新品种证字第 49 号	振宁黄鸡配套系	宁波市振宁牧业有限公司、宁海县畜牧兽医技术服务中心	慢速型
农 09 新品种证字第 50 号	潭牛鸡配套系	海南（潭牛）文昌鸡股份有限公司	慢速型
农 09 新品种证字第 51 号	三高青脚黄鸡 3 号	河南三高农牧股份有限公司	慢速型
农 09 新品种证字第 55 号	天露黄鸡	广东温氏食品集团股份有限公司、华南农业大学	慢速型
农 09 新品种证字第 56 号	天露黑鸡	广东温氏食品集团股份有限公司、华南农业大学	慢速型
农 09 新品种证字第 57 号	光大梅黄 1 号鸡	浙江光大种禽业有限公司、杭州市农业科学研究院	慢速型

三、肉鸡主要品种性能

（一）白羽肉鸡

目前国内饲养的白羽肉鸡品种全部从国外进口，引进的主要品种有爱拔益加（AA＋）、罗斯 308 以及科宝、艾维茵等。

1. 部分白羽肉鸡品种父母代种鸡生产性能　见表 3-2。

表 3-2　白羽肉鸡部分品种父母代种鸡生产性能

性能指标	爱拔益加（AA＋）[1]	罗斯 308（Ross 308）[2]
开产周龄	25	25
开产体重（克）	2950	2975
高峰期产蛋率（%）	86.3	85.7
64 周人舍产蛋数（枚）	185	182
0～64 周每枚蛋耗料（克）	—	314
产蛋期成活率（%）	92	92

注：1. 数据来源于山东益生种畜禽股份有限公司。

　　2. 数据来源于北京大风家禽育种有限公司。

　　3. "—"表示信息缺。

2. 部分白羽肉鸡品种商品代肉鸡生产性能　见表 3-3。

表 3-3　白羽肉鸡部分品种商品代肉鸡生产性能

品种、品系	日龄		体重（克）		料肉比	
	公鸡	母鸡	公鸡	母鸡	公鸡	母鸡
爱拔益加（AA＋）[1]	42	42	2856	2417	1.716：1	1.824：1
	49	49	3510	2958	1.845：1	1.987：1
罗斯 308（Ross 308）[2]	42	42	2979	2557	1.703：1	1.734：1
	49	49	3695	3118	1.839：1	1.883：1

注：1. 数据来源于山东益生种畜禽股份有限公司。

　　2. 数据来源于北京大风家禽育种有限公司。

（二）黄羽肉鸡

黄羽肉鸡品种基本上是由我国国内育种机构培育和供应，主要商业化品种有快羽快长型岭南黄鸡、优质型 3 号岭南黄鸡，良凤花鸡，南海黄麻鸡 1 号，节粮快大型铁脚麻鸡，潭牛鸡，新兴竹丝鸡Ⅲ号，新兴矮脚黄鸡等。

1. 部分黄羽肉鸡品种父母代种鸡生产性能　见表 3-4。

表 3-4　黄羽肉鸡部分品种父母代种鸡生产性能

性能指标	快羽快长型岭南黄鸡[1]	优质型3号岭南黄鸡[1]	良凤花鸡[2]	南海黄麻鸡1号[1]	节粮快大型铁脚麻[1]	潭牛鸡配套系[3]	新兴竹丝鸡Ⅲ号[3]	新兴矮脚黄鸡[3]
开产周龄	24	23	25	24	25	18～19	23～24	23～24
开产体重（克）	2350	1450	2250～2350	2300	1700	1300～1350	—	—
产蛋高峰周龄	30～31	29～30	29	—	30	23～24	29～32	28～31
高峰期周产蛋率（％）	83	84	80	83	—	81～82	84	82
56周龄入舍母鸡产蛋数（枚）	—	—	—	—	—	132～136	—	—
66周龄入舍母鸡产蛋数（枚）	—	—	182	182	—	—	—	—
68周龄入舍母鸡产蛋数（枚）	185	200	—	—	182	—	155	162

注：1. 数据来源于《广东禽业》，2014.01.

2. 数据来源于《中国禽业导刊》，2014.22.

3. 数据来源于"中国肉鸡产业技术体系网"。

4. "—"表示信息缺。

2. 部分黄羽肉鸡品种商品肉鸡生产性能　见表 3-5。

表 3-5　黄羽肉鸡部分品种商品肉鸡生产性能

品种、品系	日龄		体重（克）		料肉比	
	公鸡	母鸡	公鸡	母鸡	公鸡	母鸡
快羽快长型岭南黄鸡[1]	42	42	1530	1275	1.72：1	1.93：1
优质型3号岭南黄鸡[1]	120	120	1600	1350	3.09：1	3.31：1
良凤花鸡[2]	52～56	60～65	1800～2000	1700～1900	2.20：1	2.60：1
南海黄麻鸡1号[1]	70	70	2050	1630	2.31：1	2.52：1
节粮快大型铁脚麻[1]	60	60	1900	2200	2.35：1	2.15：1

续表 3-5

品种、品系	日　龄		体重（克）		料肉比	
	公鸡	母鸡	公鸡	母鸡	公鸡	母鸡
潭牛鸡配套系[3]	91	112	1444	1521	3.06∶1	3.67∶1
新兴竹丝鸡Ⅲ号[3]	70	75	1100	1000	2.30∶1	2.80∶1
新兴矮脚黄鸡[3]	63	84	1600～1700	1350～1450	2.10∶1～2.20∶1	3.20∶1～3.30∶1

注：1. 数据来源于《广东禽业》，2014.01.

　　2. 数据来源于《中国禽业导刊》，2014.22.

　　3. 数据来源于"中国肉鸡产业技术体系网"。

第二节　我国肉鸡市场区域划分

不同地区的人们对上市肉鸡的大小，外貌性状（毛色、胫色、皮色、冠等）以及烹饪方式具有不同的喜好。引种时必须因地制宜，选择能够满足目标市场需要的品种。总的来讲，快大型白羽肉鸡和黄羽肉鸡的分布大致以长江和黄河为分界线。黄河以北，市场上快大型白羽肉鸡为主，存在少数黄羽肉鸡；黄河以南，长江以北，市场上白羽和黄羽肉鸡并存；长江以南，市场则以黄羽肉鸡为主。若再细分起来，我国肉鸡市场可分为华南、华东、华中、西南、西北、华北和东北等这几个区域市场。

一、华南市场

华南市场是指广东、广西、福建及港澳地区，这是我国黄羽肉鸡生产消费的主力市场，估计年上市黄羽肉鸡10亿～15亿只，而白羽肉鸡的饲养和消费都比较少。该地区比较偏爱母鸡，并以白切、清蒸和清水煮等食用方式为主，讲究的是保持鸡的原汁原味，因此性发育较充分的肉鸡因味浓汤鲜而最受欢迎。该市场中黄鸡品种种类较多，快大型，中速型（广西三黄鸡、麻黄鸡、竹丝鸡等）和慢速型（广西三黄鸡、清远鸡、文昌鸡、胡须鸡等）三分天下，但随着人们生活水平的提高，中速型和慢速型鸡的占有率逐步提高。

二、华东市场

华东市场是指上海、江浙及安徽地区，是我国第二大黄羽肉鸡市场，估计年上市量8亿～10亿只。以煲汤、红烧、小炒等为主要食用方法。品种类型主要为快大型、中速型和慢速型的三黄鸡或青（黄）脚麻鸡等，其中上海和浙江市场对鸡的肉品质要求较高，以中、慢速型为主；而江苏和安徽市场以快大型黄鸡为主，也有部分快大型白鸡。该地区对外来品种的接受程度较高，只要体型外貌合乎要求，其他地区的品种也受欢迎，所以该地区很多品种均来自广东、广西地区。

三、华中市场

华中市场是指湖南、湖北两省，对外来品种的接受程度较高。品种类型有快大型三黄鸡、不同类型的青脚麻鸡、慢速型三黄鸡、竹丝鸡等，对体型外貌的要求与华东市场相差不大。过去以快大型三黄鸡为主，对肉质要求不高，现在中慢速型品种占有率逐渐上升。

四、西南市场

西南市场是指云贵川地区，该地区比较偏爱公鸡，以红烧、火锅、小炒等为主要食用方法。大部分消费者认为黑色胫（铁脚、青脚）麻鸡才是真正的土鸡，因此品种类型相对简单，主要是快大型和中速型的青脚麻鸡和乌皮麻鸡。

五、西北市场

西北市场是指陕西、甘肃、青海、宁夏、新疆等地区，这些地区由于民族饮食习惯差异导致猪肉消费较少，而鸡肉由于物美价廉，营养丰富，一直是当地居民喜爱的肉类食品。以红烧、小炒等为主要食用方法。品种类型主要以快大型白鸡和快大型麻鸡为主。但由于当地的肉鸡养殖、加工产业发展较慢，规模不大，无法满足当地的市场需求，鸡肉多从国内其他省、市及国外引进。

六、中原、华北和东北市场

中原、华北和东北市场是指河南、河北、山东、山西、内蒙古及东北地区，这些地区主要以快大型白羽肉鸡为主，黄羽肉鸡所占比例较少。主要以红烧、小炒等为主要食用方法，所以肉质嫩的快大白鸡更受欢迎。但随着人员流动的增加，南北饮食习惯互相交融，现在这些市场上黄羽肉鸡的销售也有所增加。

可见，各地区的消费习惯差异直接影响到该地区的肉鸡主导品种，养殖户欲进入某一地区的肉鸡市场，必须先对该地区的市场消费习惯、市场需求进行调查与分析。

第三节　肉鸡适宜养殖品种的选择

在选择养殖品种的时候，首先需要对该地区的市场需求进行调研分析，尔后才能逐步筛选出适宜的品种。

一、 肉鸡品种选择基本要点

无论是父母代种鸡还是商品代肉鸡的品种选择，均需确定目标市场、养殖类型、品种筛选和效益评估 4 个基本关键点。

（一）寻找目标市场

寻找目标市场，也就是确定产品要销往何地，然后才能够继续考虑引种问题。目标市场要根据该市场的需求而定，这点非常重要。因此，必须深入调查目标市场的需求，产品饱和度，消费习惯（活鸡销售、屠宰分割），主导品种（快大、中速还是慢速），外貌的需求（黄、麻等），性别的喜好（喜好公鸡还是母鸡）等方面，然后再结合自身的条件（场址、销售、运输能力等）来确定自己的细分目标市场。

（二）确定养殖类型

根据市场需求确定养殖类型（快大、中速还是慢速品种）。引入品种与该市场的家禽产品消费习惯要相符，在满足该市场需求的前提下才可以考虑品种的其他特性。如该地区以消费冰鲜鸡肉为主，则可考虑饲养产肉率高的快大型白鸡；如该地区要求肉鸡生产长速快，而对毛色要求不高，则可以选择快大型黄鸡或麻鸡，在满足长速的基础上进一步筛选抗病力强、饲料转化率高的品种。对于挑选父母代种鸡来说，首先要考虑生产的商品肉鸡能否满足市场需求，再考虑是否选择高产型种鸡（产蛋高、种蛋成本低）或者矮脚型种鸡（体型矮小，节省饲料和饲养空间）。

（三）挑选养殖品种

目前我国养殖行业市场鱼龙混杂，各品种质量良莠不齐。养殖户选择品种绝不能贪图便宜，只看价格而不顾品种质量，必须以质论价，选择通过国家畜禽品种审定的品种和配套系。只有饲养符合市场需求、性能优良且稳定的品种才能取得良好的经济效益。

养殖户一方面可以通过主流报刊、杂志等广告宣传媒体对比品种的性能指标，如种鸡的开产日龄、产蛋量、蛋重、耗料量，商品肉鸡的生长速度、外貌特征及饲料报酬等相关信息；另一方面则通过市场调查，了解当地市场占有率高，最具市场影响力的品种。初步筛选出几个符合目标市场需求、性能优良的品种作为备选。然后到供种企业实地考察公司的经营管理是否规范，生产条件是否良好，是否具有种鸡生产经营许可证、防疫合格证等资质条件。引父母代种鸡时需要注意有没有国家颁发的品种审定证书，引商品代的则要看有没有正规父母代的引种证明。另外，还要现场观察供种单位的饲养环境是否良好，防疫操作是否规范，生产记录是否完整，特别注意品种是否携带禽白痢和禽白血病，甚至可以委托第三方进行检测。

通过对比后选择一到两家引种企业，先小规模引进一批商品肉鸡或种鸡，饲养一至两个生产周期后综合评估该品种是否满足市场需求，然后再逐步扩大引种规模。受市场欢迎的品种尽管引种成本大一些，但在良好的饲养管理条件下，其生产性能优异和稳定，反而能获得好的经济效益。

（四）评价综合效益

对于商品肉鸡养殖来说，综合效益就是商品肉鸡出栏卖出获得的收入减去养殖成本（雏鸡成本、饲料、人工、疫苗、水电、折旧等）。养殖户希望在满足市场需求的基础上，品种的生长速度快、外貌特征好、饲料转化率高、肉质好、抗病力强，这样可以最大程度地增加收入，降低成本，但事实上几乎没有一个品种能够满足上述所有目标。在引种时必须有所取舍，比如肉鸡外貌特征好，市场卖价可能高些，即使生产速度并不是最优的，只要能满足市场需求也能够获得不错的经济效益。选择种鸡时，不仅要考虑本身的生产特性，还需要参考商品鸡的情况，如果商品鸡的体型外貌以及生长情况都比较好，卖价也较高，即使种鸡饲养成本略高也可以接受。所以要获得最大化的养殖利益需要综合考虑品种的各项指标，权衡利弊，从中寻找一个综合效益最好的品种。

二、商品肉鸡品种选择要点

商品肉鸡是整个肉鸡产业链的末端，直接面向消费者。在选择商品肉鸡品种时，只有紧随市场的变化、满足消费者的需求，才能在激烈的竞争中占据主动。

（一）了解市场变化

市场供求关系的变化直接反映在商品肉鸡价格的波动上。养殖户必须对肉鸡市场的变化有充分的了解，认识到我国肉鸡市场的生产消费能力及特点，不要盲目跟风，需要谨慎投资，密切关注市场行情变化及对未来走向进行正确的判断，选择合适的时间引种才能获得较好的经济效益。

图 3-12 显示了 2007—2012 年全国五大产区白羽肉毛鸡年平均价格的变化情况。可以看出，2006 年高致病性禽流感暴发，导致肉鸡消费锐减，市场萎缩，鸡价持续走低。2007—2008 年禽流感逐渐平息，此时市场上的禽产品少之又少，供不应求，导致鸡价快速上涨，刺激了全行业的投资热情，养殖规模迅速膨胀。2009 年市场根本无法消化如此大规模的上市禽产品，鸡价又一次迅速下滑至最低点。2010—2011 年市场逐步复苏，鸡价一路攀升至高点。然而 2012年整体宏观经济环境低迷，肉鸡消费需求萎缩，导致肉鸡价格下跌，全年基本处于亏损状态。2013 年 4 月开始国内陆续发现 H7N9 禽流感的病例，使得肉鸡消费需求大幅下降，肉鸡产业再次受到了沉重的打击至今仍未恢复。可见，在不到 10 年的时间，国内肉鸡市场犹如坐过山车一样的起起落落，波动非常剧烈。

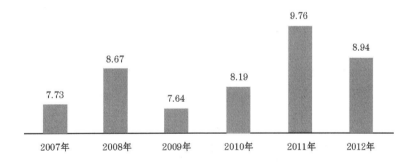

图 3-12　2007—2012 年白羽肉毛鸡年平均价格　（单位：元/千克）

资料来源：引自《中国禽业发展报告（2012 年度）》。

再看图 3-13 和图 3-14，白羽肉鸡和黄羽肉鸡月平均价格的变化规律，发现鸡价在同一年的不同月份也呈现忽上忽下的大幅振动，最大振幅可以达到30％。这说明，我国肉鸡产业容易受到诸多外在因素（如经济环境、禽流感、饲料价格、油价、季节、媒体报道等）的影响，直接或间接导致肉鸡市场供求关系的变化，进而导致肉鸡价格大幅波动。

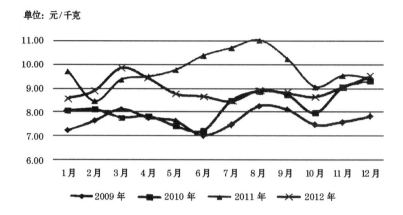

图 3-13　2009—2012 年白羽肉毛鸡月平均价格

资料来源：引自《中国禽业发展报告（2012 年度）》。

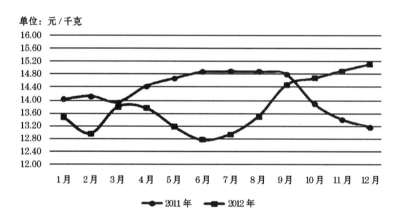

图 3-14　2011—2012 年黄羽肉毛鸡月平均价格

资料来源：引自《中国禽业发展报告（2012 年度）》。

（二）清楚市场风险

　　市场剧烈的波动，无疑带来了巨大的风险。对于自养自销的养殖户来说，一旦市场不景气，产品滞销，仅每日的饲料消耗这一项就是一笔巨大的开支，再加上人工、水电、折旧等成本，最终可能导致巨幅亏损。这类养殖户要尽可能地通过各种渠道（报纸、杂志、网络、人际关系等）收集市场信息，提早计划，要有承受市场风险的能力。而对于加入"公司＋农户"模式的养殖户来说，以大的养殖企业为后盾，即使企业受市场冲击较大，但基本都能履行合同以稳定价收购养殖户手中的肉鸡。尽管利润不是最高，但能够使养殖户最大可能规避市场风险。养殖户在引种之前要先认识这两种经营模式的差异，清楚自身风险承受能力，选择适合自己的方式。

（三）认识自身条件

肉鸡饲养在技术和设备方面相比种鸡来说要求不高，但掌握规范的饲养管理技术、提供优良的饲养环境以及建立完善的防疫制度才是保证肉鸡发挥最佳生长性能的基础条件。另外，要根据市场的需求和销量制定饲养规模，不能盲目跟风扩大规模，具有充足的后备资金才能保证在市场低迷的情况下正常的运转。对于刚接触养殖或资金不充足的养殖户，最好先小量饲养或加入"公司＋农户"的一体化经营模式，积累饲养管理和养殖技术经验，稳步发展。

（四）紧随市场需求

对市场变化和自身条件有了清晰的了解后，就要对肉鸡品种进行比较，以选择符合目标市场需求的品种，可从肉鸡的生长性能以及体型外貌这两方面需求来考量。

生长性能主要从生长速度、均匀度、饲料转化率、成活率等指标来考察。不同类型品种的市场需求有所不同，如快大型鸡特别是白羽肉鸡对长速、饲料转化率较为看重，生长速度快能够在更短的时间内达到上市体重要求，缩短饲养周期，提高资金利用率；饲料转化率高则能节省饲料，降低饲养成本。而慢速型鸡在满足体重要求的基础上，市场更看重其体型外貌。体型外貌主要是针对以活鸡销售的黄羽肉鸡而言，不同市场对肉鸡的体型外貌（如毛色、胫色、鸡冠大小、体型长短、脚高矮粗细等）的要求也有差别，如西南地区要求胫色为黑色，而其他地区则多要求为黄色。符合市场需求的品种比较畅销，售价也高一些。

尽管我们希望能够选到各方面都满足市场需求的品种，但在某种情况下我们不得不放弃对某些指标的追求。比如，在长速更被市场看重的情况下，可以适当降低体型外貌的要求，反之亦然。因此，必须综合考虑各方面因素以确定更适合市场要求的品种。

（五）选择饲养方式

不同类型的鸡适合不同的饲养方式，应根据自身条件（场址、场地等）以及品种的需要选择适合的饲养方式。

国内中小型肉鸡养殖户普遍采用地面平养来饲养肉鸡，其投资少，设备要求简单，鸡腿部疾病发生率低，但需要经常更换垫料避免发生鸡球虫、白痢等疾病。饲养快大型或中速型鸡时可适当缩小运动场面积，减少鸡的运动消耗，提高饲料利用率。而饲养慢速型鸡时可放养于果园、田间、草地、山地中，这样做一方面鸡可啄食野草、昆虫等，节约饲料、降低饲养成本；另一方面肉鸡的运动量增加，改善鸡肉风味、提高鸡肉品质。

（六）选择供种企业

好的供种企业不仅能够提供优秀的品种，还可以提供先进的饲养技术及完善的售后服务。引种时需要对供种单位的资质条件、生产规模、资金实力、技术背景、售后服务等做全面考察对比。

根据 2006 年 7 月 1 日施行的《中华人民共和国畜牧法》第十九条规定："培育的畜禽新品种、配套系和新发现的畜禽遗传资源在推广前，应当通过国家畜禽遗传资源委员会审定或者鉴定，并由国务院畜牧兽医行政主管部门公告。"第二十二条规定："从事种畜禽生产经营或者生产商品代仔畜、雏禽的单位、个人，应当取得种畜禽生产经营许可证。"第三十二条规定："种畜禽场和孵化场（厂）销售商品代仔畜、雏禽的，应当向购买者提供其销售的商品代仔畜、雏禽的主要生产性能指标、免疫情况、饲养技术要求和有关咨询服务，并附具动物防疫监督机构出具的检疫合格证明。"因此，引种时除了要查看供种企业的父母代引种证明是否是通过国家畜禽品种（配套系）审定的品种，还要查看供种企业是否具有种畜禽经营许可证、动物防疫合格证等资质条件。

除此之外，还要现场考察供种企业的种鸡饲养（包括养殖规模、鸡舍条件、饲养环境、鸡群健康、喂料、光照、输精、免疫、用药、保健、消毒等），种蛋孵化（包括孵化设备、环境、技术、操作等），雏鸡运输（包括运输时间、方式）等整个生产链是否操作规范、衔接流畅，其中任何一个环节出现问题都可能对商品肉鸡生长产生不利影响。最后，在产品性能与价格较接近的情况下，选择具有优良售后服务的企业是非常重要的，完善和及时的技术服务能够提高养殖效益并在特殊情况下减少损失。

（七）饲养过程中的挑选

引种后，在肉鸡饲养过程中要密切关注鸡群的整体生长发育情况，淘汰僵鸡、病残鸡，及时拣出死鸡，杜绝疾病传播的可能。弱小鸡可单独饲养，防止大群饲养中优胜劣汰，导致越来越弱。

三、父母代种鸡品种选择要点

父母代种鸡饲养具备以下几个特点：①前期生产投资大，需要有完善的硬件设施和较高的技术水平；②产出周期较长，但经济收益大；③商品雏鸡价格受市场影响波动较大。因此，广大养殖户在引父母代种鸡之前也需要了解市场的变化和风险，做足各项准备工作。

（一）了解市场变化

父母代种鸡以产出商品雏鸡获利，商品雏鸡往往受到商品毛鸡价格的左右，毛鸡价格高，利润大，愿意饲养的人就多，商品雏鸡价格也随着水涨船高，反之亦然。图 3-15 至图 3-17 中显示了近年来商品代白羽和黄羽肉雏鸡年、月平均价格。可见其变化规律基本与商品毛鸡价格变化规律相同，容易受到市场影响，价格波动巨大。

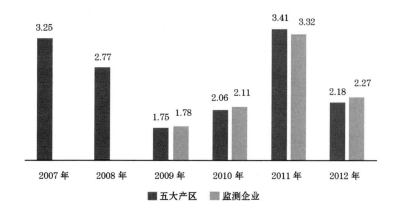

图 3-15　2007—2012 年商品代白羽肉雏鸡年平均价格　（单位：元/只）

资料来源：引自《中国禽业发展报告（2012 年度）》。

（二）确定目标市场

除非在特殊情况下，父母代种鸡一旦开产就会持续不断地生产出商品雏鸡。因此，先寻找适宜的目标市场则显得更为重要。可以参考我国肉鸡市场需求的区域分布，对各区域的肉鸡现状、消费习惯、主流品种等作全面而细致的了解，再结合自身情况（场址、规模、生产方式、运输能力等）来确定目标市场及销路。例如，黄羽肉鸡主要的饲养和消费区域集中在广东、广西等南方各省

（区）。然而，南方夏季湿热的气候条件给种鸡的防暑降温带来了不少困难，因此有的企业把种鸡场建在北方，既有利于种鸡的防暑降温，又可降低饲料和人工成本，再将产出的种蛋运送到南方孵化出雏后销售和饲养。这种称之为"北繁南养"的生产模式取得了较好的效果。

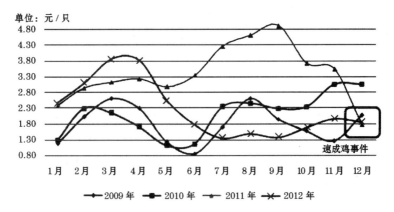

图 3-16　2009—2012 年商品代白羽肉雏鸡月平均价格

资料来源：引自《中国禽业发展报告（2012 年度）》。

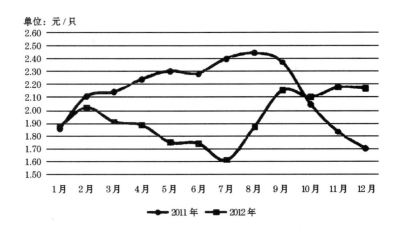

图 3-17　2011—2012 年商品代黄羽肉雏鸡月平均价格

资料来源：引自《中国禽业发展报告（2012 年度）》。

（三）认识自身条件

前面提到种鸡的生产周期长，技术要求高，市场变化快，所以养殖户在引种前必须从自身的技术水平、经济能力、管理能力等方面认识和评估自己，做好资金预算，控制引种规模，制定合理的引种计划和周密的生产计划，以减少投资的盲目性、生产的主观性和技术的随意性，尽可能地降低市场风险。

第一，根据自身的经济能力确定养殖规模以及硬件设备投入。只有具备良好和完善的鸡舍鸡笼、通风设备、控温设备、消毒设备、孵化设备等硬件设施，才能提供种鸡舒适的生活环境和孵化出健康的雏鸡。因此建议经济条件欠缺的养殖户，由少到多、由小到大逐步扩大生产规模，起步不要贪多。

第二，应具备一定的养殖和孵化技术及管理水平。坚持先学习再投产，配备具有一定经验和技术水平的饲养、管理、兽医及孵化人员，加强种鸡饲养管理，密切注意种鸡健康状况，按照要求及时接种免疫，防止疾病发生。有条件的还可以与供种单位及科研院校保持联系与合作，及时了解和学习养殖新技术。通过科学饲养，总结制定出一套适合本场的饲养管理操作程序或规范。

第三，制定合理的引种计划。摸清市场的变化规律，正确判断市场的走向，才能确定合适的引种时间。如果在错误的时间引种，比如在种鸡高产阶段而市场行情差时，雏鸡滞销，无疑会遭受严重损失，甚至不得不提前淘汰种鸡。另外，市场供需关系的变化可能导致市场主流品种之间发生变换，只有引入市场真正需要的品种，才能保证获得良好的收益。

第四，制定周密的生产计划。正常情况下，种鸡从引种到开产通常要24～25周时间，初生雏鸡由于个头小而不太被市场接受，因此种鸡可被正常利用的时间一般是从28周开始，持续的时间则要根据市场的需要以及生产情况而定。如果生产计划不完善，引种过早或过晚，便会造成新老种鸡交替不顺利，导致老的种鸡无法充分利用就要面临淘汰或过度利用而使饲养成本增加，甚至造成生产无法连续进而对经营造成困扰。

（四）选择供种企业

和商品肉鸡一样，选择种鸡时更要对供种单位的资质条件、生产规模、资金实力、技术背景、售后服务等做严格的考察对比。种鸡饲养时间长、投入大、技术要求高，不仅需要供种企业提供优良的品种，还需要在管理、营养、疾病防控、孵化等方面给予技术支持，并且具备反应迅速的售后服务队伍。

（五）引种过程中其他注意事项

1. 实行逐步引种　对于特征特性不太了解的品种，有条件的可先饲养商品肉鸡，观察产品特性以及市场接受程度，然后再小规模地引入父母代种鸡，观察1～2个生产周期，证实其适应性强，生产性能和引种效果良好时，再增加引种数量，逐步扩大规模。否则，一旦出现品种无法适应当地市场要求或生产性能达不到要求时，就会造成无法弥补的损失。

2. 做好引种前准备 引种前要根据引入地的饲养条件和生产要求准备鸡舍和饲养设备，按要求提供良好的饲养环境，做好清洗、消毒、备足饲料和常用药物，培训饲养和技术人员如何饲喂、免疫、用药、人工授精等。

3. 减少中间环节 为了确保引种质量，养殖户应尽量减少通过中间商或中介机构引种，最好能直接与供种单位联系，并且引种前与供种单位签订相应的书面合同或协议，包括品种、数量、价格、提货时间、交货地点、付款方式及配套服务等。

4. 注意引种过程安全 搞好引种运输组织安排，选择合理的运输途径、运输工具和装载物品，夏季引种尽量选择在傍晚或清晨凉爽时运输，冬春季节尽量安排在中午风和日丽时运输。尽量缩短运输时间，减少途中损失，长途运输时应加强途中检查，尤其要注意过热或过冷和通风等环节。

（六）引种后饲养过程中的挑选

引种后，一般按照供种企业提供饲养管理标准进行饲养。在种鸡饲养过程中，还需要对种鸡（包括公鸡和母鸡）进行挑选，淘汰生长不良个体。这项工作应引起高度重视，否则将可能对生产性能产生不良影响。

1. 种公鸡的选择 饲养的全期过程中需要对种公鸡进行选择，及时淘汰不符合要求的个体，保持合适的公、母比例，才能获得较高的受精率和孵化率。

（1）育成期的挑选 根据饲养标准严格控制公鸡体重并定期抽查，发现体重与标准差距较大时，及时查找原因进行调整。注意观察公鸡鸡冠、肉髯、羽毛的发育情况，鸡冠柔软光滑，又大又红，肉髯大小均等、羽毛光亮的公鸡比较健康。及时淘汰极度消瘦、发育不良的个体。另外，注意腿部发育情况，特别是对于自然交配的公鸡，腿部和关节发育不好（歪腿、拐腿）将直接影响后期交配效果。

（2）交配期的挑选 交配期间，要经常观察公鸡的精神状态、性欲反应、肛门颜色以及精液质量。如果该公鸡的性欲反应不强烈，肛门颜色浅，精液比较稀或经常带血及其他杂质，可尽早淘汰。另外，在公母自然交配过程中，如果体重超重的公鸡对母鸡造成伤害，应及时淘汰。

2. 种母鸡的选择

（1）育成期的挑选 同公鸡一样，母鸡更要控制体重及体重均匀度，这直接影响到后期的产蛋性能，可通过分群饲喂来控制群体体重及均匀度，淘汰极度消瘦、发育不良、鸡冠小而白、腿残的个体。

（2）产蛋期的挑选 开产一段时间后（可设为1个月），对于耻骨没有张开或者无法翻出输卵管的母鸡，可挑出观察一段时间，如若还不开产应该及时淘汰，避免浪费饲料。

第四节　国内大型肉鸡供种企业

随着我国肉鸡产业巨大市场潜力的显现以及市场对肉鸡要求的提高，全国各地的肉鸡育种和生产企业迅速得到了发展壮大。近些年，通过"公司＋农户"、"公司＋基地＋农户"、"研究所＋公司＋农户"等多种经营模式，将大批小规模散养户集中在大公司下统一管理，既保护散养户规避了部分市场风险，又使各方资源（技术、人力、资金、土地等）有效的整合利用，大大提高了肉鸡产业发展的速度。

快大型白羽肉鸡主要是国内的一些大型企业（如北京大发正大有限公司、北京家禽育种有限公司、北京大风家禽育种有限公司、山东益生种畜禽有限公司等）从国外引入祖代雏鸡并逐级向下繁殖父母代种鸡和商品代肉鸡。

据中国畜牧业协会家禽分会监测数据显示，2012年我国引入白羽肉鸡祖代的企业15家，其祖代存栏量占全国总存栏量的97％以上。父母代种鸡的养殖企业19家，其父母代存栏量占全国总存栏量的20％左右，仍有大部分父母代养殖企业无数据监测，这些已监测的企业主要分布于北京、吉林、辽宁、山东等北方各省市，详情请参阅《中国禽业发展报告（2012）》。表3-6列出了我国白羽肉鸡供种主要企业，供广大养殖户参考。这些企业经济实力雄厚，生产规模大，市场占有率高。详细情况可以通过相关网站或电话进一步了解。

表3-6　我国白羽肉鸡供种主要大中型企业

地 区	单位名称	主销产品	联系方式
北京	北京大发正大有限公司	艾维茵父母代及商品代	总部电话：010-69042242 网址：http://www.bjdafa.com
北京	北京家禽育种有限公司	Avian500父母代及商品代	总部电话：010-60435567 网址：http://www.cpbpbc.com
北京	北京大风家禽育种有限公司	罗斯308父母代	总部电话：010-58236495 网址：http://www.dafaun.com
河北	河北飞龙家禽育种有限公司	AA＋父母代及商品代	总部电话：0311-83862272 网址：http://www.hebei-falon.com
山西	山西粟海集团有限公司	Avian500父母代及商品代	雏鸡销售电话：0359-8120158 网址：http://www.suhaigroup.com

续表 3-6

地 区	单位名称	主销产品	联系方式
吉林	吉林德大有限公司	AA＋父母代及商品代	总部电话：0431-87201102 网址：http：//www.cpfchinajl.com
江苏	江苏京海禽业集团有限公司	AA 父母代及商品代	销售电话：0513-82234136 网址：http：//www.jinghai.net
安徽	安徽和威农业开发股份有限公司	白羽鸡商品代	总部电话：0563-6612336 网址：http：//www.hewei.com.cn
山东	山东益生种畜禽有限公司	罗斯308、AA＋父母代及商品代	总部电话：0535-2119108、2119008 网址：http：//www.yishenggufen.com
山东	山东民和牧业股份有限公司	白羽鸡商品代	销售电话：0535-5639873 网址：http：//www.minhe.cn
山东	山东六和集团有限公司	罗斯308、AA＋商品代，哈伯德父母代及商品代	总部电话：010-53299899 网址：http：//www.newhopeliuhe.com
河南	河南大用实业有限公司	罗斯308商品代	总部电话：0371-65821166 网址：http：//www.doyoo.cn

注：以上企业排名不分先后顺序。

　　黄羽肉鸡品种主要是由我国的一些大型企业或科研院所（如广东温氏食品集团有限公司、广东智威农业科技股份有限公司、广东粤禽育种有限公司、中国农业科学院畜牧兽医研究所等）利用丰富的遗传素材，采用先进的育种技术培育而成，具有独立的自主产权并经过市场的考验而不断的去劣存优。前面所提及的已经通过国家品种审定的品种（或配套系）大多来自这些企业和科研院所，是目前市场上的主流产品。据中国畜牧业协会家禽分会监测数据显示，2012年我国黄羽肉鸡祖代的养殖企业共27家，其祖代存栏量占全国总存栏量的83.54％。父母代种鸡的养殖企业30家，其父母代存栏量占全国总存栏量的28.16％，这些已监测的企业主要分布于广东、广西、安徽、江苏、浙江等南方各省（区）。表3-7列出了我国已经通过国家审定的主要黄羽肉鸡品种（或配套系）的生产企业，这些企业经过多年的开发和经营，打造出了自己的品种和品牌，具有良好的行业口碑和售后服务，是我国黄羽肉鸡产业化发展的中坚力量。

表 3-7 我国黄羽肉鸡行业拥有国家审定品种的部分企业

地 区	单位名称	主销产品	联系方式
江苏	江苏立华牧业有限公司	雪山草鸡、雪山黄鸡父母代及商品代	总部电话：0519-86355611 网址：http://www.lihuagroup.cn
江苏	江苏京海禽业集团有限公司	京海黄鸡父母代及商品代	总部电话：0513-82234136 网址：http://www.jinghai.net
安徽	安徽华卫集团禽业有限公司	皖江黄鸡、皖江麻鸡父母代及商品代	总部电话：0563-3792000 网址：http://www.ahhwjt.com
安徽	安徽五星食品股份有限公司	五星黄鸡父母代及商品代	总部电话：0563-4456156 网址：http://www.wuxing.cn
河南	河南三高农牧股份有限公司	三高I号、II号、青脚黄鸡3号父母代及商品代	总部电话：0376-4997811 网址：http://www.hnsangao.com
广东	广东温氏食品集团有限公司	新兴黄、麻、竹丝鸡等父母代、商品代	总部电话：0766-2291142 网址：http://www.wens.com.cn
广东	广东智威农业科技股份有限公司	岭南黄鸡父母代及商品代	总部电话：020-38765625 网址：http://www.wizgroup.com.cn
广东	鹤山市墟岗黄畜牧有限公司	墟岗黄鸡父母代及商品代	总部电话：0750-8313308 网址：http://www.xuganghuang.com.cn
广西	广西凤翔集团畜禽食品有限公司	凤翔青脚麻鸡等父母代及商品代	总部电话：0779-7210936 网址：http://www.fxworld.com.cn
广西	广西金陵养殖有限公司	金陵麻鸡等父母代及商品代	总部电话：0771-3380088 网址：http://www.gxjlyz.com
海南	海南（潭牛）文昌鸡股份有限公司	文昌鸡父母代及商品代	总部电话：0898-65779718 网址：http://www.tanniu.net

注：以上企业排名不分先后顺序。

第四章

肉鸡营养需要与饲料配制技术

阅读提示：

　　肉鸡养殖中，饲料成本约占养鸡成本的70%，了解肉鸡营养生理特点及营养需要，熟悉饲料原料种类和功能，科学配制饲料和保证饲料质量安全，着重提高饲料利用效率和饲养效果，是降低饲料成本的根本途径。本章围绕如何提高饲养效果和降低饲料成本，系统介绍了肉鸡生理特点及营养需要、肉鸡饲料营养物质及其功能、饲料原料种类及质量鉴别、饲粮种类及其功能以及饲料配制技术，并对饲料配方进行案例分析，介绍了饲料安全质量控制措施。通过阅读本章，读者将会充分了解肉鸡营养需要和饲料原料，熟悉饲料安全和品质控制措施，并掌握肉鸡饲料配制的关键技术。

第一节　肉鸡生理特点及营养需要

一、肉鸡生理特点

肉鸡没有牙齿，因而不具备咀嚼功能。饲料通过食道直接进入嗉囊，在其间储存和浸渍；然后再由嗉囊进入腺胃，腺胃的胃壁上有许多乳头突起分泌大量消化液，能将饲料浸润后进入肌胃。肉鸡的肌胃是一个特殊的消化器官，胃壁由坚厚的肌肉构成，胃内有坚实的黄色角质膜，并有粗糙的摩擦面，内含有沙砾，借助于肌胃的收缩，把坚硬的饲料磨碎成糊状的食糜。

肉鸡肺脏较小并有气囊，呼吸通常靠气囊的辅助，以胸骨和肋骨的运动进行。

消化吸收作用主要在肠内进行，肉鸡肠道短，食糜流通速度和消化都很快，饲料在肉鸡肠内只存在 2～4 小时，在小肠中的十二指肠集中只吸收 30 分钟，其他时间只吸收水分。盲肠与纤维素的消化吸收有关。大肠较短，粪便不能久留。盲肠、大肠和泄殖腔都有吸收水分的功能，而泄殖腔是消化、泌尿、生殖孔共同开口体外的管腔。

肉鸡的快速生长，大部分营养都用于肌肉生长，抗病能力相对较弱，容易发生慢性呼吸道病和大肠杆菌病等疾病。肉鸡的快速生长使机体各部分负担沉重，特别是 3 周内的快速增长，使机体内部始终处在应激状态，因而容易发生猝死症和腹水综合征。另外，肉鸡的骨骼生长不能适应体重增长的需要，由于肉鸡胸部在趴卧时长期支撑体重，如后期管理不善，常常会发生胸部囊肿。

二、肉鸡营养需要

为充分利用各种原料的营养，合理配制饲料，以满足肉鸡各生长阶段的营养需要，必须了解肉鸡不同生长阶段所需的各种营养物质。

（一）白羽肉鸡

1. 白羽肉用仔鸡

（1）前期营养需要（0～3 周龄）　粗蛋白质需要量为 21.5%，代谢能为 12.54 兆焦/千克，赖氨酸含量为 1.15%，蛋氨酸含量为 0.5%，含硫氨基酸含量为 0.91％，钙含量为 1％，可利用磷含量为 0.45％。肉仔鸡 1～2 周龄生长速度相对最快，较高蛋白质和氨基酸水平的日粮，利于刺激雏鸡食欲，使其消化系统和免疫系统发育良好。尽可能增加雏鸡早期采食量，对肉鸡的早期生长及之后的生产性能非常重要。

（2）中期营养需要（4～6 周龄）　粗蛋白质需要量为 20％，代谢能为 12.96 兆焦/千克，赖氨酸含量为 1％，蛋氨酸含量为 0.4％，含硫氨基酸含量为 0.76％，钙含量为 0.9％，可利用磷含量为 0.4％。为了使肉鸡的骨骼系统和心血管系统得到良好发育，同时为了促进脂肪的发育，需要较高的能量水平，该阶段的粗蛋白质和氨基酸水平比肉用仔鸡前期较低。

（3）后期营养需要（7 周龄以上）　粗蛋白质需要量为 18％，代谢能为 13.17 兆焦/千克，赖氨酸含量为 0.87％，蛋氨酸含量为 0.34％，含硫氨基酸含量为 0.65％，钙含量为 0.8％，可利用磷含量为 0.35％。肉鸡绝对增重的高峰期在 6 周龄以后逐渐下降，肉鸡对蛋白质和氨基酸的需要量逐渐降低。根据这一特点，应该在此阶段满足采食量，增加能量水平。后期也是脂肪沉积最佳的时期，肉鸡对能量的需求增加。

白羽肉用仔鸡营养需要见表 4-1。

表 4-1　白羽肉用仔鸡营养需要

营养指标	0～3 周龄	4～6 周龄	7 周龄以上
代谢能（兆焦/千克）（兆卡/千克）	12.54 (3.00)	12.96 (3.10)	13.17 (3.15)
粗蛋白质（％）	21.5	20.0	18.0
蛋白能量比（克/兆焦）（克/兆卡）	17.14 (71.67)	15.43 (64.52)	13.67 (57.14)
赖氨酸能量比（克/兆焦）（克/兆卡）	0.92 (3.83)	0.77 (3.23)	0.67 (2.81)
赖氨酸（％）	1.15	1.00	0.87
蛋氨酸（％）	0.50	0.40	0.34
蛋氨酸＋胱氨酸（％）	0.91	0.76	0.65
苏氨酸（％）	0.81	0.72	0.68
色氨酸（％）	0.21	0.18	0.17
精氨酸（％）	1.20	1.12	1.01
亮氨酸（％）	1.26	1.05	0.94
异亮氨酸（％）	0.81	0.75	0.63
苯丙氨酸（％）	0.71	0.66	0.58
苯丙氨酸＋酪氨酸（％）	1.27	1.15	1.00
组氨酸（％）	0.35	0.32	0.27

续表 4-1

营养指标	0～3周龄	4～6周龄	7周龄以上
脯氨酸（%）	0.58	0.54	0.47
缬氨酸（%）	0.85	0.74	0.64
甘氨酸＋丝氨酸（%）	1.24	1.10	0.96
钙（%）	1.0	0.9	0.8
总磷（%）	0.68	0.65	0.60
非植酸磷（%）	0.45	0.40	0.35
氯（%）	0.20	0.15	0.15
钠（%）	0.20	0.15	0.15
铁（毫克/千克）	100	80	80
铜（毫克/千克）	8	8	8
锰（毫克/千克）	120	100	80
锌（毫克/千克）	100	80	80
碘（毫克/千克）	0.7	0.7	0.7
硒（毫克/千克）	0.3	0.3	0.3
亚油酸（%）	1	1	1
维生素 A（单位/千克）	8000	6000	2700
维生素 D（单位/千克）	1000	750	400
维生素 E（单位/千克）	20	10	10
维生素 K（毫克/千克）	0.5	0.5	0.5
硫胺素（毫克/千克）	2	2	2
核黄素（毫克/千克）	8	5	5
泛酸（毫克/千克）	10	10	10
烟酸（毫克/千克）	35	30	30
吡哆醇（毫克/千克）	3.5	3.0	3.0
生物素（毫克/千克）	0.18	0.15	0.10
叶酸（毫克/千克）	0.55	0.55	0.50
维生素 B_{12}（毫克/千克）	0.010	0.010	0.007
胆碱（毫克/千克）	1300	1000	750

资料来源：鸡饲养标准 NY/T 33—2004。

2. 白羽肉用种鸡

（1）育雏期营养需要（0～6周龄）　粗蛋白质需要量为18%，代谢能为12.12兆焦/千克，赖氨酸含量为0.92%，蛋氨酸含量为0.34%，含硫氨基酸含量为 0.72%，钙含量为 1%，可利用磷含量为 0.45%。白羽肉用种鸡 0～6 周龄相对生长速度最快，较高蛋白质和氨基酸水平的日粮，利于其免疫系统和心血管系统、羽毛、骨架、肌肉的发育。

（2）育成营养需要（7～18 周龄）　粗蛋白质需要量为 15%，代谢能为 11.91 兆焦/千克，赖氨酸含量为 0.65%，蛋氨酸含量为 0.3%，含硫氨基酸含量为 0.56%，钙含量为 0.9%，可利用磷含量为 0.4%。该阶段肉用种鸡骨架发育基本完成，繁殖器官快速发育，体重快速增重，脂肪适度发育，因此需要较高的能量水平。

（3）预产期营养需要（19 周龄至开产）　粗蛋白质需要量为 16%，代谢能为 11.7 兆焦/千克，赖氨酸含量为 0.75%，蛋氨酸含量为 0.32%，含硫氨基酸含量为 0.62%，钙含量为 2%，可利用磷含量为 0.42%。该阶段肉用种鸡达到性成熟，为了保证鸡群快速均匀生长，要合理计算每天的喂料量。

（4）产蛋Ⅰ期营养需要（开产至产蛋高峰期，产蛋＞65%）　粗蛋白质需要量为 17%，代谢能为 11.7 兆焦/千克，赖氨酸含量为 0.8%，蛋氨酸含量为 0.34%，含硫氨基酸含量为 0.64%，钙含量为 3.3%，可利用磷含量为 0.45%。为了得到较高的产蛋率，肉用种鸡的体重增重必须按照体重标准执行；如果鸡只增重过快，后期产蛋率和受精率都会受到影响。

（5）产蛋Ⅱ期营养需要（产蛋高峰期后，产蛋＜65%）　粗蛋白质需要量为 16%，代谢能为 11.7 兆焦/千克，赖氨酸含量为 0.75%，蛋氨酸含量为 0.3%，含硫氨基酸含量为 0.6%，钙含量为 3.5%，可利用磷含量为 0.42%。产蛋高峰过后，鸡只体重继续增长，但其速度非常缓慢，这个时期要适当减少喂料量。

白羽肉用种鸡营养需要见表 4-2。

表 4-2　白羽肉用种鸡营养需要

营养指标	0～6 周龄	7～18 周龄	19 周龄 至开产	开产至高峰期 （产蛋＞65%）	高峰期后 （产蛋＜65%）
代谢能（兆焦/千克）（兆卡/千克）	12.12 （2.90）	11.91 （2.85）	11.70 （2.80）	11.70 （2.80）	11.70 （2.80）
粗蛋白质（%）	18	15	16	17	16
蛋白能量比（克/兆焦）（克/兆卡）	14.85 （62.07）	12.59 （52.63）	13.68 （57.14）	14.53 （60.71）	13.68 （57.14）
赖氨酸能量比（克/兆焦）（克/兆卡）	0.76 （3.17）	0.55 （2.28）	0.64 （2.68）	0.68 （2.86）	0.64 （2.68）
赖氨酸（%）	0.92	0.65	0.75	0.80	0.75

续表 4-2

营养指标	0～6周龄	7～18周龄	19周龄至开产	开产至高峰期（产蛋＞65%）	高峰期后（产蛋＜65%）
蛋氨酸（%）	0.34	0.30	0.32	0.34	0.30
蛋氨酸＋胱氨酸（%）	0.72	0.56	0.62	0.64	0.60
苏氨酸（%）	0.52	0.48	0.50	0.55	0.50
色氨酸（%）	0.20	0.17	0.16	0.17	0.16
精氨酸（%）	0.90	0.75	0.90	0.90	0.88
亮氨酸（%）	1.05	0.81	0.86	0.86	0.81
异亮氨酸（%）	0.66	0.58	0.58	0.58	0.58
苯丙氨酸（%）	0.52	0.39	0.42	0.51	0.48
苯丙氨酸＋酪氨酸（%）	1.00	0.77	0.82	0.85	0.80
组氨酸（%）	0.26	0.21	0.22	0.24	0.21
脯氨酸（%）	0.50	0.41	0.44	0.45	0.42
缬氨酸（%）	0.62	0.47	0.50	0.66	0.51
甘氨酸＋丝氨酸（%）	0.70	0.53	0.56	0.57	0.54
钙（%）	1.0	0.90	2.0	3.30	3.50
总磷（%）	0.68	0.65	0.65	0.68	0.65
非植酸磷（%）	0.45	0.40	0.42	0.45	0.42
钠（%）	0.18	0.18	0.18	0.18	0.18
氯（%）	0.18	0.18	0.18	0.18	0.18
铁（毫克/千克）	60	60	80	80	80
铜（毫克/千克）	6	6	8	8	8
锰（毫克/千克）	80	80	100	100	100
锌（毫克/千克）	60	60	80	80	80
碘（毫克/千克）	0.70	0.70	1.00	1.00	1.00
硒（毫克/千克）	0.30	0.30	0.30	0.30	0.30
亚油酸（%）	1	1	1	1	1
维生素 A（单位/千克）	8000	6000	9000	12000	12000
维生素 D（单位/千克）	1600	1200	1800	2400	2400
维生素 E（单位/千克）	20	10	10	30	30
维生素 K（毫克/千克）	1.5	1.5	1.5	1.5	1.5

续表 4-2

营养指标	0～6 周龄	7～18 周龄	19 周龄至开产	开产至高峰期（产蛋＞65％）	高峰期后（产蛋＜65％）
硫胺素（毫克/千克）	1.8	1.5	1.5	2.0	2.0
核黄素（毫克/千克）	8	6	6	9	9
泛酸（毫克/千克）	12	10	10	12	12
烟酸（毫克/千克）	30	20	20	35	35
吡哆醇（毫克/千克）	3.0	3.0	3.0	4.5	4.5
生物素（毫克/千克）	0.15	0.10	0.10	0.20	0.20
叶酸（毫克/千克）	1.0	0.5	0.5	1.2	1.2
维生素 B_{12}（毫克/千克）	0.010	0.006	0.008	0.012	0.012
胆碱（毫克/千克）	1300	900	500	500	500

资料来源：鸡饲养标准 NY/T 33—2004。

（二）黄羽肉鸡

1. 黄羽肉用仔鸡

（1）前期营养需要（公鸡 0～3 周龄，母鸡 0～4 周龄）　粗蛋白质需要量为 21％，代谢能为 12.12 兆焦/千克，赖氨酸含量为 1.05％，蛋氨酸含量为 0.46％，含硫氨基酸含量为 0.85％，钙含量为 1％，可利用磷含量为 0.45％。黄羽肉用仔鸡 0～4 周龄生长速度比白羽肉鸡慢，蛋白质和氨基酸水平也低于白羽肉鸡，因此要适当控制其营养水平。

（2）中期营养需要（公鸡 4～5 周龄，母鸡 5～8 周龄）　粗蛋白质需要量为 19％，代谢能为 12.54 兆焦/千克，赖氨酸含量为 0.98％，蛋氨酸含量为 0.4％，含硫氨基酸含量为 0.72％，钙含量为 0.9％，可利用磷含量为 0.4％。黄羽肉用仔鸡的骨骼系统和心血管系统需要得到良好发育，比前期需要较高的能量水平，该阶段的粗蛋白质和氨基酸水平比肉用仔鸡前期较低。

（3）后期营养需要（公鸡 5 周龄以上，母鸡 8 周龄以上）　粗蛋白质需要量为 16％，代谢能为 12.96 兆焦/千克，赖氨酸含量为 0.85％，蛋氨酸含量为 0.34％，含硫氨基酸含量为 0.65％，钙含量为 0.8％，可利用磷含量为 0.35％。绝对增重的高峰期在公鸡 5 周龄、母鸡 8 周龄以后逐渐下降，黄羽肉用仔鸡对蛋白质和氨基酸的需要量逐渐降低。后期是脂肪沉积最佳的时期，黄羽肉用仔鸡对能量的需求增加，此阶段应该满足其采食量，增加日粮能量水平。

黄羽肉用仔鸡营养需要见表 4-3。

表 4-3 黄羽肉用仔鸡营养需要

营养指标	公：0～3 周龄 母：0～4 周龄	公：4～5 周龄 母：5～8 周龄	公：>5 周龄 母：>8 周龄
代谢能（兆焦/千克）（兆卡/千克）	12.12 (2.90)	12.54 (3.00)	12.96 (3.10)
粗蛋白质（%）	21	19	16
蛋白能量比（克/兆焦）（克/兆卡）	17.33 (72.41)	15.15 (63.30)	12.34 (51.61)
赖氨酸能量比（克/兆焦）（克/兆卡）	0.87 (3.62)	0.78 (3.27)	0.66 (2.74)
赖氨酸（%）	1.05	0.98	0.85
蛋氨酸（%）	0.46	0.40	0.34
蛋氨酸＋胱氨酸（%）	0.85	0.72	0.65
苏氨酸（%）	0.76	0.74	0.68
色氨酸（%）	0.19	0.18	0.16
精氨酸（%）	1.19	1.10	1.00
亮氨酸（%）	1.15	1.09	0.93
异亮氨酸（%）	0.76	0.73	0.62
苯丙氨酸（%）	0.69	0.65	0.56
苯丙氨酸＋酪氨酸（%）	1.28	1.22	1.00
组氨酸（%）	0.33	0.32	0.27
脯氨酸（%）	0.57	0.55	0.46
缬氨酸（%）	0.86	0.82	0.70
甘氨酸＋丝氨酸（%）	1.19	1.14	0.97
钙（%）	1.00	0.90	0.80
总磷（%）	0.68	0.65	0.60
非植酸磷（%）	0.45	0.40	0.35
氯（%）	0.15	0.15	0.15
钠（%）	0.15	0.15	0.15
铁（毫克/千克）	80	80	80
铜（毫克/千克）	8	8	8
锰（毫克/千克）	80	80	80
锌（毫克/千克）	60	60	60
碘（毫克/千克）	0.35	0.35	0.35
硒（毫克/千克）	0.15	0.15	0.15

续表 4-3

营养指标	公：0～3周龄 母：0～4周龄	公：4～5周龄 母：5～8周龄	公：>5周龄 母：>8周龄
亚油酸（%）	1	1	1
维生素 A（单位/千克）	5000	5000	5000
维生素 D（单位/千克）	1000	1000	1000
维生素 E（单位/千克）	10	10	10
维生素 K（毫克/千克）	0.5	0.5	0.5
硫胺素（毫克/千克）	1.8	1.8	1.8
核黄素（毫克/千克）	3.6	3.6	3.0
泛酸（毫克/千克）	10	10	10
烟酸（毫克/千克）	35	30	25
吡哆醇（毫克/千克）	3.5	3.5	3.0
生物素（毫克/千克）	0.15	0.15	0.15
叶酸（毫克/千克）	0.55	0.55	0.55
维生素 B_{12}（毫克/千克）	0.01	0.01	0.01
胆碱（毫克/千克）	1000	750	500

资料来源：鸡饲养标准 NY/T 33—2004。

2. 黄羽肉用种鸡

（1）育雏期营养需要（0～6周龄）　粗蛋白质需要量为20%，代谢能为12.12兆焦/千克，赖氨酸含量为0.9%，蛋氨酸含量为0.38%，含硫氨基酸含量为0.69%，钙含量为0.9%，可利用磷含量为0.4%。黄羽肉用种鸡0～6周龄相对生长速度最快，较高蛋白质和氨基酸水平的日粮，利于其消化系统、免疫系统和骨骼的发育。

（2）育成期营养需要（7～18周龄）　粗蛋白质需要量为15%，代谢能为11.7兆焦/千克，赖氨酸含量为0.75%，蛋氨酸含量为0.29%，含硫氨基酸含量为0.61%，钙含量为0.9%，可利用磷含量为0.36%。该阶段对肉用种鸡体型形成最为关键，脂肪需要适度发育，因此需要较高的能量水平；同时为了保持良好的骨架，粗蛋白质和氨基酸水平降到全期最低。

（3）预产期营养需要（19周龄至开产）　粗蛋白质需要量为16%，代谢能为11.5兆焦/千克，赖氨酸含量为0.8%，蛋氨酸含量为0.37%，含硫氨基酸含量为0.69%，钙含量为2%，可利用磷含量为0.38%。该阶段黄羽肉用种鸡达到性成熟，合理控制喂料量，保证体重稳定均匀增长。

（4）**产蛋期营养需要（产蛋期）**　粗蛋白质需要量为16%，代谢能为11.5兆焦/千克，赖氨酸含量为0.8%，蛋氨酸含量为0.4%，含硫氨基酸含量为0.8%，钙含量为3.3%，可利用磷含量为0.41%。该阶段要合理计算喂料量，维持体重稳定增长，对于获得较高的产蛋率尤为重要。

黄羽肉用种鸡营养需要见表4-4。

表4-4　黄羽肉用种鸡营养需要

营养指标	0～6周龄	7～18周龄	19周龄至开产	产蛋期
代谢能（兆焦/千克）（兆卡/千克）	12.12（2.90）	11.70（2.70）	11.50（2.75）	11.50（2.75）
粗蛋白质（%）	20	15	16	16
蛋白能量比（克/兆焦）（克/兆卡）	16.50（68.96）	12.82（55.56）	13.91（58.18）	13.91（58.18）
赖氨酸能量比（克/兆焦）（克/兆卡）	0.74（3.10）	0.56（2.32）	0.70（2.91）	0.70（2.91）
赖氨酸（%）	0.90	0.75	0.80	0.80
蛋氨酸（%）	0.38	0.29	0.37	0.40
蛋氨酸＋胱氨酸（%）	0.69	0.61	0.69	0.80
苏氨酸（%）	0.58	0.52	0.55	0.56
色氨酸（%）	0.18	0.16	0.17	0.17
精氨酸（%）	0.99	0.87	0.90	0.95
亮氨酸（%）	0.94	0.74	0.83	0.86
异亮氨酸（%）	0.60	0.55	0.56	0.60
苯丙氨酸（%）	0.51	0.48	0.50	0.51
苯丙氨酸＋酪氨酸（%）	0.86	0.81	0.82	0.84
组氨酸（%）	0.28	0.24	0.25	0.26
脯氨酸（%）	0.43	0.39	0.40	0.42
缬氨酸（%）	0.60	0.52	0.57	0.70
甘氨酸＋丝氨酸（%）	0.77	0.69	0.75	0.78
钙（%）	0.90	0.90	2.00	3.00
总磷（%）	0.65	0.61	0.63	0.65
非植酸磷（%）	0.40	0.36	0.38	0.41
钠（%）	0.16	0.16	0.16	0.16
氯（%）	0.16	0.16	0.16	0.16
铁（毫克/千克）	54	54	72	72

续表 4-4

营养指标	0～6 周龄	7～18 周龄	19 周龄至开产	产蛋期
铜（毫克/千克）	5.4	5.4	7.0	7.0
锰（毫克/千克）	72	72	90	90
锌（毫克/千克）	54	54	72	72
碘（毫克/千克）	0.60	0.60	0.90	0.90
硒（毫克/千克）	0.27	0.27	0.27	0.27
亚油酸（%）	1	1	1	1
维生素 A（单位/千克）	7200	5400	7200	10800
维生素 D（单位/千克）	1440	1080	1620	2160
维生素 E（单位/千克）	18	9	9	27
维生素 K（毫克/千克）	1.4	1.4	1.4	1.4
硫胺素（毫克/千克）	1.6	1.4	1.4	1.8
核黄素（毫克/千克）	7	5	5	8
泛酸（毫克/千克）	11	9	9	11
烟酸（毫克/千克）	27	18	18	32
吡哆醇（毫克/千克）	2.7	2.7	2.7	4.1
生物素（毫克/千克）	0.14	0.09	0.09	0.18
叶酸（毫克/千克）	0.90	0.45	0.45	1.08
维生素 B$_{12}$（毫克/千克）	0.009	0.005	0.007	0.010
胆碱（毫克/千克）	1170	810	450	450

资料来源：鸡饲养标准 NY/T 33—2004。

第二节　肉鸡饲料营养物质

肉鸡饲料营养物质主要包括水、碳水化合物、脂类、蛋白质、矿物质、维生素等 6 大类，具体介绍如下。

一、水

水是维持动植物和人类生存不可缺少的物质之一。饲料中的水分按其形式可分为两种：即自由水和结合水。自由水与普通水一样是一种具有热力学运动能力的水，也称为游离水。而结合水是与饲料中的蛋白质、碳水化合物的活性基团结合而不能自由运动的水。结合水与一般液体水的性质不同，其结合牢固，同时也没有溶解作用。这些物理和化学性质不同的水加在一起就构成了"饲料的水分"。这些水在饲料中的比例和分布是不均匀的，它与饲料的加工和贮藏有着密切的关系。

水是各种营养物质的溶剂和运输工具。肉鸡体内的新陈代谢和各种生化反应都需要水的参与；此外，还有排泄废物、调节体温、调节渗透压的作用。水的来源主要是饮水、饲料中水分和体内代谢的终产物（内源水）。水不足会阻碍代谢产物的排出，导致血液循环和内分泌失调，体温升高，代谢紊乱而死亡。

二、碳水化合物

碳水化合物是自然界分布最广的一类有机物质，也是植物性饲料的一项重要组成成分，其含量一般占植物体干物质总重的50%～80%。

日粮中，碳水化合物占大部分，在饲料养分概略分析体系中，包括无氮浸出物和粗纤维。无氮浸出物即不含氮的一类浸出物，主要由易被动物消化利用的淀粉、多聚糖、双糖、单糖等可溶性碳水化合物组成。可溶性碳水化合物是肉鸡的重要能量来源，还是合成脂肪及非必需氨基酸的原料。无氮浸出物除了含有碳水化合物外，还包括水溶性的维生素等其他成分。植物性饲料中含有较多的无氮浸出物。粗纤维是植物细胞壁的主要组成成分，是难消化的部分，包括所有的纤维素、半纤维素和木质素及果胶。纤维素是β-1,4葡萄糖聚合而成的同质多糖。半纤维素是由葡萄糖、果糖、木糖、甘露糖和阿拉伯糖等聚合而成的异质多糖。木质素是一种苯丙基衍生物的聚合物，它是动物利用各种养分的主要限制因子。

碳水化合物具有以下营养生理作用。

第一，供能储能作用。碳水化合物中的葡萄糖是动物代谢活动最有效的能源。葡萄糖是大脑神经系统、肌肉组织等代谢活动的唯一能源。碳水化合物除了直接氧化供能外，也可以转变成糖原和（或）脂肪储存。肉鸡的正常生命活动、生长和产肉都需要碳水化合物。日粮中碳水化合物超过需要量时，剩余部分会转化为脂肪储存在体内。

第二，组织结构物质及其他营养生理作用。由五碳糖组成的核糖及脱氧核糖是遗传物质的组成成分。葡萄糖醛酸是细胞膜和分泌物中多糖的基本组成成分。透明质酸具有高度黏性，可润滑关节、保护机体器官组织免受强烈震颤对生理功能的影响。硫酸软骨素在软骨中起结构支持作用。

第三，调整肠道微生态。一些寡糖类碳水化合物在肉鸡消化道中不易水解，因为肠道消化酶系中没有相应的分解酶，但它们可以作为能源刺激肠道有益微生物的增殖，同时还由于阻断有害菌通过植物凝血素对肠黏膜细胞的黏附，改善肠道乃至整个机体的健康，促进生长，提高饲料利用率。

第四，维持肠道的正常结构和功能。粗纤维在肉鸡体内的消化率在5%～20%。大量平衡试验表明，粗纤维对蛋白质和矿物质的利用有副作用，一般认为家禽日粮中的粗纤维含量应低于7%，但少量的粗纤维对于家禽肠道具有正常结构和功能是必需的。

三、脂　类

脂类也称脂质，是指饲料干物质中的乙醚浸出物，包括脂肪（真脂肪）和类脂质。类脂质包括游离脂肪酸、磷脂、糖脂、脂蛋白、固醇类、类胡萝卜素和脂溶性维生素等。

脂肪是甘油和脂肪酸组成的三酰甘油，也称甘油三酯或中性脂肪。脂肪有时也称油脂。一般在常温下液态者为油，固态者为脂。脂肪的种类不同，油脂性状不同。例如，玉米油含90%不饱和脂肪酸，室温下呈液态；牛油含饱和脂肪酸高，室温下呈固态；奶油含较多的低级挥发性脂肪酸，故熔点低于牛油。

脂肪是细胞原生质的成分，具有维持体温、保护内脏器官、溶解和运输脂溶性维生素的作用，并是能量储备仓库。家禽可将体内的碳水化合物转化为脂肪，但有些脂肪酸不能在体内合成，需由饲料供给，包括亚油酸和亚麻酸。但必须注意脂肪与蛋白质和氨基酸的比例。

四、蛋白质

饲料中所有含氮物质统称为粗蛋白质，它又包括真蛋白质与非蛋白含氮物。氨基酸是组成真蛋白质的基本单位，主要由碳（C）、氢（H）、氧（O）、氮（N）4种元素组成，同时还有少量的硫（S）、磷（P）、铁（Fe）等元素。非蛋白含氮物又包括游离氨基酸、铵盐、肽类、酰胺、硝酸盐等。

多数饲料中蛋白质含氮量近于16%（变幅在14.9%～18.87%），因此饲料中的粗蛋白质（CP）含量被定义为：

$$饲料粗蛋白质含量＝6.25×饲料含氮量$$

饲料中所有蛋白质常常统称为蛋白质，但是它们的组成并不一样。肽链中氨基酸的特定序列以及氨基酸之间的连接方式决定了蛋白质的理化特性，也决定了其生物学功能及对家禽的必要性。

蛋白质是构成机体软组织（如肌肉、结缔组织、胶原蛋白、皮肤、羽毛、脚趾、角、喙等）的重要结构成分。血液蛋白（清蛋白和球蛋白）能维持血液的稳态，调节渗透压，还可作为一个氨基酸储存库，并具有无数合成代谢功能；纤维蛋白原、促凝血酶原激酶和其他蛋白质可参与机体的凝血功能；血液中的结合蛋白-血红蛋白可携带氧分子，为细胞供氧；脂蛋白可转运脂溶性维生素和其他脂肪酸代谢产物；细胞膜上的脂蛋白可以构成其必需的结构成分。机体中的其他结合蛋白还有核蛋白、糖蛋白、酶和其他激素。

蛋白质是生命活动的基础，是构成细胞和体内参与新陈代谢的酶、激素以及抗体的主要成分，如饲料中缺乏会影响鸡体健康，且会降低生产力和产品品质。

体内蛋白质是以氨基酸组成的多肽形式存在。氨基酸可分为必需氨基酸和非必需氨基酸。必需氨基酸是指体内不能合成或合成比较慢、合成数量不能满足生长需要，必须由饲料中供给的氨基酸。包括赖氨酸、蛋氨酸、亮氨酸、精氨酸、色氨酸等。谷物与油饼类为其来源，但蛋氨酸、赖氨酸常达不到肉鸡生长的需要量，需另外添加。非必需氨基酸是指在体内能用其他氨基酸或非蛋白氮合成，不一定要从饲料中提取的氨基酸。包括甘氨酸、丝氨酸、丙氨酸等。

五、矿　物　质

矿物质元素是动物生命活动和生产过程中起重要作用的一大类无机营养素。按照它们在动物体内含量的不同，分为常量元素和微量元素。矿物质元素主要有13种，包含钙、镁、钾、钠、磷、硫、氯、铁、铜、钴、锰、锌、硒等。

常量元素是指动物体内含量在0.01%以上的元素，包括钙、磷、硫、氯、钠、钾、镁7种。微量元素是指动物体内含量在0.01%以下的元素，动物体内必需的微量元素有铁、铜、碘、锌、锰、钴、钼、硒、铬等。

矿物质种类很多，常量矿物质如钙、磷、钠等，一般用百分数表示。微量矿物质如钾、镁、铜、铁、锌、锰等，以每千克饲料中所含的毫克数表示。每种矿物质都有其特定作用，缺乏或过量都会对机体产生不利影响。钙和磷是构成骨骼的主要成分，钙对血液凝结也是必要的，钙与钠、钾都是心脏正常跳动所必需的，并且与酸碱平衡有关。磷是参与所有细胞活动的重要成分，磷盐在维持酸碱平衡中起重要作用。日粮中缺少钙、磷或钙磷比例失调会引起佝偻病、生长受阻等症状。

矿物质是细胞、骨骼的重要组成部分，对调节机体的新陈代谢起着十分重要的作用。

六、维　生　素

维生素是维持动物正常生长必需的一类低分子有机物质。维生素既不能供给能量，也不能形成动物体的结构物质。在动物体内含量少，主要以辅酶和催化剂的形式参与代谢过程中的生化反应，保证细胞结构和功能的正常。动物机体不能自身合成维生素（除烟酸、胆碱和维生素 C 外），须由日粮提供。大多数动物肠道微生物能合成多种维生素，但家禽消化道短，合成量极有限。当日粮中缺乏或吸收利用不良时，会导致特定的缺乏症。维生素缺乏引起的代谢障碍，往往不限于机体的某一器官，其影响扩展到与生命活动有关的一系列组织中。

维生素分为脂溶性维生素和水溶性维生素两大类。前者包括维生素 A、维生素 D、维生素 E 和维生素 K，后者包括维生素 C 和 B 族维生素（硫胺素、核黄素、维生素 B_6、钴胺素、尼克酸、泛酸、生物素、叶酸和胆碱）。

第三节　肉鸡饲料原料与饲粮种类

一、饲料原料种类及其鉴别

肉鸡的饲料原料分为以下几类：能量饲料、蛋白质饲料、矿物质饲料、维生素饲料、氨基酸饲料添加剂、非营养性饲料添加剂等。

（一）能量饲料

饲料干物质中粗纤维含量小于 18%，同时粗蛋白质含量小于 20% 的饲料称为能量饲料。如谷实类、糠麸类、块根、块茎及其加工副产品等。常用能量饲料原料简介如下。

1. 玉米　玉米中碳水化合物在 70% 以上，多存在于胚乳中。主要是淀粉，单糖和双糖较少，粗纤维含量也较少。粗蛋白质含量一般为 7%～9%，其品质较差，因赖氨酸、蛋氨酸、色氨酸等必需氨基酸含量相对贫乏。粗脂肪含量为 3%～4%，但高油玉米中粗脂肪含量可达 8% 以上，主要存在于胚芽中；其粗脂肪主要是甘油三酯，构成的脂肪酸大多为不饱和脂肪酸，如亚油酸占 59%，油酸占 27%，亚麻酸占 0.8%，花生四烯酸占 0.2%，硬脂酸占 2% 以上。

玉米为高能量饲料。代谢能（鸡）为 13.56 兆焦/千克，粗灰分较少，其中钙少磷多，但磷多以植酸磷形式存在，对单胃动物的有效性低。玉米中其他矿物质尤其是微量元素很少。维生素含量较少，但维生素 E 含量较多，为 20～30毫克/千克。

我国《饲料用玉米》（GB/T 17890—1999）国家标准规定：粗蛋白质、容重、不完善粒总量、水分、杂质、色泽、气味为质量控制指标，分为 3 级。其中，粗蛋白质以干物质为基础；容重指每升中的克数；不完善粒包括虫蚀粒、病斑粒、破损粒、生芽粒、生霉粒、热损伤粒；杂质指能通过直径 3 毫米圆孔筛的物质、无饲用价值的玉米、玉米以外的物质。

鉴别方法：观察其颜色，较好的玉米呈黄色且均匀一致，无杂色玉米。随机抓一把玉米在手中，嗅其有无异味，粗略估计（目测）饱满程度、杂质、霉变、虫蚀粒的比例，初步判断其质量。随后，取样称重，测容重（或千粒重），分选霉变粒、虫蚀粒、不饱满粒、热损伤粒、杂质等异常成分，计算结果。

2. 小麦　小麦有效能值高，代谢能（鸡）为 14.18 兆焦/千克。粗蛋白质含量居谷实类之首，一般达 12% 以上，但必需氨基酸尤其是赖氨酸不足，因而小麦蛋白质品质较差。无氮浸出物多，其干物质可达 75% 以上。粗脂肪含量低（约 1.7%），这是小麦能值低于玉米的原因之一。矿物质含量一般高于其他谷实，磷、钾等含量较多，但半数以上的磷为无效态的植酸磷。小麦中非淀粉多糖含量较多，可达小麦干重的 6% 以上。小麦非淀粉多糖主要是阿拉伯木聚糖，这种多糖不能被动物消化酶消化，而且有黏性，在一定程度上影响小麦的消化率。

鉴别方法：取样品在白纸上撒一薄层，仔细观察其外观，并注意有无杂质。最后取样用手搓或牙咬，来感知其质地是否紧密。良质小麦颗粒饱满、完整、大小均匀，组织紧密，无害虫和杂质；次质小麦颗粒饱满度差，有少量破损粒、生芽粒、虫蚀粒，有杂质；劣质小麦严重虫蚀，生芽，发霉结块，有多量赤霉病粒，麦粒皱缩，呆白，胚芽发红或带红斑，或有明显粉红色霉状物，质地疏松。气味鉴别时，取样品于手掌上，用嘴哈热气，然后立即嗅气味，良质小麦无任何异味；次质小麦微有异味；劣质小麦有霉味、酸臭味或其他不良气味。

3. 稻谷　稻谷中所含无氮浸出物在 60% 以上。但粗纤维达 8% 以上，粗纤维主要集中于稻壳中，且半数以上为木质素，因此稻壳是稻谷饲用价值的限制成分。稻谷中粗蛋白质含量为 7%～8%，粗蛋白质中必需氨基酸如赖氨酸、蛋氨酸、色氨酸等较少。稻谷因含稻壳，有效能值比玉米低得多。

鉴别方法：观察其颜色，较好的稻谷呈黄色且均匀一致，无杂色稻谷。随机抓一把稻谷在手中，嗅其有无异味，粗略估计（目测）饱满程度、杂质、霉变、虫蚀粒的比例，初步判断其质量。随后，取样称重，测容重（或千粒重），分选霉变粒、虫蚀粒、不饱满粒、热损伤粒、杂质等异常成分，计算结果。

4. 糙米 糙米中无氮浸出物多，主要是淀粉。糙米中粗蛋白质含量（8%～9%）及其氨基酸组成与玉米相似。糙米中脂质含量约 2%，其中不饱和脂肪酸比例较高。糙米中灰分含量（约 1.3%）较少，其中钙少磷多，磷多以植酸磷形式存在。

质量鉴别：白色，无发酵、霉变、结块及异味异嗅。

5. 大麦 大麦粗蛋白质含量一般为 11%～13%，平均为 12%，且蛋白质质量稍优于玉米。无氮浸出物含量（67%～68%）低于玉米，其组成中主要是淀粉。脂质较少（2%左右），甘油三酯为其主要成分。有效能量较多，鸡代谢能为 11.3 兆焦/千克。

质量鉴别：籽粒整齐，色泽新鲜一致，无发酵、霉变、结块及异味异嗅。

6. 油脂类

（1）**大豆油** 大豆油呈浅黄色、透明，无焦臭、刺鼻味、酸败及其他异味。豆油水分小于 1%。

质量鉴别：外观鉴别，取 200 毫升油放入烧杯中，在光线明亮处检查其外观，颜色在浅黄色至浅棕色之间，而且均匀。气味鉴别，取 200 毫升油放入烧杯中，边加热边搅拌边检查气味，无焦臭、刺鼻、酸败及其他异味。

（2）**鸡油** 鸡油具有正常的色泽、透明度、气味和滋味，无焦臭、酸败及其他异味。无明显水、杂质。

质量鉴别：外观鉴别，取 200 毫升油放入烧杯中，在光线明亮处检查其外观，颜色在浅黄色至浅棕色之间，而且均匀。气味鉴别，取 200 毫升油放入烧杯中，边加热边搅拌边检查气味，无焦臭、刺鼻、酸败及其他异味。

7. 糠麸类

（1）**米糠** 稻米在加工成精米的过程中要去掉外壳和占总重 10% 左右的种皮及胚，米糠就是由种皮和胚加工制成的，是稻谷加工的主要副产品。米糠呈淡黄灰色，色泽鲜艳一致，无酸败、霉变、结块、虫蛀和异味异嗅。蛋白质含量高，为 14%，比大米（含粗蛋白质 9.2%）高得多。氨基酸平衡情况较好，其中赖氨酸、色氨酸和苏氨酸含量高于玉米；粗纤维含量不高，故有效能值较高；脂肪含量 12% 以上，其中主要是不饱和脂肪酸，易氧化酸败；B 族维生素及维生素 E 含量高，是核黄素的良好来源，其含量为 2.6 微克/克，且含有肌醇，但维生素 A、维生素 D、维生素 C 含量少；矿物质含量丰富，钙少磷多，钙磷比例不平衡，磷主要是植酸磷，利用率不高。米糠中锌、铁、锰、钾、镁、硅含量较高。

鉴别方法：取样品放在玻璃平面上，滴 2 滴 2% 间苯二酚，粗糠中的木质素会越来越红，很明显，最经济的方法是显微镜观察。

（2）麸皮 麸皮是小麦的外皮，是小麦制粉过程中粗磨阶段所分离的产品。麸皮粗蛋白质≥14%，水分≤13%，粗灰分≤6%。麸皮呈淡褐色至红棕色，随小麦品种、品质而有差异。不得掺入小麦麸以外的物质，比如粗麸皮和细麸皮，粗麸皮呈片状，细麸皮呈细片状。无虫蛀、发热、结块等异常现象。

质量鉴别：颜色不能发污，有光泽；气味正常，有麦香味，无霉味和陈旧味；无结块，无虫蛀；手插入没有黏手和潮感；口尝无碜感。

麸皮中常发现掺有滑石粉、稻谷糠等，掺入量一般为8%～10%。将手插入一堆麸皮中然后抽出，如果手指上粘有白色粉末，且不易抖落则说明掺有滑石粉，易抖落则是残余面粉；如攥在手掌心有较滑的感觉，也说明掺有滑石粉。用手抓起一把麸皮使劲攥，如果麸皮成团，则为纯正麸皮，而攥时手有涨的感觉，则掺有稻谷糠，稻糠皮发黄有涩感和条纹，仔细观察即可发现。

（二）蛋白质饲料

饲料干物质中粗纤维含量小于18%，同时粗蛋白质含量大于或等于20%的饲料称为蛋白质饲料。蛋白质饲料分为植物性蛋白质饲料、动物性蛋白质饲料、单细胞蛋白质饲料和非蛋白氮饲料。如鱼粉、豆饼（粕）、菜籽饼（粕）、棉籽饼（粕）以及工业合成的氨基酸和非蛋白氮。

植物性蛋白质饲料包括豆类籽实、饼粕类和其他植物性蛋白质饲料。这类蛋白质饲料是动物生产中使用量最多、最常用的原料。该类饲料具有以下共同特点。

第一，蛋白质含量高，且蛋白质质量较好。一般植物性蛋白质饲料粗蛋白质含量在20%～50%之间，因种类不同差异较大。

第二，粗脂肪含量变化大。油料籽实其含量在15%～30%或以上，非油料籽实只有1%左右。饼粕类脂肪含量因加工工艺不同差异较大，高的可达10%，低的仅1%左右。

第三，粗纤维含量一般不高，基本与谷类籽实接近，饼粕类稍高些。

第四，矿物质中钙少磷多，且主要是植酸磷。

第五，维生素含量与谷物相似，B族维生素较丰富，而维生素A、维生素D较缺乏。

第六，大多数含有一些抗营养因子，影响其饲喂价值。

1. 常用植物性蛋白饲料原料

（1）豆粕 豆粕是以大豆为原料，用浸出法取油后的副产物。粗蛋白质含量高，一般在40%～50%之间，必需氨基酸含量高，组成合理。赖氨酸在饼粕类中最高，为2.4%～2.8%。赖氨酸与精氨酸的比例约为100∶130，比例较为适当。蛋氨酸含量不足，在玉米-豆粕型日粮中，一般要额外添加蛋氨酸才能满足肉鸡的营养需求。胡萝卜素、核黄素和硫胺素含量少，烟酸和泛酸含量较多，胆碱含量丰富。矿物质中钙少磷多，磷多为植酸磷（约占61%），硒含量低。

饲料用大豆饼（粕）国家标准规定的感官性状为：呈黄褐色饼状或小片状，呈浅黄褐色或淡黄色不规则的碎片状；色泽一致，无发酵、霉变、结块、虫蛀及异味；水分含量不得超过13%；不得掺入饲料用大豆饼（粕）以外的物质。

质量鉴别：先观察豆粕颜色，较好的豆粕呈黄色或浅黄色，色泽一致。较生的豆粕颜色较浅，有些偏白，豆粕过熟时，则颜色较深，近似黄褐色（生豆粕和过熟豆粕的脲酶均不合格）。再观察豆粕形状及有无霉变、发酵、结块和虫蛀并估计其所占比例。好的豆粕呈不规则碎片状，豆皮较少，无结块、发酵、霉变及虫蛀。有霉变的豆粕一般都有结块，并伴有发酵，掰开结块，可看到霉点和面包状粉末。然后判断豆粕是否经过二次浸提，二次浸提的豆粕颜色较深，焦糊味也较浓。最后取一把豆粕在手中，仔细观察有无杂质及杂质数量，有无掺假（豆粕主要防掺豆壳、秸秆、麸皮、锯木粉、沙子等物）。

（2）菜籽粕　菜籽粕是一种良好的蛋白质饲料，但因含有毒物质，使其应用受到限制，实际用于饲料的仅占2/3，其余用作肥料，极大地浪费了蛋白质饲料资源。菜籽粕含有较高的粗蛋白质，为34%～38%。氨基酸组成平衡，含硫氨基酸较多，精氨酸含量低，精氨酸与赖氨酸的比例适宜。粗纤维含量较高，为12%～13%，有效能值较低。碳水化合物为不易消化的淀粉，且含有8%戊聚糖，雏鸡不能利用。矿物质中钙、磷含量均高，但磷大部分为植酸磷，富含铁、锰、锌、硒。维生素中胆碱、叶酸、烟酸、核黄素、硫胺素均比豆粕的含量高，胆碱和芥子碱呈结合状态，不易被肠道吸收。菜籽粕含有硫葡萄糖苷、芥子碱、植酸、单宁等抗营养因子，影响其适口性。

饲用菜籽粕的国家农业行业标准规定：感官性状为黄色或浅褐色、碎片或粗粉状；具有菜籽油的香味；无发酵、霉变、结块及异味异嗅；水分含量不得超过12%。

质量鉴别：观察菜籽粕的颜色及形状，判断其生产工艺类型。浸提的菜籽粕呈黄色或浅褐色粉末或碎片状，而压榨的菜籽粕颜色较深，有焦糊物，多碎片或块状，杂质也较多，掰开块状物可见分层现象。压榨的菜籽粕因其品质较差，一般不被选用（但有可能掺入浸提的菜籽粕中）。再观察菜籽粕有无霉变、掺杂、结块现象，并估计其所占比例（菜籽粕中还有可能掺入沙子、桉树叶、菜籽壳等物）。

（3）棉籽粕　棉籽粕是棉籽经脱壳取油后的副产品。粗纤维含量取决于制油过程中棉籽脱壳程度。国产棉籽粕粗纤维含量较高，达13%以上，有效能值低于豆粕。棉籽粕粗蛋白质含量较高，达34%以上。氨基酸中赖氨酸较低，仅相当于大豆饼（粕）的 50％～60％，蛋氨酸低，精氨酸含量高，赖氨酸与精氨酸之比在 100∶270 以上。矿物质中钙少磷多，其中磷 70％ 左右为植酸磷，含硒少。维生素 B₁ 含量较多，维生素 A、维生素 D 少。

我国农业行业标准规定：棉籽粕的感官性状为小片状或饼状，色泽呈新鲜一致的黄褐色；无发酵、霉变、虫蛀及异味异嗅；水分含量不得超过 12％；不得掺入饲料用棉籽粕以外的物质。

质量鉴别：观察棉籽粕的颜色、形状等，好的棉籽粕多为黄色粉末，黑色碎片状棉籽壳少，棉绒少，无霉变及结块现象。抓一把棉籽粕在手中，仔细观察有无掺杂，估计棉籽壳所占比例及棉绒含量高低，若棉籽壳及棉绒含量较高，则棉籽粕品质较差，粗蛋白质较低，粗纤维较高。

（4）玉米蛋白粉　玉米蛋白粉是玉米加工的主要副产物之一，为玉米除去淀粉、胚芽、外皮后剩下的产品。粗蛋白质含量 40％～60％，氨基酸组成不佳，蛋氨酸、精氨酸含量高，赖氨酸和色氨酸严重不足，赖氨酸与精氨酸之比达 100∶200～250，与理想比值相差甚远。粗纤维含量低，易消化，代谢能与玉米近似或高于玉米，为高能量饲料。矿物质含量少，铁较多，钙、磷较低。维生素中胡萝卜素含量较高，B 族维生素少。富含色素，主要是叶黄素和玉米黄质，前者是玉米含量的 15～20 倍，是较好的着色剂。

玉米蛋白粉用于鸡饲料可节省蛋氨酸，着色效果明显。因玉米蛋白粉太细，配合饲料中用量不宜过大，否则影响采食量，以 5％ 以下为宜，颗粒料可用至 10％ 左右。

质量鉴别：玉米蛋白粉为淡黄色、金黄色或褐色粉状或微颗粒状，色泽新鲜一致，无臭味等异味，无发霉变质，无结块、无掺假等，稍具有发酵气味。

（5）脱酚棉籽蛋白　脱酚棉籽蛋白是由棉籽经过剥绒、剥壳，在低温下一次性浸出油后再经过脱除有毒物质——棉酚后制成的一种高蛋白产品。

脱酚棉籽蛋白作为一种优质蛋白质饲料，水分小于 8％，粗蛋白质大于 50％，粗灰分小于 8％，粗纤维小于 8％。脱酚棉籽蛋白干物质含量高，蛋白质含量高；氨基酸平衡，尤其蛋氨酸＋胱氨酸含量高于其他植物性蛋白质原料，可以弥补和平衡植物性蛋白质饲料含硫氨基酸的不足，赖氨酸和蛋氨酸的组成比例与理想蛋白质模式相似。

质量鉴别：浅黄色，粉状，色泽新鲜一致，无虫蛀、无霉变、无炭化。具坚果味，略带油香味道，无发酵、腐败、异味异嗅。

（6）DDGS（玉米全酒精糟）　DDGS 为玉米发酵生产酒精后的副产品，在以玉米为原料发酵制取乙醇过程中，其中的淀粉被转化成乙醇和二氧化碳，其他营养成分如蛋白质、脂肪、纤维等均留在酒糟中。同时由于微生物的作用，酒糟中蛋白质、B族维生素及氨基酸含量均比玉米有所增加，并含有发酵中生成的未知促生长因子。

美国DDGS的典型营养价值为：含粗蛋白质26％以上，粗脂肪10％以上，0.85％赖氨酸和0.75％的磷。由于酒精生产工艺和干燥过程不同，美国生产的DDGS和我国生产的DDGS营养成分含量和利用率是不同的。国产的DDGS养分变异较大，并且由于在发酵前脱去了玉米的胚芽，产品脂肪含量较低，因而能量含量也比较低。国产的DDGS蛋白质利用率低，可能主要是在干燥过程中过度加热所造成的。

质量鉴别：颜色由金黄色到淡褐色直至深褐色，有发酵的谷物味，微酸，无异味、无霉变、无结块等。

2. 常用动物性蛋白饲料原料　动物性蛋白饲料主要指水产、畜禽加工及乳品业等加工副产品。该类饲料的主要营养特点是：粗蛋白质含量高（40％～85％），氨基酸组成较平衡，并含有促进动物生长的动物性蛋白因子；碳水化合物含量低，不含粗纤维；粗灰分含量高，钙、磷含量丰富，比例适宜；维生素含量丰富；脂肪含量较高，虽然能值含量高，但脂肪易氧化酸败，不宜长时间贮藏。

（1）**鱼粉**　鱼粉是用一种或多种鱼类为原料，经去油、脱水、粉碎加工后的高蛋白质饲料。鱼粉的主要营养特点是蛋白质含量高，一般脱脂全鱼粉的粗蛋白质含量高达60％以上。氨基酸组成齐全、平衡，尤其是主要氨基酸与猪、鸡体组织氨基酸组成基本一致。钙、磷含量高，比较适宜。微量元素中碘、硒含量高。但鱼粉营养成分因原料质量和加工工艺不同，差异较大。

质量鉴别：观看鱼粉颜色、形状。鱼粉呈黄褐色、深灰色（颜色以原料及产地为准）粉状或细短的肌肉纤维性粉状，蓬松感明显，含有少量鱼眼珠、鱼鳞碎屑、鱼刺、鱼骨或虾眼珠、蟹壳粉等，松散无结块，无自燃、无虫蛀等现象。闻鱼粉气味，有鱼粉正常气味，略带腥味、咸味，无异味、氨味，否则表明鱼粉放置过久，已经腐败，不新鲜。

因鱼粉中不饱和脂肪酸含量较高并具有鱼腥味，故在畜禽饲粮中使用量不可过多，否则导致畜产品异味，在家禽饲粮中使用鱼粉过多可导致禽肉、蛋产生鱼腥味，因此当鱼粉中脂肪含量为10％时，在鸡饲粮中用量应控制在10％以下。

（2）**羽毛粉**　饲用羽毛粉是将家禽羽毛经过蒸煮、酶水解、粉碎或膨化成粉状，作为一种动物性蛋白质补充饲料。羽毛粉中含粗蛋白质80％～85％，胱氨酸含量为2.93％，居所有天然饲料之首。缬氨酸、亮氨酸、异亮氨酸含量高于其他动物性蛋白质。但赖氨酸、蛋氨酸和色氨酸含量相对缺乏。由于胱氨酸在代谢中可代替50%蛋氨酸，所以在饲粮配方中添加适量水解羽毛粉可补充蛋氨酸不足。

水解羽毛粉同鱼粉一样属高价产品，所含蛋白质优良，并具未知生长因子，所以掺假机会大，如掺石灰粉、玉米芯、生羽毛、禽内脏、禽头和脚及一些淀粉类、饼粕类物质。

水解羽毛粉因氨基酸组成不平衡，适口性差，一般在单胃动物饲料中的添加量不应过高，控制在5%～7%比较合适。

质量鉴别：形状为干燥粉粒状，色泽呈淡黄色、褐色、深褐色、黑色，有水解羽毛粉正常气味，无异味。

（三）矿物质饲料

矿物质饲料指以可供饲用的天然矿物质、化工合成无机盐类和有机配位体与金属离子的螯合物，如石粉、贝壳粉、骨粉、磷酸氢钙、沸石粉、膨润土、饲用微量元素无机化合物、有机螯合物和络合物等。矿物质元素在各种动植物饲料中都有一定含量，虽多少有差别，但由于动物采食饲料的多样性，可在某种程度上满足对矿物质的需要。矿物质饲料包括提供钙、磷等常量元素的矿物质饲料以及提供铁、铜、锰、锌、硒等微量元素的无机盐类等。

常量矿物质饲料包括钙源性饲料如石粉，磷源性饲料如磷酸氢钙，钠源性饲料如氯化钠、碳酸氢钠等。

（1）石粉 石粉为天然的碳酸钙，一般含钙35%以上，是补充钙的最廉价、最方便的矿物质原料。按干物质计算，石粉的成分与含量如下：粗灰分96.9%，钙35.89%，氯0.03%，铁0.35%，锰0.027%，镁2.06%。天然石粉中，只要铅、汞、砷、氟含量不超过安全系数，都可用作饲料。石粉的用量依据肉鸡生长阶段而定，一般配合饲料中石粉用量为2.5%～3%，蛋鸡和种鸡的用量可达7%～9.5%。若石粉过量，会降低饲料有机养分的消化率，还对青年鸡的肾脏有害，使泌尿系统尿酸盐过多沉积而发生炎症，甚至形成结石。

感官判断：石粉大多为灰色粉末，色泽正常，无结块及异味。含钙35.5%以上，卫生指标按照GB 13078执行。

（2）磷酸氢钙 磷酸氢钙为白色或灰白色粉末或粒状产品，又分为无水盐和二水盐，后者的钙、磷利用率较高。含磷18%以上，钙21%以上。饲料级磷酸氢钙应注意脱氟处理。

感官判断：白色、微黄色、微灰色粉末，色泽正常，无结块及异味。氟含量低于1800毫克/千克，卫生指标按照GB 13078执行。

（3）氯化钠 氯化钠一般称为食盐，精制食盐含氯化钠99%以上，其中含氯 60%，含钠 39%，此外还有少量的钙、镁、硫等杂质。粗盐含氯化钠 95%。食用盐为白色细粒，工业用盐为粗粒结晶。植物性饲料大多含钠和氯较少，相反含钾丰富。为了保持生理上的平衡，对以植物性饲料为主的畜禽，应补饲食盐。食盐除了具有维持体液渗透压和酸碱平衡的作用外，还可刺激唾液分泌，提高饲料适口性，增强动物食欲，具有调味剂的作用。家禽饲料中食盐过多或混合不均匀易引起食盐中毒。雏鸡饲料中若配合 0.7% 以上的食盐，则会出现生长受阻，甚至有死亡现象。食盐在家禽日粮中的用量为 0.25%～0.5%。

（4）碳酸氢钠　碳酸氢钠又名小苏打，为无色结晶粉末，无味，略具潮解性，其水溶液因水解而呈微碱性，受热易分解出二氧化碳。碳酸氢钠含钠 27% 以上，生物利用率高，是优质的钠源性矿物质饲料之一。碳酸氢钠不仅可以补充钠，还具有缓冲作用，能调节饲粮电解质和胃肠道 pH 值。夏季在肉鸡饲粮中添加碳酸氢钠可缓解热应激，防止生产性能下降，添加量一般为 0.5%。

二、饲粮种类及其功能

肉鸡饲料按照使用比例和功能的不同，分为配合饲料、浓缩饲料和预混合饲料。

（一）配合饲料

根据畜禽的营养需要，采用科学方法将多种不同的饲料按照一定的配方比例均匀混合，机械加工配制而成的产品称为配合饲料。饲料营养成分完全满足肉鸡需要的平衡的配合饲料，称为全价配合饲料。该饲料内含有能量、蛋白质和矿物质饲料以及各种饲料添加剂等。各种营养物质种类齐全、数量充足、比例恰当，能直接用于饲喂肉鸡，全面满足肉鸡的生长需要。

（二）浓缩饲料

浓缩饲料又称蛋白质补充饲料，是由蛋白质饲料、矿物质饲料及添加剂预混料配制而成的配合饲料半成品。再掺入一定比例的能量饲料（玉米、高粱、大麦等）就成为满足动物营养需要的全价饲料，具有蛋白质含量高（一般在30%～50%）、营养成分全面、使用方便等优点。一般在全价配合饲料中所占比例为 20%～40%。浓缩饲料最适合农村专业户使用。利用自己生产的粮食和副产品，再配以浓缩饲料，即可直接饲喂，减少了运输环节。

（三）预混合饲料

预混料是添加剂预混合饲料的简称，是由同一类的多种添加剂或不同类的多种添加剂按一定配比制作而成的匀质混和物。它是一种中间型配合饲料产品。

预混合饲料是配合饲料的一种重要组分。由于添加剂的成分在预混料中占的比例很小，大多以毫克/千克或克/千克计算。肉鸡常用的预混料添加剂比例为 1%～5%，是由维生素、微量元素、常量矿物元素和部分蛋白质饲料非营养性添加剂与载体混合而成。

第四节　肉鸡饲料配方与饲料配制技术

一、配合饲料与饲料配方

肉鸡生产实践中，为了降低成本，提高养殖效益，按肉鸡营养需要，将多种原料配合成含有丰富、平衡的营养物质，经特定工艺生产的配合饲料。饲料成本占肉鸡养殖成本的 70%以上。

配合饲料有诸多优点：一是营养物质吸收充分，饲料转化率高，从而达到节省饲料提高养殖效益的目的；二是营养平衡，鸡体健康，降低死淘率，提高成鸡出栏率；三是配合饲料中加入了多种氨基酸、维生素和矿物质等，充分发挥鸡的生长潜能，缩短鸡的生长周期，提前出栏，降低养殖过程风险；四是通过合理配合饲料，充分利用地方原料资源。

饲料配方是指针对肉鸡的不同生长发育阶段，为满足其饲养目的的营养需要，不同饲料原料的配合比例。如满足肉鸡维生素需要的复合维生素预混料配方、满足肉仔鸡全部营养需要（水除外）的肉仔鸡配合饲料配方。当然，在商品经济社会，除保证养殖动物正常生长发育外，还要满足其他要求，如生长快、发病少、费用低、收益高等。

二、肉鸡饲料配方

（一）白羽肉鸡饲料配方

1. 白羽肉鸡饲料配方　白羽肉种鸡因其营养需求不同，针对不同生长发育阶段配有对应的肉种鸡饲料。肉种鸡料不仅要求保证种鸡产蛋率高、产蛋期长，还要求雏鸡出壳率高、健雏率高等。同时应该尽量降低饲料成本，提高经济效益。白羽肉种鸡饲料配方见表 4-5，表 4-6。

表 4-5　白羽肉种鸡各阶段配合饲料参考配方

原料名称	出壳~5周龄	6~15周龄	16~20周龄	21周龄至淘汰
	配比（%）	配比（%）	配比（%）	配比（%）
玉米	69	68	70	64
豆粕（43%）	25	19	21	25
麸皮	—	9	4	—
豆油	—	—	—	1
石粉	—	—	2.5	7.5
进口鱼粉（65%）	2	—	—	—
核心料	4	4	2.5	2.5
合计	100	100	100	100
主要营养成分				
代谢能（兆焦/千克）	11.97	11.66	11.84	11.57
粗蛋白质（%）	18.45	15.80	16.10	16.80
钙（%）	0.93	0.85	1.15	3.11
总磷（%）	0.67	0.63	0.61	0.52
有效磷（%）	0.47	0.42	0.39	0.36

表 4-6　白羽肉种鸡核心料配方

原料名称	出壳~4周龄	5~15周龄	16~20周龄	21周龄至淘汰
	配比（%）	配比（%）	配比（%）	配比（%）
石粉	1.4	1.5	—	—
磷酸氢钙	1.5	1.5	1.5	1.45
氯化钠	0.3	0.3	0.33	0.33
氯化胆碱（50%）	0.1	0.1	0.07	0.07
蛋氨酸（98%）	0.2	0.1	0.1	0.15
0.5%预混料	0.5	0.5	0.5	0.5
合计	4	4	2.5	2.5

注：每千克0.5%预混料中至少含维生素A 200万单位，维生素D₃ 88万单位，维生素E 6 000单位，
维生素K₃ 1 500毫克，维生素B₁ 360毫克，维生素B₂ 1 400毫克，维生素B₆ 650毫克，
维生素B₁₂ 20毫克，泛酸钙1 800毫克，烟酰胺6 500毫克，叶酸250毫克，生物素33毫克，铁
14 000毫克，铜1 000毫克，锰17 000毫克，锌14 000毫克，碘100毫克，硒40毫克。

2. 白羽商品肉鸡饲料配方 目前，白羽商品肉鸡配合饲料商品化程度较高，对肉鸡饲料则要求其料肉比低、死淘率低、鸡体健壮（药费少）、经济效益好。商品肉鸡饲料配方见表4-7，表4-8。

表4-7 白羽商品肉鸡各阶段配合饲料参考配方

原料名称	出壳～3周龄	4～6周龄	6周龄以上
	配比（%）	配比（%）	配比（%）
玉米	59	61.5	66
豆粕（43%）	33	32	26.5
豆油	1.5	2.5	3.5
鱼粉（65%）	2.5	——	——
核心料	4	4	4
合计	100	100	100
主要营养成分			
代谢能（兆焦/千克）	12.16	12.37	12.83
粗蛋白质（%）	20.90	19.02	17.10
钙（%）	0.88	0.82	0.78
总磷（%）	0.61	0.58	0.55
有效磷（%）	0.45	0.38	0.36

表4-8 白羽商品肉鸡核心料配方

原料名称	出壳～3周龄	4～6周龄	6周龄以上
	配比（%）	配比（%）	配比（%）
石粉	1.3	1.3	1.3
磷酸氢钙	1.4	1.3	1.4
氯化钠	0.3	0.3	0.33
氯化胆碱（50%）	0.1	0.1	0.07
蛋氨酸（98%）	0.2	0.1	0.1
赖氨酸（98%）	0.2	0.4	0.3
0.5%预混料	0.5	0.5	0.5
合计	4	4	4

注：每千克0.5%预混料中至少含维生素A 180万单位，维生素D_3 43万单位，维生素E 2 000单位，维生素K_3 310毫克，维生素B_1 130毫克，维生素B_2 815毫克，维生素B_6 125毫克，维生素B_{12} 2毫克，泛酸钙1 700毫克，烟酰胺4 550毫克，叶酸90毫克，生物素14毫克，铁14 000毫克，铜1 000毫克，锰17 000毫克，锌14 000毫克，碘100毫克，硒40毫克。

（二）黄羽肉鸡饲料配方

1. 黄羽肉用种鸡饲料配方　我国地方特色的黄羽肉鸡经过近年来的不断育种，其生产性能有较大提高，虽然品系不同，营养需求不同，但总的来说其营养需求在提高。黄羽肉种鸡料不仅要求保证种鸡产蛋率，同样还要求雏鸡出壳率高、健雏率高。黄羽肉种鸡饲料配方见表4-9，表4-10。

表4-9　黄羽肉种鸡各阶段配合饲料参考配方

原料名称	出壳～6周龄	7～20周龄	21周龄以上
	配比（%）	配比（%）	配比（%）
玉米	69	68	64
豆粕（43%）	25	18	24.5
麸皮	2	10	—
豆油	—	—	1
石粉	—	—	8
核心料	4	4	2.5
合计	100	100	100
主要营养成分			
代谢能（兆焦/千克）	11.79	11.61	11.55
粗蛋白质（%）	17.45	15.50	16.60
钙（%）	0.90	0.85	3.31
总磷（%）	0.63	0.63	0.51
有效磷 %	0.46	0.42	0.35

表4-10　黄羽肉种鸡核心料配方

原料名称	出壳～6周龄	7～20周龄	21周龄以上
	配比（%）	配比（%）	配比（%）
石粉	1.3	1.5	—
磷酸氢钙	1.5	1.4	1.40
氯化钠	0.3	0.3	0.33
氯化胆碱（50%）	0.2	0.1	0.05
赖氨酸（98%）	—	0.05	0.05
蛋氨酸（98%）	0.2	0.15	0.17

续表 4-10

原料名称	出壳～6周龄	7～20周龄	21周龄以上
	配比（％）	配比（％）	配比（％）
0.5％预混料	0.5	0.5	0.5
合计	4	4	2.5

注：每千克0.5％预混料中至少含维生素A 180万单位，维生素D_3 85万单位，维生素E 6 000单位，维生素K_3 800毫克，维生素B_1 350毫克，维生素B_2 1 350毫克，维生素B_6 630毫克，维生素B_{12} 20毫克，泛酸钙1 800毫克，烟酰胺6 400毫克，叶酸250毫克，生物素33毫克，铁13 500毫克，铜1 000毫克，锰17 000毫克，锌14 000毫克，碘95毫克，硒40毫克。

2. 黄羽商品肉鸡饲料配方 对于具有我国地方特色的黄羽商品肉鸡饲料，不仅要求其料肉比低、死淘率低、鸡体健壮、经济效益好，同时还要求成品鸡的胫、皮肤达到一定的黄度。黄羽肉鸡饲料配方见表4-11，表4-12。

表 4-11　黄羽商品肉鸡各阶段配合饲料参考配方

原料名称	0～3周龄	4～8周龄	8周龄以上
	配比（％）	配比（％）	配比（％）
玉米	62	65	67
豆粕（43％）	27.5	24	16
玉米蛋白粉（60％）	4	5	5
DDGS（28％）	—	—	5
豆油	1	2	3
鱼粉（65％）	2	—	—
核心料	3.5	4	4
合计	100	100	100
主要营养成分			
代谢能（兆焦/千克）	12.27	12.68	12.85
粗蛋白质（％）	20.51	18.60	16.80
钙（％）	0.86	0.78	0.77
总磷（％）	0.58	0.54	0.52
有效磷（％）	0.42	0.36	0.33

表 4-12　商品黄羽肉鸡核心料配方

原料名称	0～3 周龄	4～8 周龄	8 周龄以上
	配比（%）	配比（%）	配比（%）
石粉	1.1	1.4	1.3
磷酸氢钙	1.2	1.3	1.3
氯化钠	0.3	0.3	0.33
氯化胆碱（50%）	0.1	0.1	0.07
蛋氨酸（98%）	0.2	0.1	0.1
赖氨酸（98%）	0.1	0.3	0.4
0.5%预混料	0.5	0.5	0.5
合计	3.5	4	4

注：每千克 0.5%预混料中至少含维生素 A 180 万单位，维生素 D_3 43 万单位，维生素 E 2 200 单位，
维生素 K_3 310 毫克，维生素 B_1 130 毫克，维生素 B_2 815 毫克，维生素 B_6 125 毫克，维生素 B_{12}
2 毫克，泛酸钙 1 700 毫克，烟酰胺 4 550 毫克，叶酸 90 毫克，生物素 14 毫克，铁 14 000 毫克，
铜 1 000 毫克，锰 17 000 毫克，锌 14 000 毫克，碘 100 毫克，硒 40 毫克。

（三）自配饲料及配方

目前大部分肉鸡养殖场（户）直接购买商品颗粒配合饲料喂肉鸡，但也有
部分养殖场（户）通过购买预混料来自配饲料喂鸡。养殖场（户）自行购买玉
米、豆粕、豆油和相应的预混料等，根据技术人员指导的配合料配方，通过自
建饲料厂或由饲料厂代加工成颗粒料后喂鸡，也取得了很好的饲喂成绩。

1. 自配料的优点　一是容易把控原料质量，饲料中有毒有害物质少，鸡体
健康，抗病力强，鸡群稳定。二是现配现用，饲料新鲜，可有效避免饲料变质。
三是克服了饲料流通的中间环节费用，性价比高。

2. 配方　快大型肉鸡 5%预混料见表 4-13。

表 4-13　商品快大型肉鸡自配饲料配方　（%）

原料名称	出壳～3 周龄	4～6 周龄	6 周龄以上
玉米	63	64.5	66
豆粕（43%）	30	28	26
豆油	2	2.5	3
肉小鸡 5%预混料	5	—	—
肉中鸡 5%预混料	—	5	—
肉大鸡 5%预混料	—	—	5
合计	100	100	100

3. 自配料的加工 先把玉米和豆粕等原料粉碎（一般粉碎玉米筛片直径2.5毫米、粉碎豆粕筛片直径2毫米），配料时按上述比例依次把玉米、豆粕＋油、预混料加入混合机，混合3分钟左右，通过制粒机制成颗粒料即可饲喂。原料库及主要加工设备见图4-1至图4-8。

图4-1 原 料 库

图4-2 原料投料口

图4-3 饲料粉碎机

图4-4 饲料混合机

图4-5 原料分配器

图4-6 液体添加设备

图 4-7　饲料自动配料秤

图 4-8　成品自动打包设备

（四）其他商品肉鸡饲料

目前市场上肉鸡配合饲料是商品化比例最高的，规模肉鸡养殖场（户）大都直接购买工业肉鸡颗粒配合饲料，很少使用自配料，而大型肉鸡养殖企业一般建有自己的饲料加工厂（或代加工）生产配合饲料。

肉鸡配合饲料主要有 3 种，分别饲喂于 3 个生长阶段，如快大型肉鸡的 3 个料种为：出壳到 21 日龄用的雏鸡料（又称一号料），22 日龄到 42 日龄用的中鸡料（又称二号料），43 日龄到出栏（屠宰）用的大鸡料（又称三号料）。

当然，根据饲养肉鸡品种的不同，上述饲养阶段略有调整，如三黄肉鸡、肉杂鸡等中鸡料要喂到 48 日龄或 65 日龄后才换大鸡料。

第五节　饲料安全及其质量控制

饲料安全，通常是指饲料产品（包括饲料和饲料添加剂）在按照预期用途进行饲用时，不会对动物的健康造成实际危害，而且在畜禽产品、水产品中残留、蓄积和转移的有毒有害物质或因素在可控制的范围内，不会通过动物消费饲料转移至食品中，导致危害人体健康或对环境产生负面影响。因为饲料安全直接关系到畜产品（肉、蛋、奶）的安全问题，甚至关系到养殖环境污染的问题。目前，国家非常重视饲料安全，近年来陆续出台了相关的法律法规来规范和约束饲料的生产与使用，保证畜产品的安全。

一、饲料中的不安全因素

（一）饲料原料含有有毒有害物质

一方面是有些饲料原料本身就含有对畜禽或人体有危害的物质，如棉粕中的棉酚、磷酸氢钙中的氟等；另一方面是饲料原料因被污染而感染上有毒有害物质，如玉米在田间或仓储时被霉菌污染而含有霉菌毒素（霉菌的代谢产物），在仓库中因鼠害而被致病微生物（如沙门氏菌、大肠杆菌、病毒等）污染，原料在运输时被有毒有害物污染等。

（二）非法添加违禁物质

农业部已发布了多项关于规范添加兽药、添加剂的通知、文件，明确规定了哪些物质不能在饲料中添加，严禁在任何饲料产品中添加未经农业部批准使用的兽药和添加剂。可是，一些无良饲料商或畜禽养殖者受利益驱动依然非法使用一些违禁物质，如轰动全国的"苏丹红"事件、"瘦肉精"事件等。

（三）滥用添加剂

2001年农业部公布了《饲料药物添加剂使用规范》，进一步规范和指导饲料药物添加剂的合理使用，防止滥用饲料药物添加剂。该规范一方面明确了可作为饲料添加剂的药物品种；另一方面明确了具体的药物添加剂的含量规格、适用动物及其适用阶段、最高用量及其休药期、注意事项和配伍禁忌等。但一些厂商往往超量、超期添加，不严格执行该规范，如不遵守停药期的要求导致所添加药物在畜产品中残留超标，把产蛋期禁用的某些药物违规添加在饲料中导致该药物在蛋中的残留超标，超量添加抗生素导致病原微生物的抗药性提高，造成疾病难以治疗等。

关于饲料添加剂的过量添加问题，2009年发布的《饲料添加剂安全使用规范》，明确了大部分饲料添加剂（氨基酸、维生素、微量元素和常量元素）的安全使用方法，指导饲料企业和养殖者科学合理使用饲料添加剂，提高饲料和养殖产品质量安全水平，保护生态环境，促进饲料产业和养殖业持续健康发展。但现在仍有人为促进畜禽生长而超标添加铜（主要是硫酸铜形式）和锌（主要是氧化锌形式）的情况，不仅造成金属元素在肝脏中的大量沉积，同时这些元素随粪便排泄到环境中，会对环境造成一定污染，最终危害在环境中生长的植物及人类的健康。

（四）原料或饲料在生产和储运过程中受到的污染

饲料在加工、生产、运输和贮存过程中，因管理、操作不当很容易受到污染。比如，生产加药饲料后如不进行严格的生产管道清洗，就有可能污染随后生产的无药饲料；原料或成品饲料如长时间贮存（饲料厂或养殖场）或受潮就很容易受霉菌污染，造成发热发霉变质，甚至产生霉菌毒素；饲料在保管运输过程中受到环境中化学物质的污染等。

（五）转基因饲料原料的安全问题

近年来关于转基因作物安全性的争论越来越受到人们的关注，但转基因作物已得到了快速的发展与应用，转基因作物及其加工副产品已经用作加工饲料。如由转基因大豆加工而得的豆粕、转基因玉米等。这些饲养动物饲用的大量转基因成分对动物健康和畜产品的安全影响已被人们所关注。由于对转基因饲料安全性的评价是一个比较复杂的问题，对转基因饲料的隔代或多代安全性问题仍不明确。目前，除使用国家有关部门批准的转基因饲料原料（或由转基因作物加工而得）外，其他转基因物料一律杜绝使用。《绿色食品饲料及饲料添加剂使用准则》中明确规定：生产 A 级绿色食品的饲料禁止使用转基因方法生产的饲料原料。这也表明转基因原料可能存在一定的安全隐患，但科技界对此仍处于研究与争议之中。

二、饲料安全条例及禁用饲料添加剂文件

为了确保畜产品质量安全，我国饲料主管部门从饲料生产各方面加强了对饲料质量安全的管理。《饲料原料目录》规定了可以用于生产饲料的原料，不在本目录规定中的原料品种不能用于生产饲料；《饲料添加剂品种目录》规定了可以用于生产饲料的添加剂品种，不在本目录中规定的品种不能用于生产饲料；《饲料药物添加剂使用规范》规定了可以添加到饲料中的药物品种及其用量限制、饲用对象等，不在本规范规定的药物品种不得添加到饲料中使用。2014 年 1 月 13 日农业部公布了《饲料质量安全管理规范》，自 2015 年 7 月 1 日起施行。《饲料质量安全管理规范》从饲料原料、饲料生产、饲料成品质量控制、饲料成品贮存与运输等方面规范了饲料生产企业的生产行为，保障饲料产品质量安全。关于在饲料中禁用的饲料添加剂国家主要有 3 个文件，分别是《禁止在饲料和动物饮水中使用的物质》《明令禁止在饲料中人为添加三聚氰胺》《关于禁止在反刍动物饲料中添加和使用动物性饲料的通知》。

三、饲料质量安全控制技术

因为饲料质量安全关系到食品安全，最终会影响到人类的健康；同时畜禽饲用有质量问题的饲料后可能会对饲养环境产生负面影响。饲料质量安全已引起政府和从业人员的高度重视，绝大部分饲料制造单位建立和采取了饲料质量安全管理体系，确保饲料安全。

（一）严格执行相关法律法规

依上所述，近年来我国陆续制定了多项法律、法规，建立保障饲料安全的法律体系，加强对饲料质量的指导和管理，保障饲料质量安全。作为相关从业人员也应该加强学习，严格遵守法律、法规，为保证饲料质量安全做出贡献。

（二）加强饲料原料管理

饲料是原料依赖性产品，原料质量安全是饲料质量安全的源头，没有质量安全的原料就没有质量安全的饲料。原料的优劣、真假、品质及有毒有害物质的含量在很大程度上决定着饲料产品的质量安全性。企业只有制定有效的原料质量安全控制程序（表4-14）和严格执行饲料原料方面的相关法律法规，才能为保证饲料质量安全打下坚实的基础。

表4-14　饲料原料质量安全控制程序

序　号	程　序	内　容	备　注
1	原料采购计划和质量控制指标	生产部、品管部、技术部、采购部议定采购计划和备选供货商；制订原料质量企业控制标准和检验项目	根据需要确定
2	供货商资质评估	新供货商生产、经营资质的检查：①营业执照（经营资格）；②生产许可证；③质量体系认证情况；④采购人员现场考核生产、经营条件；⑤产品抽检报告或现场取样检测等	首次
		老供货商信誉度调查：①当地管理部门检查、监测结果；②产品市场信誉情况；③客户信息反馈；④以往供货质量曲线	每年1~2次

续表 4-14

序 号	程 序	内 容		备 注
3	原料质量评估	首次采购的原料	非常规原料：①索取产品说明书及相关资料；②对产品安全、营养进行评估，必要时进行试用	首次，重要原料和大批量原料进行送检
			常规原料：①产品批准文号批件；②产品执行标准；③产品检验合格证；④标签；⑤产品抽检报告或样品及产品检验报告复印件	
		已使用的原料	①产品批准文号的批件；②产品执行标准；③产品检验合格证；④标签；⑤产品检验报告复印件	每年 1～2 次
			样品、质量检验验收报告	根据需要
4	采购评议和合同	采购部、品管部、财务部对供货商资质、原料安全质量、同行价格进行综合评估，拟定采购方案，报企业负责人批准		重要原料和大批量原料每批进行；小原料和辅料定期进行
		合同明确：质量标准、不含国家规定禁用物品的承诺、数量、价格、供货时间、供货方式、付款方式、违约事宜等		一批一合同
5	供货商档案	营业执照复印件；生产许可证复印件；市场信誉调查；产品批准文号批件复印件；产品执行标准复印件；产品检验合格证；产品标签；样品；产品检验报告复印件；报价单；合同；供货商地址、联系人、电话、手机、传真、网址等；样品留存；发货单等；现场考核结果等		一个供货商一份档案
6	进货入库	现场验货：核对数量、含量；品名、规格、生产日期、供货单位、生产单位、包装、标签等与供货合同一致，原料包装完好无损，无受潮、无虫蛀，并做详细登记		
		①分区、分类、分期堆放，留足物流通道；②未检验的标示待检原料；检验合格后改标可使用原料和暂不用原料		

续表 4-14

序　号	程　序	内　容	备　注
7	检验、留样	对原料进行抽检，检验项目根据原料质量内控要求进行	每批
		原料样品留存，妥善保管，并做详细登记，以备溯源	
8	仓库管理	设置货位卡：品种、供货单位、进货日期、进货数量、出库时间、数量，生产单位，检验结果，标识明显。遵循先进先出的原则发货；核对发货单：品种、数量；定期检查：防潮、防鼠、防鸟、防污染；发现异常及时上报，评估；超出保质期的原料需重新检验评估；有毒性的原料需要双人管理；建立原料库存明细台账	

（三）饲料生产过程中的质量安全管理

俗话说"质量是生产出来的"，可见生产管理在质量安全管理方面的重要性。饲料生产企业为保证饲料质量安全，除应满足《饲料生产企业许可条件》规定的硬件外，合理制定并严格执行饲料生产作业流程（制度）非常必要。

1. 饲料（颗粒）生产管理基本制度

（1）工艺流程、质量要求　备料由生产人员按配方计算各原料的使用量，安排各种原料的使用。

①大宗原料　投料工人应认真执行配方的原料安排，不得私自做主和混投，原料之间必须一料一清，不允许原料之间相互污染。认清原料品种、规格，防止领错原料。投完原料后须立即清理投料现场。

②小料工　根据配方单进行领料、配料，严格要求配料精度。坚持大料用大秤，小料用小秤，先进先出，每天检查原料用量和库存，做到账物相符。小心称取，防止漏、撒原料。认清原料的品名，防止领错。

（2）配料　中控员核对各种原料所进的仓名是否与计算机显示的一致。核对配方和配方的用量。核实小料工是否到位。清点小料数量。进行配料。

（3）混合　主控员监视好混合时间，以及下料的数量与配方值的误差，发现异常现象要及时停机检查。定期检测混合均匀度。查看小料是否加入。

（4）制粒　根据生产的品种选择合适的环模。检查蒸汽压力，调节温度。调节好切刀位置，保证颗粒长度符合生产要求。

（5）接料、打包　包装前，检查成品料的颜色、味道、长短、温度，发现异常不得打包。检查产品的标签、包装是否正确。称量准确，每包需标明包装的重量。小心装料，防止划破内外膜，防止混入绳头、杂物。标签放置正确，缝口整齐，一次缝成。

2. 生产计划编制与生产组织　由车间主任根据仓库提报的"成品库存日报表"和"原料库存日报表"等资料编制"周生产计划表"，经部门经理审核送至中控室。

（1）生产安排　①中控室于上班前依据"周生产计划表"和每日销售变更通知单以及现有库存情况编制"日生产计划安排表"，送车间主任审核执行。②中控员依据"日生产计划安排表"合理安排生产顺序，并将当日生产品种的料号、数量及时间安排填写在看板上。

（2）排定当日生产顺序之后，应及时做好以下准备工作　①中控员将需要准备的原料，电话通知或书面送交原料库投料员。②中控员填写"添加剂配制通知单"通知小料员备妥生产之所需预混料及小料添加剂。③检查液体输送设备和其他输送设备是否处于正常状态。④确认本班人员均已就位。

3. 饲料配方设计和管理　公司负责配方设计的人员要根据市场原料价格波动在符合企业标准前提下及时改变配方。同时做好保密工作：①不准把配方带出车间，每天的生产料单，必须交回下单人员，由技术部保管。②不准向外界及他人泄露技术秘密，不准向他人打听有关情况。③没有生产技术部主管同意，任何非车间人员，不得随便进入车间。

4. 设备管理制度　设备操作人员在使用和操作设备前，必须先熟悉设备的结构、性能、技术规范、维修操作规程，并在开机前先检查设备，确保无异常情况，方可使用。在操作过程中应密切注意观察设备动态，如发现故障应立即停机检查和处理或通知维修人员处理。在班末应整理现场，达到日常维修要求。爱护劳动工具，不允许乱用、蛮干。

工作人员在具体操作时，需注意以下几点：

第一，正确操作混合机和缝包机，按时加注润滑油，不准乱敲混合机、仓壁和管道等。

第二，按操作规程小心使用称量器具，轻放轻取。

第三，转运工具，不可超量承载。

第四，承载容器轻拿轻放，不允许摔踢。

第五，设备维修，车间生产设备实行每周例行停机检修1次（特殊情况除外），每年大修1次。大修结束，要逐项验收。

5. 原料和产品管理制度　所有原料采用"先进先出"的原则。下单人员必须写清楚生产品种、生产日期、数量、原料规格、特殊要求，以备复查。每天的料单，交到品管部统一保管。领错料、配错料、加错料，立即通知生产部，由技术部提出处理措施，不许自做主张处理。回料处理、退料处理，按技术部的要求实施，不许自行操作。准确做好生产记录，未用完的原料扎好口放回原位。成品包装袋、标签由专人负责。成品定期检查，合格后方能入库。

6. 仓库管理制度　仓库管理人员必须提前 15 分钟上班进行交接班工作。在工作中，要求各项工作规范化，严格按规定组织生产、进行工作。确保数量正确、质量稳定，环境清洁、文明生产、优质服务、厉行节约。维护公司与客户的合法权益；时刻关注仓库消防安全，保证人员和物资的安全，人人学会使用仓库内的灭火器，做到三熟悉（熟悉质量标准、熟悉工艺流程、熟悉鉴别方法）。严禁火种进入仓库，管理好进出仓库的车辆和人员，接收和保管好各种原料。严防一切事故发生。正确组织生产投料，遵守各项规章制度，主动向领导提出合理化建议。

接收保管好原料、成品，是保证产品质量，提高经济效益和社会效益的重要环节，因此原料、辅料和成品在接收进仓储存时，必须认真做好铺垫防潮、遮盖防雨、防鼠防虫、防污染等工作，品种、规格、好坏、干湿、有虫无虫、合格品与不合格品都要分开，堆桩要整齐安全。同时在贮存过程中，保管员要认真执行巡查制度，做到查看记录心中有数。检查中发现隐患问题及时如实逐级上报，不得隐瞒不报，更不得私自销毁灭迹或掺混出厂（库）或自行投入加工生产。对隐患问题要及时采取措施，妥善处理，确保物资安全。

（四）推行 ISO 9001 质量管理体系

目前大多数饲料企业都采用了 ISO 9001 质量管理体系，为企业有效开展质量安全活动提供了统一标准和行为准则，来加强和提高企业的质量管理水平。《质量管理体系认证要求》（GB/T 19001—2008）是等同采用 2008 版 ISO 9001《质量管理体系认证要求》，2008 版 ISO 9001《质量管理体系认证要求》是国际标准化组织（ISO）的质量管理和质量保证技术协会（ISO/TC 176）发布的最新质量管理和质量保证国际标准，详细内容请参考相关资料。对于企业来说，按照经过严格审核的国际标准质量管理体系进行质量管理，真正实现饲料质量管理的高效、规范、科学性，极大提高生产效率和产品合格率，并不断提高企业整体质量管理水平。对顾客来说，从企业能够稳定地得到质量保证的产品或服务，实现双赢。

（五）推行食品安全管理体系（GB/T 22000—2006）

饲料企业推行 GB/T 22000—2006 食品安全管理体系（等同采用了国际食

品标准 ISO 22000：2005），对饲料原料、饲料加工、贮存、运输等各个环节进行质量追踪，建立保证饲料安全面对生产全过程实行的预防性控制体系，以确保饲料产品安全可靠。

体系引入 HACCP（危害分析关键控制点）管理，其目的是控制有毒有害物质（化学物质、药物、重金属、毒素和微生物）对饲料或畜产品的污染。HACCP 管理是通过对饲料加工的每一过程可能出现的危害因素进行分析，确定关键控制点，确立符合每个关键控制点的临界值以控制可能出现的危害。同时建立检测程序、纠正措施方案和记录档案等，以保证最终产品中各种危害因素均在安全范围内，保证饲料产品的质量安全，详细内容请参考相关资料。

食品安全管理体系以系统方式来确认危害、评估、控制和监测制造过程，是针对预防措施的一种评估危害及建立控制方法的预防性体系。

第五章

肉鸡养殖模式与饲养管理技术

阅读提示：

　　不同类型的肉鸡品种具有不同的养殖模式和饲养管理技术。作为鸡场经营者，应根据自身生产经营规模选择适合的养殖模式。本章主要介绍了我国肉鸡养殖中的合同生产模式、自繁自养模式、专业合作社模式的主要特点和要求，供不同条件的经营业主选择。饲养管理始终抓住温度、湿度、通风、密度、光照等关键问题，细节决定成败，精细管理是第一要素。本章还对黄羽肉鸡的生态散养提供了案例，为广大肉鸡养殖户提供技术参考。

第一节　我国肉鸡养殖的主要经营模式

目前我国肉鸡养殖的主要经营模式有 3 种：一是合同生产模式，即"公司＋农户"模式，公司向农户提供雏鸡、饲料、药物、疫苗和全程技术指导，并负责肉鸡的销售，农户只负责饲养管理。二是自繁自养模式，即"一条龙"生产模式，从种鸡、商品代鸡、饲料和屠宰加工等形成一条完整的产业链。三是专业合作社模式，即协会带农户养鸡模式，肉鸡养殖大户自愿加入养鸡协会，做到统一肉鸡价格、统一饲料来源、统一防疫治病等。

一、合同生产模式

比较常见的合同生产模式是"公司＋农户"模式，这是一种十分常见的经营模式。面临选址、疾病控制和环保等诸多压力，大公司逐渐采取化整为零的"公司＋农户"的生产经营模式。农户具有场地、劳动力成本较低，且养鸡费用较低的优势。农户与公司之间建立合作关系，使得肉鸡生产经营的灵活性与公司的资金、技术、管理优势结合起来，从而实现农户与公司双赢的效果。"公司＋农户"的实质是代养关系，国内一般按成活率和料肉比计算农户的报酬。

"公司＋农户"生产经营模式的基本做法是：公司为合作农户提供雏鸡、饲料、药物、疫苗、技术及销售等一条龙服务，农户负责肉鸡的饲养管理。对农户的管理可分为申请入户、交付定金、领取雏鸡和生产资料、技术指导和相关服务、统一回收、结算等六个环节。

在"公司＋农户"这种生产经营模式中，与公司合作的农户实际上成了公司的一个个生产小车间，单个的农户难以直接进入市场，但众多的养鸡"小车间"组织成社会化的商品生产，把公司和农户双方联结在一起，形成一股强大的合力，既把农村大量分散的单家独户经营的农民集结为一个统一体，带动了农民致富，同时也为政府分担了物价和就业方面的压力，为农村经济的发展创出了一条新路。在农户管理过程中，公司免费为农户提供技术指导和培训，公司的技术员定期到农户饲养现场指导饲养管理，技术员对新加入的农户更是全程跟踪指导。同时，公司要求农户按统一制定的免疫程序、饲养管理程序等管理制度规范操作，从而保证鸡肉生产安全和产品质量符合安全食品要求。

[案例 5-1] 广东温氏集团"公司+农户"养殖模式

全国最大的优质鸡生产企业、国家农业产业化重点龙头企业——广东温氏食品集团股份有限公司，在发展养鸡产业时，通过与农户建立委托生产关系，结成比较稳定的利益共同体，将生产风险和市场风险有效分开。温氏化解与养鸡业务有关的各类风险的能力较强，但在用地和劳动力上没有优势，而养殖户规避风险的能力弱，却恰好在土地和劳动力上具备优势。双方优势互补，抗风险能力增强，因而能展开合作，取得双赢效果。集团现有原种鸡场4个，祖代鸡场6个，父母代鸡场86个，父母代种鸡存栏1000万套，孵化厂76个，年产雏鸡能力为13亿只。在全国22个省（市、区）建有120多个成员企业，带领5万多合作农户与家庭农场走上养殖致富之路。

1983年，温氏集团前任董事长温北英先生出于对养鸡事业的热爱，创办了勒竹畜牧联营公司（即现在的勒竹鸡场）。以前村民养鸡都是自己买雏鸡、买饲料，鸡养大后运到集市卖，这样做又麻烦，又花时间，成本也高。这时勒竹鸡场采取"场户结合"、"代购代销"的方法，与周边农户合作，从而催生了"公司+农户"模式的雏形，在业界将这种模式称为"温氏模式"。

1986年，温氏集团开始以"公司+农户"的方式组织生产，把肉鸡饲养业务分离出来由养殖户经营。具体做法是：农户提出申请，公司经资格审查后，在计算机系统中建立养殖户的档案；农户凭开户证明交纳定金，作为雏鸡和生产资料的预付资金，每只雏鸡按4元计算；农户按规定的日期到指定的地点领取雏鸡、饲料、药物和技术手册，农户不需预付现金，先以记账的形式登记，待肉鸡销售后统一结算；公司设立禽病诊断室和咨询室，定期向农户提供技术指导和服务；成鸡到上市日期时，公司实行统一收购，农户在肉鸡上市的第二天，即可到账务部结算，肉鸡的上市率、料肉比、上市均重、饲养天数、饲料领用情况和农户应得利润等都由电脑进行统计。即温氏负责饲料的采购和生产，药物、种苗的生产、供应、技术研究和普及，鸡舍建筑的指导，肉鸡饲养管理的指导、疾病诊治的指导、肉鸡质量验收、肉鸡销售等工作，目的是通过为养殖户提供全方位的优质服务，协助养殖户养好鸡；养殖户负责肉鸡饲养全过程的管理，相当于温氏的"生产车间"。从此以后，企业销售收入每年以30%的速度增长。

温氏集团对每一个养殖户每一次领的疫苗及以后所发生的一切事情，首先在电脑上有完整的记录。每一个养殖户，乃至每一群鸡，都有完整的记录。其次，根据鸡群档案对整个生产过程做出相匹配的需求量，对哪一天需要多少饲料，哪一天需要什么疫苗，哪一天有多少只鸡可以上市，都实施有计划的预算管理。最后，利用计算机管控生产过程中的异常情况。比如从计划管理的角度，信息系统可对不同公司、不同品种、不同地域、不同时期的生产技术指标和财务指标进行计算，包括对养殖场一批肉鸡出栏之后的估算等工作，并可为领导提供决策和管理服务。全程跟踪公司和农户的生产经营情况，监控肉鸡的养殖质量。

"公司＋农户"产业模式的背后，是一系列利益机制的建立。利益机制主要表现在与各个利益主体建立一个比较牢固的经济利益共同体，妥善处理和协调各种利益关系。这些利益关系是建立在合同和信誉的基础上的平等市场交易关系。温氏集团巧妙而成功地通过合同和诚信使得经济利益共同体内部得以实现各自的利益最大化。

公司始终坚持建立和完善合理的利益分配机制，与农户（家庭农场）之间缔结成为利益和命运共同体，注重平衡好公司与农户（家庭农场）的利益。温氏始终将农户当做是农业产业化经营的重要成员，视为公司生存与发展的重要基础，公司与农户之间坚持"利益共享，风险共担"的合作原则。公司为农户提供种雏、饲料、动物保健品以及饲养管理、疾病防治等技术服务和产品上市。公司长期坚持为农户提供最新的饲养技术培训，提高了农户的生产技术水平。在利益分配上，公司长期坚持与农户实行"五五分成"的分配原则，保障农户的利益。2013年，集团公司的合作农户和家庭农场全年合计获养殖效益38.07亿元，户均6.92万元，同比分别增长4.1％和3.4％。由于温氏的利益分配机制合理，吸引了越来越多各地的农户加盟，截止到2013年年底，集团共有合作农户与家庭农场5.46万个，其中养鸡业3.6万个，家庭农场约占5％。标准家庭农场户均年出栏量达7.5万只以上，户均收入20余万元。

实践表明，广东温氏集团"公司＋农户"经营模式反映了我国现代肉鸡养殖的一个发展趋势，并在全国各地得到推广，特别是在国家倡导标准化规模养殖的情况下，将会有良好的发展前景。

二、自繁自养模式

这种经营方式是由一个公司独立开展肉鸡养殖的全部生产经营活动，如专业养鸡企业的全程饲养。这些专业养鸡企业一般有自己的饲料生产单位，使用国际知名种鸡公司的种鸡，利用种源优势以降低疾病风险。在此基础上，建设祖代场、父母代场和商品代场，以生产肉鸡。从种鸡、商品鸡、饲料、加工、销售形成一条完整的产业链，甚至包括种鸡选育和商品代肉鸡屠宰加工，独立分享养鸡的利润和承担风险。这类模式在我国肉鸡养殖业中也较普遍，许多大型养鸡企业走的就是这种发展模式。这种经营模式，管理高度集中，优良品种和新技术易于推广应用。

三、专业合作社模式

专业合作社以良种鸡繁育基地为基础，以养鸡专业合作社为纽带，良种鸡繁育基地与养鸡专业户形成固定的合作发展关系。由基地提供良种鸡、雏鸡给养鸡大户养殖，专业合作社负责帮助购买雏鸡、肉鸡销售，既保证了基地雏鸡的销路，又保障了养鸡大户的雏鸡质量和出栏肉鸡的品质。即由养殖户自己盖鸡舍（通常为简易塑料大棚），存栏量 5 000～10 000 只/棚。合作社社长（俗称鸡头）一般是当地的能人，有较好的素质，社会关系或掌握一定的养殖技术，通常赊销雏鸡、饲料、药品给社员，免费技术指导，回收活毛鸡，社长从销售毛鸡的收入中扣除饲料、雏鸡、药品等费用后，将余额发给养殖户。近年来的生产实践证明，这种经营模式除社长可获得满意的经济效益外，养殖户收入稳定、风险较小，是欠发达地区的一种良好的畜牧业发展模式。社长在选择社员时，通常选素质较高、吃苦耐劳、服从领导的农户，部分社长与药厂、饲料厂等供应商签订了合作协议，分担风险（如出栏收益达不到生产成本时，社长、养殖户、供应商三家平分经济损失），也有的社长将治疗费用包给药厂等供应商，出栏低于约定成活率时，药厂与养殖户共同分担损失。

成立养鸡专业合作社，可提高农民从事养鸡生产的组织化程度，带动更多的农户发展养鸡并加入到合作社行列，不断扩大养殖规模，有效地促进养鸡生产的发展。

合作社养殖，关键技术是提高饲料利用率、降低饲料总成本。育成鸡的饲养需要大量饲料，占总成本的 50%～70%。提高饲料利用率，需要从鸡的品种、饲养管理、饲料选择、环境改善等技术方面入手，依靠现代养鸡技术，提高生产水平。对雏鸡健康方面，要与信誉良好的大型种鸡场建立长期合作关系，降低雏鸡健康方面的风险。

随着标准化规模养鸡的发展，小规模的专业户养殖模式会逐渐被标准化规模养殖模式取代，但合作社养殖在今后一定时期内会继续发挥作用。肉鸡养殖大户可自愿加入养鸡协会，协会属于非营利性组织，通常协会内部会做到"三个统一"，即统一肉鸡价格、统一饲料来源、统一防疫治病。

这种协会带领农户养鸡的模式，是以现有一些养殖大户自发成立养殖营销协会，自繁自养，进行标准化饲养，统一标准鸡舍，统一饲料，统一防疫，统一饲养管理，统一销售的全程饲养模式。

[案例 5-2]　　定兴县荣达家禽专业合作社介绍

定兴县荣达家禽专业合作社成立于 2011 年 2 月，由孙清良、孙清柱等 17 人共同发起，截至 2011 年 5 月，合作社共有 176 名社员，联合周边 160 多个肉鸡养殖户共同组成，合作社依托河北农大动物科技学院、定兴县科协的技术支持，服从定兴县农牧局的统一管理，充分利用自身优势，积极发挥服务职能，赢得了肉鸡养殖区广大农户的欢迎。

定兴县荣达家禽专业合作社的做法是：

一、坚持"三优"、"三全"、"五统一"，把服务措施落到实处

养殖业是风险性很大的产业，有句俗话，种活的，卖"死"的，不养张嘴的。稍不留意，就可倾家荡产，农民赚得起，赔不起。在对养殖户的服务上，合作社制定了一整套健全完善的服务体系和服务措施，概括起来就是"三优"、"三全"、"五统一"。"三优"是优质雏鸡、优质饲料、优质药品。雏鸡来源于荣达公司种鸡场美国罗斯"308"父母代种鸡；饲料是山东六和集团生产的六和饲料，是中国名牌；药品是信得、翼农和石家庄新华等国内的知名品牌，性能质量绝对可靠。"三全"是全面服务、全过程跟踪服务、全天候不间断服务。"五统一"是统一供雏鸡，统一供饲料，统一供药品，统一技术指导，统一收购毛鸡。社员一个电话，合作社做好记录，雏鸡、饲料、药品，相续送到。遇有疾病等情况，技术人员不分昼夜，随叫随到。40 天后，再打一个电话，与合作社合作的荣达公司就上门回收毛鸡，接下来就是合作社与社员兑现现金。社员除取得养殖收益外，年底根据收益还可以分红获利。

二、加强服务，争创社会效益，千方百计想办法筹集资金

为了加快肉鸡养殖的步伐，合作社决定帮助一些缺乏生产资金的农民走上养殖致富的道路。2011 年，合作社为社员养殖投入垫付种苗、饲料等款 38 万多元，同时，合作社十分重视提高养殖户的养殖技术，每年组织培训 2 次以上，参加学习的人员达 300 人次以上。组织部分养殖户外出参观学习 2 次以上，参加人员达到 120 人次以上。并出资聘请河北荣达畜禽有限公司畜牧兽医师台木俭长期担任技术顾问，聘请河北农业大学毕业的王立令担任技术员，与合作社管理人员深入到户，上门搞好技术服务。从场地消毒进雏到销售整个生产过程，合作社的技术人员、管理人员都要入户检查指导，把每项措施落实到位。对新的养殖户，合作社工作人员做到了同吃、同住、同劳动，手把手地引导他们走向养殖成功的道路。着力改变社员的经营意识，提高市场经营理念，为社员提供宏观养殖信息，引导

生产适销对路的肉鸡产品，解决好小生产与大市场的对接，使广大社员共同面对市场，抵御市场风险，将产品做到人无我有，人有我优。固城镇南合庄村的李连开夫妇，年初开始养鸡，养殖肉鸡18 000羽，由于工作人员的精心指导，第一批鸡纯收入达54 000多元。这与合作社"科学养殖，支农为荣"的经营宗旨以及工作人员辛勤的工作分不开，终极目的就是使广大社员增收致富奔小康。

三、为优化定兴县农业产业结构，促进农民增收起到示范带动效应

合作社成立之初，社长向定兴县委、县政府及相关部门提出"打造定兴肉鸡县、铺就农民致富黄金路"的战略构想，县委、县政府高度重视和支持，先后组织乡镇村领导到山东参观考察，协调运作养殖小区的规模化建设，从资金、打井、办电、修路等方面给予大力扶持。合作社率先带头，决定建设8栋示范养殖场，按照标准化、规模化、现代化标准建设，实行无公害标准化的技术养殖，给社员及当地农民起到示范带动作用。

四、合作社自成立以来，始终坚持"做安全食品，为百姓健康"的经营宗旨

做良心企业，从不掺杂使假，不添加任何违禁药物和添加剂，让消费者满意、放心，与其他公司合力打造知名品牌，不断扩大营销区域，使定兴县的肉鸡产品越来越受到广大消费者的青睐，提高了定兴县肉鸡养殖产品的市场知名度和美誉度。

五、财务制度，公开透明

该社实行独立的财务管理和会计核算。严格按照国家财政和会计制度核定生产经营和管理服务。合作社监视会负责该社的日常财务审查监督，根据成员大会的决定，委托有资质的审计机构对该社进行年度审计，定期公布财务收支情况，做到财务公开透明。

肉鸡养殖模式除了以上3种为主以外，还有其他模式，如养殖小区、个体散养模式（即一些有经验的老养殖户采用自负盈亏的个体散养模式）。鸡舍建设为砖瓦、玻璃钢海绵板、塑料大棚等。有些地区，几家鸡棚在一起形成一个养殖小区。养殖户根据市场行情自行决定是否进雏鸡，自行选择雏鸡、饲料、药品进货渠道。受当前经济全球化竞争、体验经济发展和消费者食品安全意识加强的深刻影响，各种肉鸡养殖模式的共同发展趋势是标准化、规范化、产业化、规模化。专业户养殖模式和散养模式在农村经济不发达地区和偏远地区是普遍存在的，而且在短期内不会完全消失。

第二节　如何选择适合自身需要的
肉鸡养殖模式

合同生产模式、自繁自养模式和专业合作社模式不是截然分开的，在一个繁育体系中，往往包含以上3种养鸡模式。

其中，以公司自己建立生产种鸡和商品鸡的繁育体系，商品代肉鸡出雏后采用"公司＋农户"模式饲养，然后回收育成鸡，是全国比较普遍的模式。商品代肉鸡实施"公司＋农户"饲养模式，几乎被国内各大养殖公司采用，但是由于鸡棚建设质量低下，养殖户数量众多且公司技术服务难以及时到位，农户养殖水平差距大等原因，此类经营模式疾病控制水平较低，公司和农户养殖效益时高时低。这种模式对养殖户经济实力和文化程度要求不高，只需要有一定资金、土地和劳力，能按照公司饲养管理要求进行肉鸡饲养即可。

另一种主要模式是合作社养殖，适合于广大小规模养殖户，这些养殖户有较大的资金实力，有很丰富的养殖经验，有的养殖户为了争取国家的优惠政策和打开产品的销路，也选择成立养鸡合作社。这种经营模式解决了新加盟养殖户的资金、进出货渠道和养殖技术问题。缺点是，养殖风险较大，其中包括疾病对养殖户和社长的风险以及养殖户私自卖鸡对社长的风险。

养殖小区、个体散养模式的优点是，解决了农村剩余劳力和富余资金问题，如果时机选择恰当，可以获得不菲的利润。缺点是，虽然养殖户有一定的养殖经验，但是真正能全面掌握现代化养殖理论和技术的并不多，因此在发生重大疫病时，无法应付。有些养殖户在鸡群遭受重大损失后，退出了养殖行业，因此从事这种经营模式的养殖户逐渐减少了；但是有些水平高的养殖户也盖起了现代化养殖鸡舍，养殖规模反而扩大了。所以选择适合自身的养鸡模式，充分利用各自的优势，最大程度地保证利润是很重要的。

一般情况下，农户应根据自己的资金实力、养鸡经验、土地和劳动力情况选择适合自己的肉鸡养殖模式。对于资金欠缺或经验不足者，可以与大型公司合作，实行"公司＋农户"的模式。这种模式可以利用自己已有的鸡舍养鸡；不过也有一些公司要求用标准化鸡舍养殖，标准化鸡舍需要投资，这些公司有的能提供担保贷款，有的则要求农户自己投资建标准化鸡舍，这时需要与该公司合作一段时间才能收回成本。对于想发展个体养鸡的农户来说，可以从小规模养殖开始，采用自繁自养的形式逐渐扩大。

第三节　现代肉鸡养殖的基本管理制度

一、程序制定

首先，要制定一个科学、合理的清理、冲洗及消毒程序。制定该程序时，一定要因地制宜，既全面、细致，又要考虑重点；既考虑集中性工作，又要考虑交叉性工作；既要考虑设备特点，又要考虑人员特点；尽可能减少重复性劳动，尽量避免交叉感染，最大限度减少设备的损坏和丢失。

其次，所有参与鸡场清理、冲洗及消毒工作的人员都要认真学习该程序，且严格按照该程序去工作，并在工作中不断修正和完善该程序。制订详细的人员进出场管理制度、车辆进出场管理制度、物料进出场管理制度、病死鸡无害化处理制度、清洗消毒制度、检疫制度、引种申请制度、疫病申报制度等，并严格执行这些制度，违反规定者需严厉处罚。

鸡舍周围应设立围墙，防止外来野生动物和老鼠进入，有硬化的水泥路面，便于消毒处理。鸡舍内的通风系统、喂料系统、饮水系统、光照系统、报警系统实行自动化控制，以减少人为失误。同时建立人员消毒更衣房间、便于车辆和物品消毒处理的房屋、专门的解剖室和兽医室，并配备专门的死鸡处理设备。场区内建有备用的发电机和水井，并有良好的报警系统，如果有停电和停水的事件发生时能够及时处理，不会影响生产的正常进行。配备夏季使用的降温设施和冬季使用的加热设施。密闭式或开放式的鸡舍都要求鸡舍的墙壁和屋顶能够具有保温功能。

二、全进全出制度

全进全出是现代养鸡生产普遍使用的饲养管理手段，也是鸡场设计的基本原则。

肉鸡的养殖应该采取全进全出制，即每栋鸡舍的全部鸡都要在同一天从同一鸡场购进同一批雏鸡，养成后在同一时期内出栏。销售后，彻底清除垫料、粪便等污物，冲洗后再做消毒处理。空舍1～2周，然后再开始下一批鸡的饲养，以杜绝各种疾病的循环传播。饲养者可根据鸡舍、设备、人员、雏鸡来源等情况，制订全年养鸡的批量生产计划，确定养鸡数量、休整时间和消毒日程表。由于不同日龄鸡对疾病的易感性不同，携带的病原也不一样，如果不同日龄鸡群混养或共存同一鸡舍，极易造成疾病的传播。同一批鸡出栏后，对鸡场的清理、冲洗及消毒工作是一项复杂的系统工程。这项工作完成的质量好坏，直接关系到下一批鸡饲养的成功与否，因此，凡是负责此项工作的所有人员都应全力以赴，做到高效、安全、彻底、科学。

三、按批次生产

按批次生产是把一群鸡作为一个整体去处理，全进全出技术为此创造了条件。基础母鸡群通过人工授精技术可进行批量处理，并通过数据信息的及时收集处理来指导生产，对生产力低的母鸡进行及时淘汰，建立高效生产母鸡群，为养鸡的高效生产打下基础。同时，把每一阶段孵出的雏鸡看作一个处理单位，同时育雏、育成、出栏及进行疫苗注射等。批次生产模式的实施，还能保证全进全出生产管理体制的落实，从而充分提高全场生产效率。该模式的最大优点就是能保证一个大的鸡群来源于同一批次，即一个大型的鸡场分为育雏区和育成区甚至产蛋区（肉种鸡场），其中每个区均有数栋鸡舍，分别对应育雏舍、育成舍和产蛋舍。建场之初，根据饲养的类型（肉种鸡还是商品代肉鸡），品种（快大型、中速型还是慢速型），合理规划鸡舍的布局与数量。以一个较大型的饲养中速型品种的肉种鸡场为例：育雏舍8栋，每栋饲养量8 000只；育成舍11栋，每栋饲养量7 000只；产蛋鸡舍12栋，每栋饲养量5 340只。若满负荷运行，该场可保证年供雏600万套。一栋鸡舍只饲养一批鸡，育雏结束转育成，育成结束，出栏或转产蛋。对于每栋鸡舍而言，实行的是全进全出。对于整个鸡场而言，其实是全年各个阶段的鸡群都有，这样既能做到防疫卫生，又能保证鸡舍的高效利用。

第四节　饲养管理

一、种鸡饲养管理

（一）育雏期饲养管理

1. 育雏前的准备

（1）育雏舍准备　空舍时间越长越好，一般要求空舍时间不低于7天。空置鸡舍的准备工作要充分，做到"一清，二洗，三修，四消毒"。

一清：即先将料槽、料桶、饮水器、鸡粪盘等用具移至舍外，再将鸡舍地面鸡粪清理干净。

二洗：即清洗水线系统，鸡粪盘先用水浸泡，对鸡笼、鸡舍内外和用具等使用高压冲洗机清洗干净，冲洗育雏天花板时注意调节水压为雾状；按先内后外的顺序，从一端到另一端，从上到下，逐一进行。

三修：即检修饮水系统、光照系统、保温系统、控温系统等。

四消毒：第一次消毒使用 2％火碱对鸡舍地面、墙壁和鸡舍周围、道路等进行消毒。第二次消毒采用季铵盐类消毒剂来喷雾消毒，调节好喷枪，雾滴要细。第三次消毒要封闭鸡舍，用 40％甲醛溶液密闭熏蒸消毒 3 天以上，进鸡前 2～3 天打开所有门窗通风。

（2）育雏舍和育雏器具准备　设计育雏舍要注意安全、实用。雏鸡的抗应激能力较弱，体温调节能力差，在冬春季节要特别强调育雏舍的保温性能。保温的同时要兼顾合理通风，保持空气清新。资金雄厚的大型鸡场可以考虑建全封闭式育雏舍，采用先进的育雏设备，实现自动化管理。当室温低于阀值时，加热系统进行自动加热。育雏器具主要包括喂料器和饮水器。育雏舍中喂料器和饮水器的数量取决于鸡群的饲养密度。喂料器的结构要合理，最好便于组装和拆卸，要保证不同日龄的雏鸡都能够自由进食的同时，减少饲料的浪费。饮水器要每天进行清洗，水要每天更换，确保水源洁净。

（3）物资准备　在雏鸡进入育雏舍前，要准备好育雏物资。做好饲料、疫苗、常规药物、灯泡、记录表格、消毒设施的准备。冬季应该准备好充足的煤炭或其他保温设施。

（4）供暖准备　进雏前鸡舍应预温，冬、春季预温时间不少于 24 小时。通常为进雏前 1～3 天，视季节情况，启动鸡舍升温设施，将育雏器内温度升至 32℃左右。

2. 进雏　对雏鸡进行点数后放入育雏器，注意轻抓轻放。

3. 雏鸡的饲养

（1）饮水　进雏后，立即放入准备好的饮水器，先让雏鸡饮水 2～3 小时，饮水器每 50 只雏鸡 1 个。建议在前 3 天饮水中添加葡萄糖、普通白糖、开食补盐、维生素 C，以使雏鸡减缓运输应激，防止脱水及促进卵黄吸收。饮水温度以 15℃左右为宜。饮水器供水 5～10 天后，再使用流水线供水。饮水不能断。

（2）饲喂　雏鸡经过 2～3 小时充分饮水之后，开始投喂饲料。一开始，用小料桶饲喂雏鸡，小料桶每 50 只雏鸡 1 个。饲料要保持新鲜，第一周饲料中可添加各种维生素，少喂多餐，初次给饲注意敲盘调教。料桶喂料 5～10 天后，再使用料槽喂料。1～3周龄自由采食，4～8周龄每天适当限饲。鸡群进行免疫时，及时添加维生素或抗生素。

4. 雏鸡的管理

（1）温度　温度是育雏的关键，育雏舍第一周温度保持33℃～35℃，以后根据季节天气情况，每周降温3℃，直至25℃左右，第四周至第五周脱温。温度要相对稳定，给温应根据雏鸡的生理特点和表现来确定。每组育雏笼挂1个温度计，经常观察气温变化，结合"看鸡施温"的方法，调节育雏温度，并防止昼夜温度波幅过大。

（2）湿度　在育雏前期温度高达30℃以上时，空气相对湿度达75%为宜，以防雏鸡脱水，以后每周降低湿度3%～5%直至50%。

（3）通风　育雏舍要保持空气新鲜，减少空气中有害气体的浓度。雏鸡3～5日龄后，在保证温度适宜的基础上考虑适当通风，舍内空气一般以人进入鸡舍感觉到舒适为宜。育雏中后期注意处理好通风与温度的关系，以降低呼吸道等疾病的发生。

（4）密度　根据育雏方式、季节、品种大小而定。比如土鸡雏鸡的体型小、长速慢，夏季笼养时1～14日龄的饲养密度以每平方米30～35只为宜。日龄增大，饲养密度可以适当降低；冬、春季节时，饲养密度应适当增加以利保温。

（5）光照　1～10日龄24小时光照，使用40～60瓦白炽灯泡，光照强度由低至高逐渐过渡，第十天后采用自然光照。

（6）断喙与修喙　断喙、修喙是为了防止饲料浪费和鸡只相互啄伤。断喙要求上喙剪去1/2，下喙剪去1/3。建议断喙时间在6～8日龄。断喙前后2天使用维生素K_3等抗应激药物。断喙适宜在早上进行，修喙在6～8周龄进行。

（7）舍内环境卫生消毒　每天早上喂料前更换洗手、踏脚消毒水；早上喂完料和晚上下班前清扫地面并消毒1次（环境湿度大时不用地面消毒），并对鸡舍门口和道路消毒。10日龄以上鸡群每天中午带鸡喷雾消毒1次，但在活苗免疫当天和鸡群发生呼吸道症状时停止带鸡消毒。

（8）清鸡粪　每3～5天根据鸡舍氨气味情况清粪1次。

（9）经常观察鸡群健康状况　包括精神状态、采食速度、粪便、死淘情况等，发现病鸡、糊肛鸡，立即淘汰。

（10）抽称　每周末在不同的仓和层数随机抽称公、母鸡体重。

（11）均匀度　在断喙和免疫接种时及时挑出弱小鸡淘汰。

（二）育成期饲养管理

1. 育成期的饲养

（1）饮水　每天检查饮水系统，避免断水现象发生。保持饮水系统干净卫生，做好清洗消毒工作。每周清洗饮水系统和过滤器1～2次。

（2）调整鸡群喂料量　根据抽称数据计算平均体重，如果鸡群平均体重在标准体重±2.5%以内，按标准料量确定中鸡料量。体重高于均值的鸡（大鸡）比平均体重的鸡（中鸡）喂料量降低2克，相反，体重小的鸡要提高2克，小鸡吃料慢时可以与中鸡料量一致。若鸡群平均体重比标准体重大2.5%时，下周料量可以暂时保持1周不变；若鸡群平均体重比标准体重小2.5%时，下周料量可以根据鸡群吃料速度比标准料量多2克，直至鸡群平均体重达标为止。

（3）喂料与匀料　每栋鸡舍每天喂料前，注意核对来料和库存饲料数量，将每天要喂的饲料总量与其他饲料分开；经常核对报表饲料数与实际存料数是否符合。喂料按照订料单进行饲喂，减少饲料浪费。保证料槽饲料均匀。大、中、小鸡中同类鸡吃料时间要基本一致。

2. 育成期的管理

（1）转入鸡群后初选　淘汰不符合留种、鉴别错误和体型弱小鸡。

（2）全群称重　重点做好育成鸡5～11周龄体重和骨架均匀度管理。第一次称重在5～7周龄，先挑出骨架小或体重小的鸡只，挑出的小鸡和称出的特小鸡立即淘汰。第二次称重在11～13周龄。

（3）保持性成熟一致性　早熟品种在12周龄左右，在不打乱大、中、小鸡顺序的前提下进行性成熟分群，喂料量仍然按原有大、中、小鸡料量饲喂。

（4）周末抽称体重　每周末按比例取鸡舍每仓鸡笼前、中、后3个点抽称1次。固定好抽称位置，大、中、小鸡的抽称比例要一样。固定抽称时间，一般安排在下午进行。

（5）温度与通风　育成鸡适宜温度为16℃～25℃。每栋育成舍挂1个温度计，经常观察气温变化。发现有鸡张口呼吸时立即采取降温措施，当鸡舍温度低于16℃时采取保温措施。保持鸡舍内空气新鲜，空气混浊时以通风为主。

（6）密度　每笼饲养4～6只母鸡，公鸡笼每笼饲养2～3只。

（7）光照　采用自然光照。

（8）清鸡粪　每3～4天根据鸡舍氨气味情况清粪1次。

（9）经常观察鸡群的健康状况　包括精神状态、采食速度、粪便和死淘情况等；发现病鸡，立即淘汰。

3. 育成期的重点技术

（1）限料技术　根据限饲标准进行订料和喂料，控制鸡群吃料时间在 2～3 小时。吃料过快时考虑使用更为严格的限饲方式；吃料过慢时采用每天限料。一般采用"五二"喂法为主，即每周饲喂 5 天，停料 2 天，停料日不能连续进行，自由饮水。可灵活运用多种限饲方式，以获得相对稳定的增重。为了达到限饲目的，应注意以下问题：①限饲要与限水和光照管理相结合。②正确断喙，限饲引起饥饿现象，易诱发啄羽、啄肛等异嗜癖。③限饲时，应注意鸡群健康，在有患病、接种疫苗、转群、转料等应激时要酌情增加料量或临时恢复自由采食，并增加应激药物。④分群饲养，在限饲前要全群称重，并按体重大、中、小分群饲养。在饲养过程中及时对大小个体调整，对体重小和弱的鸡抓出单独饲养，减轻限饲程度或适当增加营养。

（2）饲喂量的调整　实际喂料量必须由每周鸡的平均体重来决定，同时考虑环境气温、营养水平、病史（特别是球虫和肠炎）以及健康状况、接种疫苗、转群等应激因素。注意，如果鸡只超重是 16 周龄以后，就不要根据体重来调整喂料量，而是按既定的每周料量升幅饲喂，否则鸡群将不能正常达到性成熟。

（3）提高采食均匀度的措施　①保证每只鸡同时采食是提高均匀度最关键的措施。②准确定料，抽样称重必须有代表性，必须在每周同一时间、空腹随机抽称 5%～10%。③正确断喙，必要时要修喙，以防啄癖。④合理喂料，育成鸡要在每天早晨一次性快速送完饲料，笼养鸡必须多次匀料。⑤及时分群，经常挑鸡。⑥减缓应激。

（三）产蛋期饲养管理

1. 开产期饲养管理

（1）控制体重和光照　控制体重和光照管理是控制开产期的关键因素，控制体重能明显地推迟性成熟，光照刺激可使开产提早。一般认为，秋季因自然光照渐减，体重控制应宽些，同时及时补充光照，以适当提早开产。

（2）加强开产初期卫生防疫管理　肉种鸡在开产初期，由于准备开产而体质较弱，免疫功能也较薄弱，较易感染胃肠疾病，适当添加抗应激药物、多种维生素和抗生素，同时保证鸡群有一个舒适、安定的环境。

（3）科学地增加开产饲料　遵循"先加料，后升蛋"的原则，保证种鸡的维持、增重及产蛋需要，根据产蛋率升幅、种鸡平均体重、饲料营养水平、产蛋率现状等因素决定料量。实践表明，如育成质量好的鸡群，从见第一枚蛋到产蛋高峰阶段，不担心过量饲喂。

（4）产蛋高峰后科学减料　以蛋重、蛋形指数、吃完料时间作为喂料量是否恰当的标准。全程减料量为高峰料量的 $15\%\sim18\%$，以 44 周龄为界限，前期比后期减料缓慢些，55 周龄以后，采取恒量饲料。切记，减料前提要考虑到各种应激因素，否则将会导致产蛋率的迅速下降。另外，产蛋期种鸡体重不能减少。

2. 预产期饲养管理

（1）体重控制　公、母鸡在周末均要抽称，并确保抽称准确性。开产前在下午抽称。16 周后鸡群体重超标时，按实际周增重幅度来决定饲养方案，确保鸡群按时开产。

（2）性成熟控制　16 周龄后以性成熟控制为主，评估能够按时开产的，按照标准料量继续饲喂；早熟或晚熟鸡群需要重新制定开产计划，开产料量控制在高峰料量的 $75\%\sim78\%$。

（3）性成熟分群　预产期的鸡群在订料前需要分群。对于迟熟品种，在 $16\sim18$ 周龄可以不打乱大中小鸡顺序，在各自内部进行分群即可，在 19 周龄左右可以完全打乱大中小鸡顺序进行性成熟挑选；对于早熟品种可以在 17 周龄左右完全打乱大中小鸡顺序进行性成熟挑选。完全打乱大中小鸡顺序时将鸡冠低、冠白或冠高但薄且倒冠的鸡只放在光照充足的鸡舍两边，适当补充维生素；早熟鸡只放在光照较暗的鸡舍中间或鸡笼底层。集中分群后 $1\sim2$ 周，可根据鸡群性成熟发育情况进行小范围调整。

（4）订料　分群后订料方法以中冠或中熟鸡为准，早熟鸡少 2 克，迟熟鸡根据食欲情况适当加料，每次加料不超过 5 克。

（5）转料　开产前 5 周过渡预产料，产蛋率达到 $2\%\sim5\%$ 时过渡种鸡料。过渡期不少于 5 天，并使用中草药拌料。

（6）挑选鸡只　开产前按要求对公、母鸡进行挑选。

3. 产蛋期管理

（1）体重控制　公、母鸡在周末均要抽称，并确保抽称准确性。开产后在早上喂料前抽称 $2\%\sim3\%$，开产至高峰每 2 周称 1 次，高峰后每 4 周称 1 次。抽称时取鸡舍每仓鸡笼前、中、后 3 个点进行，固定抽称位置，高、中、低冠鸡的抽称比例一致。

（2）订料　①产蛋率 5% 至产蛋高峰期间订料方法：地方鸡种 60% 加到高峰料量，其他鸡种 70% 加到高峰料量。要求高峰料量采食到下午 17 时左右，否则可能偏低。先得到开产料量与高峰料量差，每 5% 或 10% 产蛋率加料 1 次，每次加料 $3\sim5$ 克，每次加料至少保持 3 天。②高峰后减料方法：高峰料要求吃到下午 17 时左右即可，产蛋率 $5\sim7$ 天不再上升即可减料 $2\sim3$ 克，之后按标准减料即可。

（3）人工授精

①公鸡训练和精液检测　正式授精前2周左右开始对公鸡进行剪毛和采精训练，隔天1次或固定采精周期，在公鸡使用前和第五产蛋周镜检检测1次。产蛋高峰后，根据抽测受精率情况每1～2个月检测1次公鸡精液，受精率好时可以不用镜检，但要结合眼观淘汰精神不好或差的公鸡。

②公鸡护理工作　保持肛门周围2厘米范围干净整洁，无片羽。每5天左右使用复合维生素和ADE乳油拌料1次；尿酸盐过多时使用肾肿解毒药拌料1次；有消化不良或绿便等情况使用中草药拌料；不提倡对公鸡采用注射抗生素保健的方法。公鸡分两餐喂料，上午吃料到11时空槽，下午做完授精后喂料。

③授精周期　采用5～6天一个循环输精周期，每天输精母鸡数控制在800～1 200只。

④采精　授精器具用清水冲刷干净，置于烘干箱中100℃以上高温烘烤3个小时左右；经常检查器具，不得有白色污迹。采精在下午15时后进行，公鸡背部要平，在公鸡性兴奋的情况下挤压公鸡交配器1～2次即可。集精时对于气泡和异物采用滴管吸的方法弃掉，禁用吹打的方法。冬季时，聚精杯外可以包一层脱脂棉花，用来保持精液的温度。

⑤翻肛　翻肛人员要捉住母鸡鸡腿根部，尽量靠近腹部。鸡的姿势要尽量舒展，调节鸡体稍向右倾斜，母鸡尾羽尽量处于垂直方向；翻出的阴道与泄殖腔口呈同心圆，阴道口位于正中间，阴道壁稍高于泄殖腔口即可；翻肛操作中，对母鸡腹部施加压力时，要着力于腹部左侧。

⑥输精　输精深度在2厘米左右，没过输精管中精液的高度即可，开产时可以浅输，后期转为深输。输精量高峰期间为0.025～0.03毫升原精液，25产蛋周龄或受精率水平不理想时为0.04毫升。吸取精液时从精液斜面最顶端吸取精液，输精器具前端严禁有空气柱形成。检查实际输精鸡数。

⑦翻肛与输精的配合　输精器具插入阴道口，翻肛人员要马上停止施加腹压来协助输精人员输入精液，输精人员也要眼疾手快地在腹压消失的瞬间将精液全部输入，当输精器具拔出后，翻肛人员要帮助泄殖腔口合并，接着松开鸡腿，使母鸡自然返回笼内；松手后不能及时回到笼内的母鸡，要轻捧着母鸡的左右两侧送鸡回笼。输精人员站在翻肛人员的右边完成输精。

⑧输精时间　从采精到输完精液的时间要控制在25分钟之内。

⑨补输工作　对于在输精过程中输精失败的母鸡立即补输；对有蛋的母鸡做好标记，当日下班前重新输精。

⑩防止交叉感染　每输精1次后的器具都要用脱脂消毒棉花擦一下；对于翻肛的母鸡有排便现象时，要用脱脂棉擦拭干净，严禁翻肛人员用手抹干净。

（4）捡蛋　捡蛋时应分 A 级和 B 级蛋，孵化厂对于 A 级蛋每月不定期全检，对于 B 级蛋进行每日全检。对于种蛋蛋壳质量较好但分不清大小头的种蛋可以放在 B 级蛋中，由孵化厂通过照蛋方式分清。

存蛋时间在 7 天（含 7 天）以内的种蛋要求大头向上放置在蛋筛或蛋托中。存蛋时间在 7 天以上的种蛋要求种蛋小头向上。

对于合格种蛋，但蛋壳表面粘有小范围鸡粪或血丝的待孵蛋，用小刀刮掉即可。杜绝鸡毛粘在种蛋上面进入孵化厂。

（5）其他饲养管理

①喂料与匀料　每栋鸡舍每天喂料前，核对来料和库存饲料数量，将每天要喂的饲料总量与其他饲料分开；经常核对报表饲料数与实际存料数是否符合。喂料按订料单标准进行饲喂，注意减少饲料浪费问题。匀料工作要保证料槽饲料均匀。要求高中低冠或迟早熟鸡同类鸡吃料时间要基本一致。

②饮水　每天检查饮水系统。保持饮水系统干净卫生，做好清洗消毒工作。每 10 天冲洗 1 次水线，每周拆洗 1 次过滤器，根据饮水箱卫生状况清洗饮水箱，每饮完 1 次药物（特别是维生素）后洗净加药桶。

③温度和通风　温度：每栋产蛋舍悬挂一个温度计，经常观察气温变化，当温度达到 25℃以上时开风扇或纵向通风；当鸡舍温度低于 16℃时采取保温措施。通风：保持鸡舍空气新鲜，减少空气中有害气体的浓度。空气混浊时以通风为主。

④光照　顺季鸡群在 20 周龄补光至 14 个小时，逆季鸡群在 19 周龄补光至 13 个小时，之后每周增加 0.5 小时或每 2 周加 1 小时，至 16 小时保持光照强度为 10 勒以上。对于开产易于脱肛的品种，在产蛋率 50％时将光照长度加到 16 小时。经常检查照明设备是否正常及其清洁状况，每天下午下班前检查定时钟，确保开关指示在"自动"位置。

二、商品鸡饲养管理

（一）育雏期饲养管理

1. 育雏前的准备

第一，制定育雏计划，包括品种、数量、时间以及饲料、疫苗、药品、器具和免疫程序等。

第二，为确保鸡群的健康和按时入舍，每批鸡应做到全进全出。对上批饲养的鸡舍，场地及其一切用具设备，必须有步骤地按一定程序进行严格的消毒处理。具体流程为：清除剩料→搬出器具清洗→清除垫料→清洗鸡舍→消毒鸡舍。

第三，育雏前1周做好用具的维修保养、消毒设施的准备，切实做到饲养管理设施完全就绪。

第四，安装好消毒过的器具。

第五，进雏前1小时舍内升温到32℃～35℃。并试温观察育雏舍的升温与温度维持情况，以确保雏鸡进舍时有适当温度。

第六，接雏前2天放入垫料。垫料品种的选择取决于来源是否方便。最常用的垫料有刨花、锯末、甘蔗渣及谷壳、稻草、麦秸等。无论选择何种垫料，必须新鲜干燥、吸湿性能好，避免使用陈腐或发霉的垫料，以防食入黄曲霉菌而导致育雏期肺炎。

第七，备好育雏期饲料、药物、疫苗及有关登记表格（包括记录有关死亡率、饲料转化率、鸡舍日常温度和接种情况等表格）。

第八，饲料的准备，落实好进料来源，在进雏前2天，要进好饲料。

2. 进雏

第一，在雏鸡到达前，再检查一次育雏舍所需的设备如饮水器、喂料器、垫料、保温设施等是否准备就绪，不足的补足。

第二，运回雏鸡后，尽快放到水源和热源处，并立即饮0.01%～0.02%高锰酸钾水（水呈浅红色即可），用以清洁雏鸡肠胃，促进卵黄吸收。一般情况，喂水2～3小时后再喂料。天冷时，饲料盘和饮水器应放近热源处。

第三，将所有的雏鸡箱移出育雏舍处理。

第四，进雏后做好各种记录，包括死亡率、喂料量、日常温度、用药情况、疫苗接种等。

3. 雏鸡的饲养

（1）**饮水**　饮水总的要求是：不限量，不间断，清洁卫生。

雏鸡到达时，每1000只1日龄雏鸡应该有15个4升的饮水器，内注足够新鲜且清洁的水，把饮水器适当放置在靠近热源的地方，并在饮水器下垫木板，以防垫料落入水中。饮水器在换水时应洗刷干净，以保持饮水清洁卫生。7天后，逐渐把饮水器移向自动饮水器旁，10天后，饮水器应逐渐地每天撤除几个，使雏鸡逐渐适应自动饮水器直至完全适应自动饮水器。自动饮水器的高度一般应保持在鸡背和眼之间的高度，这样有利于垫料管理和防止耗料太多。鸡的饮水量与气温有关，一般为喂料量的2～3倍。

（2）**喂料**　当雏鸡出壳后20小时左右，约有20%的雏鸡有觅食动态，即可开始喂食。开始时投入料不宜太多，放料后，用手击打喂料托（可用塑料布或硬质纸），引雏鸡采食。采用勤添少喂法，通常10日龄内，每日喂6～8次，以后每日喂 4～6 次。1～5 日龄可用洗净经消毒的塑料布（不宜用红色）喂料，6 日龄后开始逐渐过渡到料槽喂料，每次添加饲料只占槽深的 1/3～1/2，以防撒料。

4. 雏鸡的管理

（1）温度　育雏温度一般应随季节、早晚时间、品种、数量、日龄和育雏器种类不同而异，总的要求是雏鸡感到舒适。前 3 天，育雏温度一般为 33℃～35℃，4～7 日龄时可降至 32℃～34℃，以后每周降低 2℃～3℃，直至育雏器温与舍温相同时停止供温，但舍温应保持在 20℃左右，不宜再下降。局部供热的应比全舍供热的高 1℃～2℃，冬季育雏比夏季育雏温度稍高。温度是否适宜主要观察雏鸡的动态，如雏鸡活泼欢快，饮水适度，均匀地分布在热源周围，表示温度适宜；如雏鸡远离热源，呼吸加快，频频喝水，两翅张开下垂，表示温度过高；如雏鸡靠近热源，拥挤扎堆，不愿采食、饮水和运动，发出"唧唧"叫声，表示温度过低。饲养员应经常观察鸡群，根据雏鸡的动态来调整育雏温度。如雏鸡偏向一侧扎堆，表示有贼风。

（2）湿度　舍内空气过于潮湿或干燥，对雏鸡生长不利。湿度一般以相对湿度 60% 为宜。育雏初期湿度宜大些，后期宜小些。一般 1～7 日龄保持 60%～65% 较好，以后宜保持在 55%～60%。南方湿度大，要特别注意防潮。用火炕育雏和冬季用煤炉供温时，要注意防止干燥，最好在煤炉上放一水壶，以增加空气湿度。鸡舍湿度太低可能造成尘埃过多，而空气中含尘量过高可能会导致气囊病变。

在生产实践中，防止鸡舍内湿度过高的方法：一是鸡舍建在干燥的地方，坐北朝南；二是鸡舍的跨度不宜过大；三是加强通风换气，使水蒸气排出舍外；四是尽量减少饮水器漏水，及时清除粪便，减少水分蒸发；五是使用刨花、锯末、垫草等吸湿性能好的垫料。

（3）通风　要正确处理好通风换气与保温的关系。鸡舍通风换气有多种功用，它能给鸡只提供足够的氧气，排走二氧化碳和其他有害气体，控制鸡舍湿度，调节鸡舍温度并有助于控制疾病。

（4）光照　适宜的光照程序能保证雏鸡采食和饮水充足，促进生长发育。目前，多数肉鸡场在 1～7 日龄时采用 23 小时光照、1 小时黑暗的光照程序，以防止鸡只在突然停电时受到惊吓，堆缩在一起，造成窒息死亡。光照强度为 40 勒，即白炽灯每平方米 3.2 瓦，有助于雏鸡开始进食饮水和熟悉周边环境。在以后的日龄里，光照时间为每天 24 小时，光照强度为 20 勒。灯泡应经常擦拭，因为脏灯泡影响光照强度。

（5）密度与饮食位置　在肉鸡整个饲养过程中，应根据实际情况，适当调整饲养密度和料位、水位面积，以适应肉鸡的正常生长发育。

（二）育成期饲养管理

1. 育成期的饲养

（1）调整饲料营养　根据不同时期肉鸡的营养需要特点，通常分为三阶段或二阶段日粮配合。不同阶段饲料的更换要有一个过渡期。每次换料时，要逐步进行，切忌突然换料，以使鸡只逐步适应。如雏鸡料即将喂完，需要使用大鸡料时，第一天在雏鸡料内加入 1/3 的大鸡料，混合后连喂 2 天，第三天、第四天用 2/3 的大鸡料与 1/3 的雏鸡料混合饲喂，第五天全部使用大鸡料。

（2）尽量采用颗粒料　适用于该阶段的饲料可采用颗粒饲料，一直喂到结束。鸡喜欢啄食粒料，这样既可保证营养全面，又能促进鸡多采食，减少饲料浪费，缩短采食时间，有利于催肥，提高饲料转化率。

（3）增加采食量　实行自由采食，这样才能保持较大采食量，增加肉鸡的营养摄入量，达到最快的生长速度，提高饲料转化率。增加采食量的方法主要有以下 3 点：

第一，增加饲喂次数。饲喂粉料每昼夜不少于 6 次，喂颗粒料不少于 4 次，这样可以刺激食欲。

第二，提供充足的采食位置。料槽和料桶的数量要充足且分布均匀。高温季节可将喂料改在凌晨或夜间进行，并供给足量的清凉饮水，粉料可用凉水拌喂。若采食量下降过多，则可适当提高饲粮的营养水平，以满足机体的营养需要。

第三，供给充足、卫生的饮水。通常肉鸡的饮水量是采食量的 2 倍，一般以自由饮水 24 小时不断水为宜。为使所有鸡只都能充分饮水，饮水器的数量要充足且分布均匀，不可把饮水器放在角落，要使鸡只在 1～2 米的活动范围内便能饮到水。每天加水时，应先将饮水器彻底清洗。对饮水器消毒时，可定期加入 0.01% 百毒杀溶液。这样既可杀死致病微生物，又可改善水质，增加鸡只健康。但鸡只在饮水免疫时，前后 3 天禁止在饮水中加消毒剂。

2. 育成期的管理

（1）经常观察鸡群健康情况　要严格执行卫生防疫制度和操作规程，按规定做好每项工作。同时，在每天的饲养过程中，必须细心观察鸡群的健康状况，做到及早发现问题，及时采取措施，提高饲养效果。

对鸡群的观察主要注意下列 4 个方面：

第一，每天进入鸡舍时，要注意检查鸡粪是否正常。正常粪便应为软硬适中的堆状或条状物，上面覆有少量白色尿酸盐沉淀。粪便的颜色有时会随所吃的饲料有所不同，多呈不太鲜艳的色泽（如灰绿色或黄褐色）。粪便过于干硬，表明饮水不足或饲料不当；粪便过稀，是食入水分过多或消化不良的表现。淡黄色泡沫状粪便大部分是由肠炎引起的；白色下痢多为白痢病或传染性法氏囊病的征兆；深红色血便，则是球虫病的特征；绿色下痢，则多见于重病末期（如新城疫等）。总之，发现粪便不正常应及时请兽医诊治，以便尽快采取有效防治措施。

第二，每次饲喂时，要注意观察鸡群中有无病弱个体。一般情况下，病弱鸡常蜷缩于某一角落，喂料时不抢食，行动迟缓。病情较重时，常呆立不动，精神委顿，两眼闭合，低头缩颈，翅膀下垂。一旦发现病弱个体，就应剔出隔离，立即淘汰。

第三，晚上应到鸡舍内细听有无不正常呼吸声，包括甩鼻（打喷嚏）、打呼噜等。如有这些情况，则表明已有病情发生，需做进一步的详细检查。

第四，每天计算鸡只的采食量，因为采食量是反映健康状况的重点标志之一。如果当天的采食量比前一天略有增加，说明情况正常；如有减少或连续几天不增加，则说明存在问题，需及时查看是鸡只发生疾病还是饲料有问题。

此外，还应注意观察有无啄肛、啄羽等恶癖发生。一旦发现，必须马上剔出受啄鸡只，分开饲养，并采取有效措施防止蔓延。

（2）防止垫料潮湿　保持垫料干燥、松软是地面平养中、后期管理的重要一环。潮湿、板结的垫料，常常会使鸡只腹部受凉，并引起各种病菌和球虫的繁殖滋生，使鸡群发病。要使垫料经常保持干燥必须做到：

第一，通风必须充足，以带走大量水分。

第二，饮水器的高度和水位要适宜。使用自动饮水器时，饮水器底部应高于鸡背2～3厘米，水位以鸡能喝到水为宜。

第三，带鸡消毒时，不可喷雾过多或雾粒太大。

第四，定期翻动和除去潮湿、板结的垫料，补充清洁、干燥的垫料，保持垫料厚度7～10厘米。

（3）带鸡消毒　一般2～3周龄便可开始，春、秋季节可每3天1次，夏季每天1次，冬季每周1次。使用0.5％百毒杀溶液喷雾。喷头应距鸡只80～100厘米处向前上方喷雾，让雾粒自由落下，不能使鸡身和地面垫料过湿。

（4）及时分群　随着鸡只日龄的增长，要及时进行分群，以调整饲养密度。密度过高，易造成垫料潮湿，鸡只争抢采食和打斗，抑制生长。饲养面积许可时，密度宁小勿大。在调整密度时，还应对鸡只进行大小、强弱分群，同时还应及时更换或添加料槽。

第五节　黄羽肉鸡特色饲养管理技术

黄羽肉鸡与快大型白羽肉鸡相比：黄羽肉鸡生长速度慢、周期长；上市黄羽肉鸡以活鸡消费为主，对羽色、羽毛发育、冠发育等外貌要求较高；以南方养殖为主的黄羽肉鸡以开放式、半开放式养殖方式较多；黄羽肉鸡除正常饲养的公鸡、母鸡外，还存在较大量的阉公鸡、阉母鸡产品形式。因此，黄羽肉鸡具有与快大型白羽肉鸡较大区别的饲养管理特点。除前面提到的日常管理外，还应注意以下几方面。

一、饲养场地及设施要求

（一）运 动 场

由于黄羽肉鸡上市时羽毛、冠等外貌对上市价格有较大影响，越是生长期长的鸡，对羽毛贴身程度、羽毛完整性，冠头发育大小及红色程度等性征要求越高，而接触光照时间长、运动范围广的鸡往往这方面更好，同时鸡肌肉结实程度与口感品质也更好。因此，黄羽肉鸡养殖场地常常需要随鸡舍配备一定面积的运动场，运动场大小一般要求是鸡舍面积的1～2倍，甚至更大，生长速度越慢、上市时间越长的鸡，运动场要求越大。

（二）防暑降温设施

做好防暑降温工作是保证夏季养鸡正常生产水平的关键性措施之一。因此，夏季来临之前各项防暑降温措施一定要落实到位。与白羽肉鸡普遍良好的全封闭式养殖设施不同，黄羽肉鸡生产以开放或半开放式鸡舍养殖较多。因此珠江流域以舍内安装风扇、屋顶喷水和舍内喷雾等设施，舍外种树，提倡舍外饲喂；长江流域及华北地区可采取鸡舍内安装风扇、屋顶瓦面铺盖稻草、运动场绿化等降温措施，同时以有利于通风和减少密度为目标，尽量改善鸡舍和加强运动场开发等。

（三）安装音乐设备，降低噪声应激

利用录音机间歇性地播放一些慢节奏音乐，如播1小时停1小时，可有效避免因受到意外声音等因素刺激而发生的应激现象，有效稳定情绪，以促进黄

羽肉鸡的健康生长。

（四）肉鸡笼养

近年来，为节约用地、有效控制养殖环境、减少抗生素使用等，舍内笼养、纵向通风等工艺饲养成为黄羽肉鸡一种新的饲养方式。目前供应港澳地区的麻黄鸡等基本是以这种方式生产。这种饲养方式土地利用率高、饲养密度大，肉鸡活动范围小，饲料利用效率高，与地面平养相比可节约 5%～10% 饲料；肉鸡不接触粪便，疾病发生相对少，成活率高，节约药费；能及时清除粪便，便于消毒管理等。但缺点是设备等固定资产投入大，并且因底网硬，胸囊肿发生率高，以及对于活鸡上市为主的黄羽肉鸡而言由于长期活动少，羽毛等外观稍差，价格一般略低于平养的同类型鸡。

二、养殖过程管理

（一）饲养温度

黄羽肉鸡由于品种多，不同品种对饲养温度要求不同，只有适宜的养殖环境温度才能保证正常生产性能的发挥，尤其是育雏阶段温度控制更加重要。与快大型黄羽肉鸡相比，小体型的黄羽肉鸡如竹丝鸡、广西黄鸡、胡须鸡或初生雏等育雏温度可适当提高 1℃～2℃。在实际操作时，关键是"看鸡施温"，温度合适时鸡只活泼好动，叫声欢快柔和，食欲旺盛，睡觉时颈脚伸直，均匀分布在育雏舍内；温度过高时，雏鸡远离热源，张口呼吸，饮水频率高，叫声尖锐；温度过低时，雏鸡围在热源附近，扎堆，叫声微弱。

（二）分栏、分群管理

1. 分栏 快大型黄羽肉鸡雏鸡按 30 只/米^2、中鸡按 15 只/米^2、大鸡按 8～10 只/米^2 做好分栏；中速型雏鸡按 50～60 只/米^2、中鸡按 20～22 只鸡/米^2、大鸡按 10～11 只鸡/米^2 做好分栏；慢速型雏鸡按 60～70 只/米^2、中鸡按 25 只鸡/米^2、大鸡按 14～15 只鸡/米^2 做好分栏。

2. 分群

（1）大小强弱分群 在进行疫苗接种和断喙时按照"强弱、大小、病鸡进行隔离饲养"的原则进行合理分群，即将个体比较弱小的鸡只单独分开饲喂，并加强护理，僵鸡、残鸡应及时淘汰。

（2）公、母分群 慢速型鸡 65 天龄左右挑出鉴别错误的公鸡，分开饲养；

快大型、中速型鸡一般没有分开饲养，但鉴别误差超过5％时宜挑出分开饲养。

（三）断　喙

断喙可防止鸡只啄癖，提高饲料采食量、减少饲料浪费、提高饲料报酬。通常情况下，除快大型黄羽肉鸡外，中、慢速型黄羽肉鸡均需进行断喙，不同品种断喙时间不同，竹丝鸡、矮脚黄等中速型黄鸡适宜在18～30日龄断喙；胡须鸡、清远麻鸡适宜在30～45日龄断喙，土鸡还可根据具体情况进行二次断喙。

图 5-1　鸡戴眼镜防啄癖

近年来，给鸡戴上如图5-1所示的眼镜，使鸡不能正常平视，只能斜视和看下方，也可有效防止鸡群打架、啄毛，降低死亡率，增加养殖收益。戴眼镜适宜时间一般在鸡生长到500克体重时。

（四）阉割去势

公鸡阉割去势后饲养以阉鸡形式上市，俗称熟鸡、线鸡、扇鸡（骟鸡）、铡鸡、献鸡、镦鸡、太监鸡等，是我国传统黄羽肉鸡消费的重要产品形式，其在黄羽肉鸡消费最重要的华南地区市场份额长期在10％以上。阉割的公鸡一般都是中速或慢速型品种，公鸡经阉割去掉睾丸以后，雄性表征逐渐消失，鸡更加温驯、饲料转化率高，肉质细嫩、皮脆、风味独特，与正常公、母鸡相比，阉鸡常常饲养时间更长。公鸡去势一般在5～8周龄时通过手术去掉睾丸。近年来，去掉卵巢的阉母鸡也有在市场上销售。

三、果园林地生态养殖

果园林地规模化散养，即利用果园、树林等进行鸡只的规模化散放饲养。商品鸡育雏脱温后白天放到鸡舍外活动，呼吸新鲜空气，晚上会在舍内休息过夜。鸡舍一般建在林地中间，通过尼龙网或铁丝将鸡舍外一定的林地面积圈起，使鸡在一定的范围内活动，而不是到处乱跑。这种方式的好处是保持鸡只的适量活动，既有利于鸡只体质改善和产品品质的发挥，又限制了鸡只的大范围活动消耗营养和体能，同时还便于给鸡补料补水、进行人工控制和卫生管理。但由于在有限范围内长期饲养鸡只，林地土地表面一般均没有植被，鸡只的营养完全需要依靠人工饲喂全价饲料来满足。而正是通过利用林地散养与全价饲料喂养相结合，既有效降低了饲养成本，又有利于鸡群的生长发育，使鸡肉结实，肉质鲜美、细嫩，其售价大大高于笼养和平养鸡，而且在市场上供不应求。另外，这种方式对林木生长也十分有利，为林地提供大量肥料，增强地力，促进林木生长。

果园林地散养鸡由于采用了优良的品种，在果园、林地、灌丛草地饲养，养出的肉鸡达到色、香、味俱全，且安全无公害，很适合现代人追求的高品位消费，产品价格一直较高，利润空间较大，所以林下生态型优质肉鸡养殖是广大农户增收致富的一个短、平、快的好项目。

[案例 5-3]　　北京油鸡林地规模化散养综合配套技术

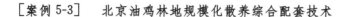

图 5-2　北京油鸡林地散养

一、林地规模化散养综合配套技术要点

1. 林地选择与鸡舍建造

选择远离畜禽交易场、屠宰场、加工场以及化工厂、垃圾处理场的地方，避免空气、水源、噪声等污染。林地饲养要求树木较高，能够遮阴，树林荫蔽度在 70％ 以上，防止夏季阳光直射引起鸡群中暑。果园养鸡最好选用核桃、柿子等高大、枝繁叶茂的树种，而桃树、苹果等因其树干一般不高，果实柔软多汁，味美色艳，对鸡较有吸引力，鸡容易上树破坏水果，一般不宜选用。

在林地内选择背风向阳、排水良好、地势高燥、交通和防疫条件都符合要求的地方修建鸡舍。鸡舍修建在较为平坦的空地，但要求周围林木生长良好。建议最好采用规范化鸡舍设计，保证具有保温隔热效果。也可用竹、木、薄膜等材料搭建易拆、易移动的简易棚舍，其建造可就地取材，如搭成"人"字形扛架，两边滴水檐高 1.5 米，顶盖稻草，四周用竹片间围，做到冬暖夏凉。

鸡舍的大小以养鸡数量而定，一般每平方米养鸡 10 只左右。

如果自己育雏，需根据饲养量准备足量的保温育雏舍，为考虑保温和方便消毒的要求，最好以砖混结构为佳。条件不具备时，可用塑料布隔开形成育雏间。

2. 配套设施设备

鸡舍前面的开阔林地用 1.5～2 米高的尼龙网或铁丝圈起来，作为鸡只的散养场地。根据鸡数在林地中放置一定数量的料槽和饮水器。料槽按照每只鸡 4 厘米设置，采用竹筒、镀锌板或硬质塑料等材料，槽上口宽 25 厘米，两壁呈直角，壁高 15 厘米。饮水器按照每只 2 厘米设置，采用塑料饮水器，或直接将楠竹筒沿中间 1/3 处劈开，用其大半部分，既可以作料槽，也可以作饮水器，固定在地面上。鸡舍内用木棍或竹杆搭建栖架或网架，供鸡夜间休息。此外，在林地内搭一些防风避雨的遮阳棚，防止夏季鸡只遭受冷热应激。若饲养产蛋鸡，还需在舍内布置产蛋窝（按每 4～5 只鸡 1 个产蛋窝设置）。以往场家多采用砖墙或水泥来搭建产蛋窝，而现在多用塑料或竹制的筐、箱来代替，里面铺稻草作为垫料。

育雏舍内的升温设备，以煤炉、地灶等升温设备为佳，投入少，易购置，育雏成本低。条件具备的也可采用电热育雏，用红外线灯、育雏伞或石英炉育雏。

3. 雏鸡的育雏要求

进入林地散养前，雏鸡需在舍内进行育雏。育雏方式有地面平养育雏和育雏笼育雏两种。建议采用后者，因为育雏笼育雏具有疾病少、增加使用面积、减少垫料投入的优点。北京油鸡 0～6 周龄为育雏期，育雏期间应注意以下几点：①适宜的温度。一般要求育雏第一周温度为 32℃～35℃，以后每周下降 2℃～3℃直至 20℃～22℃为止。空气相对湿度为 60％ 左右，前期较高，后期较低。②良好的通风。中午天暖时可开窗透风，换气时要防止冷风侵袭，以防感冒。③合适的密度。一般地面平养 0～4 周龄 21～25 只/米²，5～7 周龄 15～20

只/米²，雏鸡群体不能太大，以 200～300 只为宜。④正确的光照。雏鸡入舍后的头 3 天，24 小时光照，以后逐渐减少，4～7 日龄保持 15 小时，从第二周以后每天不少于 8 小时，光照强度以每平方米面积 2 瓦为宜，灯泡离地面 2 米左右为宜。⑤适时开食、饮水，采用全价配合饲料。一般在雏鸡出壳后 24 小时内提供饮水和开食，可用育雏全价料直接饲喂，也可购买浓缩料或预混料按说明配合后饲喂，采用少喂勤添的办法。⑥精心饲喂和管理。雏鸡入舍后 3 小时内应让其自由饮用 5％的糖水，并添加电解多维等，水温 17℃～18℃。开食饲料粒度要细，并现配现喂，0～7 日龄每天 6～8 次，7 日龄以后每天 4～6 次，勤添少喂。

4. 鸡只散养时间及季节的选择

由于林地散养采取白天在舍外林地饲养，晚上回到舍内休息的方式，因此须根据当地季节选择适宜的舍外散养时间。一般在每年 4 月中旬，此时气温渐升，昼夜温差小，同时鸡只须在育雏期脱温之后（即 7 周龄以上）才开始进入林地，到 10 月底气温渐降，昼夜温差加大后逐步减少舍外散养时间。

5. 林地散养的饲喂和管理

林地散养下鸡的活动范围相对较大，因此对营养成分的需要量同笼养和平养相比相对较高，需定时定量饲喂，采用全价饲料，同时提供充足的清洁饮水。为保证散养鸡的肉蛋品质，饲料中禁止添加各种违禁药品。夏季散养条件下热应激较显著，因此应适当给鸡只补充各种青绿饲料。

另外，重视科学的饲养管理。应充分考虑饲养人员的安排。能固定专人时，必须确定以谁为主，以明确责任，散养时加强日常观察，发现行动迟缓、独处一隅、精神委靡的病弱鸡应及时隔离治疗。最好提前制定周密的计划，根据林地面积预计饲养数量，安排饲养间隔、批次，准备必要的饮饲器具和饲料，做到心中有数，避免被动和临时凑合。

6. 散养密度和群体大小

林地散养时，鸡群的饲养密度和群体大小需根据林地面积和房舍面积来综合考虑确定。散养群体规模以每群不超过 500 只鸡为宜。如果饲养规模大，可用隔网隔成小群。舍内饲养密度以 10 只/米² 为宜，舍外林地运动场地以每只鸡 2～4 米² 为宜。

7. 散养期间疾病防治

同平养和笼养相比，林地散养下鸡只活动范围广，疾病防治难度大，不容易控制，因此做好免疫工作非常重要，应该按照实际情况进行计划免疫。在免疫工作中要求药量足，严格按照免疫程序，逐只给予免疫注射。特别要做好马立克氏病、鸡瘟、鸡痘、新城疫、传染性法氏囊病和球虫病的预防工作。

要求做好定期消毒。对鸡舍、林地地面进行严格消毒，对工具、用具等用消毒液浸泡消毒，外来人员严禁入场，工作人员进出要更衣换鞋，经消毒室消毒后方可出入，以切断传染源，减少土地、水源、空气和环境传染。

二、林地规模化散养需要注意的问题

第一，林地养鸡实行全进全出制，以方便管理和减少疾病传播。每批鸡出售后彻底消毒。对清理出的鸡粪集中进行无害化处理。

第二，林地散养鸡只时，如果多次重复使用场地容易造成鸡只发生球虫病，应重视对场地、鸡舍的消毒以及定期驱虫工作。

第三，平时多加注意和观察，严格按照免疫程序进行预防，发现疫情及时对症处理。平时不要随便给药，应根据发病情况，针对性给药。

第四，注意天气变化，灵活调整散养时间。在气候恶劣时可推迟放出时间或不向外放出鸡群，特别是刮大风、下雨、打雷、下雪时，更是不要让鸡外出。另外要注意防止野兽侵害鸡群，如老鹰、黄鼠狼等。

第六章
鸡场疾病防控技术

阅读提示：

  疾病是制约肉鸡业发展的主要瓶颈之一，主要病毒性疾病（如禽流感、新城疫）和细菌性疾病（如大肠杆菌、沙门氏菌）仍严重威胁着各类鸡场的防控体系和生物安全。不同养殖场因其养殖历史、环境及防疫习惯不一样，对疾病的防控效果也不一样。本章从疾病防控策略、疫情处理、消毒措施、免疫程序方面进行了详细的介绍，并对常发疾病提供了诊断案例。鸡场经营者须了解周边养殖环境疫病流行情况和防控现状，根据专业兽医人员的判断，参考本章提出的相关技术、要点，综合评估其防控效果，制定出科学合理的防控技术方案，切忌千篇一律，生搬硬套。

第一节　肉鸡疾病防控原则

一、肉鸡疾病传播与流行特点

肉鸡业由于其高密度的养殖方式，加剧了鸡病的流行。当前鸡病的流行特点主要有以下几点。

（一）发病传播快

肉鸡的饲养密度很高，一旦发病很容易造成严重的经济损失。所以要以预防为主，早发现早治疗。

（二）细菌病发病严重

据统计，至少有20种细菌可造成肉鸡发病。常见的细菌性鸡病有：大肠杆菌病、沙门氏菌病、葡萄球菌病、曲霉菌病等。细菌血清型复杂，耐药性严重，多重耐药菌株多，给养殖者造成很大困扰。另外，很多细菌病为人畜共患病，这就给食品安全和公共卫生带来严重隐患。

（三）呼吸道疾病发生多

肉鸡生长速度快，代谢旺盛，需氧量大，极易发生呼吸道疾病。致病微生物感染，不良气候条件，营养缺乏，有害气体中毒甚至免疫接种都可以引起呼吸道疾病发生。一旦发生，损失严重，某些肉鸡群死淘率可达30％，并伴有生产性能下降、胴体降级等问题。引起呼吸道疾病的常见病原体包括：鸡毒支原体、滑液支原体、新城疫病毒、禽流感病毒、传染性支气管炎病毒、传染性喉气管炎病毒、副鸡嗜血杆菌、大肠杆菌等，其中新城疫强毒、鸡毒支原体和大肠杆菌这3种病原体是我国多数鸡群呼吸道疾病的主要病原。它们存在明显的协同致病作用，特别是鸡群存在鸡毒支原体、大肠杆菌隐性感染时，进行传染性法氏囊病和新城疫的免疫接种会出现较严重的发病。

（四）免疫抑制病相当普遍

鸡群免疫抑制的因素很多，如营养、应激、细菌、寄生虫等，而病毒性免疫抑制病是危害最大的一类，在肉鸡群中非常普遍。常见的免疫抑制病有传染性法氏囊病、马立克氏病、网状内皮组织增生症和病毒性关节炎等。免疫系统被破坏后不仅直接造成鸡只发病和死亡，还会造成其他疾病，如大肠杆菌病、沙门氏菌病等继发感染；另外，免疫抑制病常呈现混合感染和多重混合感染，鸡群中可能同时存在两种以上的病原，致使鸡只抗病能力和生产性能严重下降。

（五）寄生虫病不容忽视

肉鸡寄生虫病主要是球虫病，是由鸡艾美耳球虫病引起的一种严重的消化道疾病。病初无明显症状，当观察到排血便等症状时一般已到了晚期，所以肉鸡的球虫病一定要以预防为主。因球虫极易产生耐药性，用药时最好采用反复用药、变更用药以及联合用药的方式，同时还需添加杆菌肽锌或林可霉素防止坏死性肠炎。

（六）不明病因的复合因素疾病增多

临床发生的很多病病因不清，混合感染居多，不是一种细菌或某种病毒引起的单一症状，而是多种病原协同作用，主次不明，但都与管理因素、气候因素、营养因素、病原等密切相关，如肉鸡呼吸道综合征、肝肾综合征、矮小和发育障碍综合征等。这一类疾病病原复杂，病情严重，治疗时间长，用药数量多，易反复发作，若不能及时控制，会造成较高死淘率和严重经济损失。

二、肉鸡疾病防控基本原则

疾病防控的最基本原则是消灭传染源、切断传播途径和提高易感鸡群免疫力，只有3个环节形成合力，才能有效控制疾病流行。

（一）加强肉鸡场饲养管理

第一，鸡舍的养殖密度不易过大，场区布局要合理，建立有效的生物安全体系，加强基础的生产管理工作，这是控制疫病的基础。

第二，鸡舍建筑要求具有良好的隔热性，由于肉鸡代谢旺盛，应保持通风换气，降低有害气体浓度，减少呼吸道疾病发生。另外，鸡舍温湿度要适宜，过高或过低都易引起条件性致病微生物发病。

第三，消毒是疾病防控的基础步骤，养殖场需要使用合格消毒药定期消毒，包括空鸡舍、空气、饮水、人员、器具、环境和带鸡消毒。带鸡消毒可以杀灭空气中病原微生物，调节湿度，减少粉尘，可有效防病。选择不同类型的消毒药定期更换使用，以防降低消毒效果。

第四，保证饲养器具专舍专用，谢绝其他无关人员进入，工作人员应更衣更鞋后再进入养鸡生产区，减少通过人员、器具机械传播病原微生物。

第五，保证养殖场全进全出，不混养不同日龄、不同来源鸡只。

第六，及时清理粪便，生产污水要进行无害化处理。病死鸡要焚烧或加入生石灰深埋，以保证环境卫生。

第七，提供充足清洁饮水和优质全价饲料，确保鸡群营养水平。

第八，加强从业人员的技术培训，使饲养员能够掌握一些饲养管理、疾病预防的基本常识，自觉执行各项管理制度。

（二）控制细菌病，合理用药

提高养殖管理水平，减少细菌病的发生和病毒感染造成的细菌继发感染，及时添加抗菌药物减少继发感染。进行药敏试验，选择合适的药物，控制剂量和疗程，少使用抗生素。以细菌病疫苗、抗菌肽、植物提取物、活菌制剂替代抗生素的使用，减少耐药菌株，降低药物残留，保障公共卫生安全。

（三）控制疾病垂直传播，培育健康种鸡群

肉种鸡群的健康状态直接关系到商品代肉鸡的疾病防治。很多垂直传播的疾病可以导致免疫抑制。目前，我国常见的垂直传播疾病有大肠杆菌病、沙门氏菌病、支原体病、传染性支气管炎、禽白血病、禽网状内皮组织增生症等。对无疫苗控制的免疫抑制疾病，要在祖代鸡群和父母代种鸡群中进行净化。种鸡使用的活疫苗应为无特异病原（SPF）鸡胚制造，避免疫苗接种感染外源病毒导致净化失败。种鸡群应优化免疫程序，为商品肉鸡提供平均滴度较高、变异系数较小的母源抗体。

（四）制定合理免疫程序，正确使用疫苗

目前，使用疫苗预防肉鸡疫病仍然是我国疫病防控的主要手段之一。免疫程序要根据当地和本场的疫病流行情况、母源抗体水平、日龄和饲养管理条件科学制定。常规接种疫苗的鸡群要求饲养营养充足、健康状态良好，以期产生较好的免疫应答。免疫后，要加强管理，注意避免应激。

第二节 鸡场疫情处理

一、疫情处理的基本原则

随着我国养殖业的迅猛发展，肉鸡养殖场规模化、集约化、工厂化程度得到大幅度提高，与此同时，肉鸡场疫病的防控策略也随之发生了很大的变化。

肉鸡养殖场一旦发生疫情，应迅速采取有效措施，防止疫情扩散。对现代化肉鸡养殖场疫情的处理应按"上报疫情、初步诊断、隔离消毒、紧急接种和治疗、无害化处理"等步骤进行。根据"早、快、严、小"的原则，发现疑似重大传染病或当地新发病时，应根据《中华人民共和国动物防疫法》，及时向当地动物疫病预防控制机构报告，防止疫情扩散。

二、发生疫情后的处理方法

（一）上报疫情

肉鸡场发生疫情后，应立即向兽医技术部门报告。如疑似禽流感、新城疫等法定传染病，应向畜牧兽医政府机关报告。上报后未确诊前，应采取积极的相应措施，防止疫病蔓延，如隔离、消毒、暂时封锁等。

（二）诊 断

早期、快速诊断，是肉鸡场疫病处理的主要环节之一，它关系到能否有效地组织防疫措施。有条件的肉鸡场，设有兽医诊断室，可对本场疫病进行早期初步诊断。根据临床症状、剖检病变，结合流行病学调查，初步得出诊断结果。对于疫病的确诊需要进一步进行实验室诊断，通过采集病料、涂片镜检、血清学试验以及借助分子生物学方法等进行确诊。

（三）隔离和封锁

首先是发病鸡群的隔离。发病鸡群是危险性最大的传染源，应选择不易散播病原体、消毒处理方便的场所或房屋进行隔离。其次是可疑鸡群，未发现任何症状，但与患病鸡群及其污染的环境有过明显接触，这类鸡群有可能处在疫病的潜伏期，并有排菌、排毒的危险，应在消毒后另选地方将其隔离观察，出现症状的则按病禽进行处理。最后是假定健康鸡群，除上述两类外，疫区内其他易感动物均属于此类。应与上述两类严格隔离饲养，加强消毒和相应的保护措施，并立即进行紧急免疫接种。

当发生禽流感等一类传染病或当地新发现传染病时，兽医人员应立即报告当地政府，划定疫区范围，进行封锁。封锁的目的是保护本地区家禽的安全和居民的健康，防止疫病扩散。执行封锁时应掌握"早、快、严、小"的原则。

（四）紧急免疫接种

紧急接种是对疫区及受威胁区尚未发病的鸡群进行的应急性免疫接种。紧急接种以接种免疫血清、高免卵黄抗体较为安全有效，根据多年的实践证明，在疫区内使用某些疫（菌）苗进行紧急接种也是切实可行的。当肉鸡场发生新城疫、禽霍乱时，通常使用该种疫苗尽快进行再一次接种，剂量为平常用量的2倍，能取得较好的效果。而慢性疾病，最好先采用药物控制，待死亡率降低或无死亡后再进行接种，否则有时会引起更大的死亡。

（五）治　疗

对于一般传染病或能够治愈且成本不高的传染病，如巴氏杆菌、沙门氏菌、大肠杆菌、葡萄球菌、副鸡嗜血杆菌、支原体等进行治疗。对某些烈性或危害严重的传染病则一般不予治疗，应坚决予以无害化处理，如高致病性禽流感、新城疫强毒感染等疾病。对于新发现的病鸡应予以扑杀淘汰，以防蔓延。

（六）消　毒

发生传染病后应加强消毒防范工作，针对性比较强，应严格执行，在封锁区内应严格、细致、不留死角，增加次数，缩短间隔。详细内容，请见本章第三节"鸡场消毒技术"。

（七）无害化处理

所有病死和被扑杀肉鸡的尸体及其产品、排泄物、被污染和可能被污染的垫料、饲料和其他物品必须进行严格的无害化处理。具体内容，请参考《畜禽病害肉尸及其产品无害化处理规程》（GB 16548）。

第三节　鸡场消毒技术

鸡场消毒的目的是清除或杀灭外界环境、肠道中、鸡体及物体上的病原微生物。消毒是净化环境的主要环节，是切断传播途径、预防传染病发生和传播的一项重要防疫措施。本节对肉鸡场常用的消毒方法、消毒剂的选择与应用、肉鸡场综合消毒措施和消毒效果评估进行介绍。

一、消毒方法

（一）喷雾消毒

鸡舍清洗除垢后采用规定浓度的化学消毒药，如0.02%百毒杀、0.2%抗毒威、0.1%新洁尔灭、0.3%～0.6%毒菌净、0.3%～0.5%过氧乙酸或0.2%～0.3%次氯酸钠等。用喷雾器械进行的消毒，适用于鸡舍内消毒、带鸡消毒、环境消毒等。

（二）浸液消毒

用有效浓度的消毒药浸泡消毒，如0.1%新洁尔灭、0.04%～0.2%过氧乙酸、1%高锰酸钾溶液等，适用于器具消毒、洗手、浸泡工作服、胶靴等。

（三）熏蒸消毒

可使用福尔马林、高锰酸钾等进行熏蒸消毒，能作用到鸡舍的各个角落，特别适用于鸡舍内污染空气的消毒。

（四）紫外线消毒

用于消毒间、更衣室的空气消毒及工作服、鞋帽等物体表面的消毒。

（五）喷洒消毒

在鸡舍周围撒生石灰或2%～3%火碱等消毒药杀死病原微生物，适用于环境消毒。

（六）火焰消毒

用酒精、汽油、柴油、液化气喷灯进行瞬间灼烧灭菌，适用于鸡笼、地面、墙面及耐高温器物的消毒。

（七）煮沸消毒

用容器煮沸消毒，适用于金属器械、玻璃用具、工作服等煮沸灭菌，消毒时间应于水沸腾后开始计算维持 20～30 分钟。

（八）生物热消毒

利用发酵产生的热量杀死病原微生物达到消毒目的，可将粪便废弃物装入发酵池，装满后密封 3 个月。适用于粪便及垫料的消毒。

二、消毒药的选择与应用

消毒药应符合《中华人民共和国兽药典》的规定，选择广谱、高效、杀菌作用强，刺激性低，对设备不会造成损坏，对人和鸡安全，低残留毒性，在鸡体内不会产生有害蓄积的品种。

常见的消毒药有氧化剂、碱类消毒药、卤族类制剂、酚类消毒药、醛类消毒药等。下面按分类分别介绍几种常用消毒药及其使用方法。

（一）氧化剂类消毒药

1. 过氧乙酸（过醋酸）　本品属强氧化剂，是高效速效消毒防腐药，具有杀菌作用快而强、抗菌谱广的特点，对细菌、病毒、真菌和芽孢均有效。本品可用于耐酸塑料、玻璃、搪瓷和用具的浸泡消毒，还可用于鸡舍地面、墙壁、料槽的喷雾消毒和舍内空气消毒。0.04％～0.2％溶液用于耐酸用具的浸泡消毒，0.05％～0.5％溶液用于鸡舍及周围环境的喷雾消毒。过氧乙酸稀释后不宜久贮，1％溶液只能保持药效几天，对金属也有腐蚀作用，对机体组织有刺激性和腐蚀性，故消毒时应注意自身防护，避免刺激眼、鼻黏膜。

2. 高锰酸钾　本品是一种强氧化剂。常利用它来加速 40％甲醛溶液蒸发而起到空气消毒作用。0.1％的水溶液用于皮肤、黏膜创面的冲洗及饮水消毒；2％～5％溶液用于杀死芽孢及污物桶的洗涤。高锰酸钾水溶液遇到如甘油、酒精等有机物而失效，遇氨及其制剂即产生沉淀；禁忌与还原剂如碘、糖等合用，宜现用现配。

（二）碱类消毒药

1. 氢氧化钠（苛性钠） 本品杀菌作用很强，对部分病毒和细菌芽孢均有效，对寄生虫卵也有杀灭作用。主要用于鸡舍、器具和运输车船的消毒。2%的溶液用于被病毒、细菌污染的鸡舍、料槽、运输车舍的消毒。但在消毒鸡舍时，应先驱出鸡，隔12小时后用水冲洗后方可进入。此药对机体有腐蚀作用，对铝制品、纺织品等有损坏作用，高浓度氢氧化钠溶液可烧伤皮肤组织，使用时要非常小心。

2. 生石灰 本品对大多数繁殖型细菌有较强的杀菌作用，但对芽孢及结核杆菌无效。常用于鸡舍墙壁、地面、运动场地、粪池及污水沟等的消毒。常用石灰乳消毒，由生石灰加水配成10%～20%的石灰乳。石灰乳应现用现配，不宜久贮，以防失效。

（三）卤族类消毒药

1. 漂白粉（含氯石灰） 本品能杀灭细菌、芽孢和病毒，杀菌作用强但不持久，在酸性环境中药效增强，在碱性环境中杀菌作用减弱。主要用于鸡舍、用具、运输车船、饮水及排泄物的消毒。0.03%～0.15%溶液用于饮水消毒；1%～3%溶液用于料槽、饮水槽及其他非金属用具消毒；5%～20%混悬液喷洒（也可用干燥粉末喷撒），用于鸡舍及场地消毒；10%～20%混悬液用于排泄物消毒。本品应放于阴凉干燥处保存，不可与易燃、易爆物品放在一起，不能用于有色织物和金属用具的消毒；宜现用现配，久放易失效。本品刺激性强，接触时需小心。

2. 碘 碘通过氧化和卤代作用而呈现强大的杀菌作用，能杀死细菌芽孢、真菌和病毒，对某些原虫和蠕虫也有效。碘酊常用于皮肤及创面的消毒，可作饮水消毒。碘甘油因无刺激性，常用于患部黏膜涂搽。一般以2%碘酊用于鸡皮肤及创面的消毒；在1升水中加入2%碘酊5～6滴用于饮水消毒，能杀死致病菌及原虫，15分钟后可供饮用；5%碘酊用于手术部位及注射部位的消毒；碘甘油（为含碘1%的甘油制剂）用于黏膜炎症的涂搽。1%碘甘油的配制方法为：取碘化钾1克，加入少量蒸馏水溶解后，再加入1克碘片搅拌溶解后，再加甘油至100毫升。

（四）酚类消毒药

1. 复合酚（毒菌净，菌毒敌，菌毒灭） 复合酚是广谱消毒剂之一，对多种细菌和病毒有杀灭作用，也可杀灭多种寄生虫卵。主要用于被病毒、细菌、真菌等污染的鸡舍、用具、环境场地以及运输车船的消毒。一般以 0.35％～1％溶液用于常规消毒及被细菌污染的鸡舍、用具消毒；1％溶液常用于病毒性疾病的鸡舍、环境场地及用具的消毒。因此本品对人有致癌性，应在严格控制条件下使用；禁止与碱性消毒药配伍。

2. 煤酚皂溶液（甲酚、来苏儿）　本品对大多数繁殖型细菌有强烈的杀菌作用，同时也可以杀灭寄生虫，对结核杆菌、真菌有一定的杀灭作用，能杀灭亲脂性病毒，但对细菌芽孢和亲水性病毒作用不可靠。主要用于栏舍、用具与排泄物的消毒。一般以 3％～5％煤酚皂溶液用于鸡舍及用具消毒，5％～10％煤酚皂溶液用于排泄物消毒。因为有臭味，不宜用于肉品的消毒。

（五）醛类消毒药

1. 甲醛　本品具有强大的广谱杀菌作用，对细菌、芽孢、真菌和病毒均有效。常用于被污染的鸡舍、用具、排泄物及舍内空气的消毒，以及器械、标本、尸体的消毒防腐，还可用于种蛋的消毒。0.25％～0.5％甲醛溶液用于鸡舍、孵化室等污染场地的消毒；2％福尔马林（含 0.8％甲醛）用于器械消毒。

甲醛可用于熏蒸消毒法。每立方米空间需要甲醛溶液 15～30 毫升，放置在陶制容器中或玻璃器皿中加等量水加热蒸发，或以 2∶1 比例加高锰酸钾（即30 毫升 40％甲醛溶液加 15 克高锰酸钾）氧化蒸发，蒸发消毒 4～10 小时。

熏蒸消毒法消毒时，舍温不应低于 15℃，相对湿度应为 60％～80％，否则消毒作用减弱。

2. 百毒杀　本品无毒、无刺激性，低浓度瞬间能杀灭各种病毒、细菌、真菌等致病微生物，具有除臭和清洁作用。主要用于鸡舍、用具及环境的消毒。也用于孵化室、饮水槽及饮水消毒。一般以 0.05％溶液用于疾病感染消毒，通常用 0.05％溶液进行浸泡、洗涤、喷洒等。平时定期消毒及环境、器具、种蛋消毒，通常按 1∶600 倍水稀释，进行喷雾、洗涤、浸泡。饮水消毒，改善水质时，通常按 1∶2 000～4 000 倍稀释。

（六）其他消毒药

1. 乙醇　乙醇属于中效消毒剂，其杀菌作用较快，消毒效果可靠，对人体刺激性小，无毒，对物品无损害，多用于皮肤消毒以及器械的消毒。

70％乙醇溶液用于饲养人员皮肤消毒。

2. 新洁尔灭（苯扎溴铵）　本品抗菌谱广，对多种革兰氏阳性和阴性细菌有杀灭作用。但对阳性细菌的杀菌效果显著强于阴性菌，对多种真菌也有一定作用，但对芽孢作用很弱，也不能杀死结核杆菌。本品杀菌作用快而强，毒性低，对组织刺激性小，较广泛用于皮肤、黏膜的消毒，也可用于鸡用具和种蛋的消毒。

一般以 0.1％水溶液用于蛋壳的喷雾消毒和种蛋的浸涤消毒（浸涤时间不超过 3 分钟），0.1％水溶液还可用于皮肤黏膜消毒，0.15％～2％水溶液可用于鸡舍内空间的喷雾消毒。尽量避免使用铝制器皿，以免降低本品的抗菌活性；忌与肥皂、洗衣粉等阴离子表面活性剂同用，以防对抗或减弱本品的抗菌效力；由于本品有脱脂作用，故不适用于饮水的消毒。

三、鸡场综合消毒措施

肉鸡场消毒范围包括对养殖场（小区）的环境、鸡舍、用具、外来鸡只、来往人员、车辆等进行消毒。

（一）环境消毒

生产区和鸡舍门口的消毒池，消毒液应定期更换。车辆进入鸡场应通过消毒池，消毒池内多用 2％火碱（NaOH）溶液或酚类、醛类消毒剂，并用消毒液对车身进行喷洒消毒。鸡舍周围环境宜每 2 周消毒 1 次。鸡场周围及场内污水池、排粪坑、下水道出口每月消毒 1 次，采用喷洒或喷雾消毒，多用季铵盐类复合消毒剂。一般采用 2～3 种消毒药定期轮换使用，效果较好。

（二）人员消毒

工作人员进入生产区要更换工作服，工作服下班后进行清洗、烘干，在紫外线室照射 4 小时以上。严格控制外来人员进入生产区。进入生产区的外来人员应严格遵守场内防疫制度，更换一次性防疫服和工作鞋，脚踏消毒池，按指定路线行走，并记录在案。

（三）鸡舍消毒

在进鸡或转群前，将鸡舍彻底清扫干净，应采用 0.1％新洁尔灭、4％来苏儿、0.3％过氧乙酸或次氯酸钠等消毒剂进行全面喷洒消毒。

（四）用具消毒

定期对喂料器、饮水器等用具进行清洗、消毒。消毒剂应采用国家主管部门批准允许使用的消毒剂类型。

（五）带鸡消毒

鸡场应定期进行带鸡消毒。在带鸡消毒时，宜选择刺激性较小的消毒剂，常用于带鸡消毒的消毒药有 0.2％过氧乙酸、0.1％新洁尔灭、0.1％次氯酸钠等。场内无疫情时，每隔 2 周带鸡消毒 1 次。有疫情时，每隔 1～2 天消毒 1 次。

四、消毒效果评估

消毒是畜禽养殖中防治疾病的重要一环，但消毒是否有效又受到多种因素影响。如果不了解消毒效果，就会造成一种虚假的安全感。因此消毒后，需要对消毒的效果进行评估。使用某种药物或方法消毒，多次评估为可靠，则在使用过程中心中有数。在具有初步微生物培养技术的养殖场或相关单位可以通过平板沉降法、空气采样器法等进行评估。

（一）平板沉降法

采用对角线 3 点法或者 5 点的梅花布阵法，将培养基平板放置于养殖场的不同部位，以距离墙壁 1 米为宜，经过 10 分钟后，收集平板放置于培养箱中培养 24 小时，检测自然沉降在平板上长出的大肠杆菌等微生物菌落数目。空气细菌总数的计算公式为：

$$空气细菌总数（cfu/m^3）＝N×50\,000/（A×T）$$

式中：N 为平皿菌落数，A 为平皿面积（厘米^2），T 为平皿暴露时间（分钟）。

（二）空气采样器法

使用空气采样器，将一定体积空气中的微生物收集至 50 毫升的磷酸盐缓冲液（PBS）中，采样体积可根据可能细菌含量进行调整，将收集后的 PBS 进行 10 倍倍比稀释，使用平板计数法，计算空气中大肠杆菌等细菌的含量。计算公式为：

$$空气细菌总数（cfu/m^3）＝\frac{N}{V}$$

式中：N 为平皿菌落数，V 为采样空气体积。

由于目前尚无统一的畜禽舍内空气污染程度的规范和标准，养殖户可对消毒前后的细菌含量进行横向比较，评估消毒效果。

第四节　肉鸡免疫接种

一、免疫接种途径

临床上常用的疫苗分为两大类：活疫苗和灭活疫苗。活疫苗，又称弱毒活疫苗，优点是剂量小、产生抗体快，缺点是稳定性差、免疫期短、存在散毒、毒力返强和造成新疫源的问题。灭活疫苗，又称死苗，优点是安全性好、免疫持续期长、运输保存方便，缺点是剂量大、产生抗体慢。活疫苗免疫一般采用滴鼻、点眼、饮水、拌料的方式接种；灭活疫苗免疫多通过注射的方式，包括皮下注射、肌内注射等接种。

二、免疫程序

免疫接种目前仍然是预防家禽传染病最有效、最关键的措施之一。制定疫苗的免疫程序主要依据是疫病的流行病学、疫苗免疫效果的产生期和持续期、肉鸡的生长周期来决定的。每一个鸡场，都要有适合本场特点的免疫程序，原则是以重大疫病防控为主，结合当地疫病流行情况调整疫苗免疫种类。

种鸡、优质型商品鸡、快大型商品鸡的参考免疫程序见表6-1至表6-3。

表6-1　种鸡参考免疫程序

免疫日龄	疫苗	方法	剂量	备注
1	马立克（MD）CVI988	皮下注射	0.2毫升	
7	新城疫、传染性支气管炎活疫苗	点眼或滴鼻	1羽份	
	新城疫油苗	皮下注射	0.3毫升	2周后检测HI抗体
10	传染性法氏囊活疫苗	饮水	1羽份	
17~25	传染性法氏囊疫苗二次	饮水	1羽份	2周后检测AGP抗体
20	禽流感H5/H9灭活苗	皮下注射	0.3毫升	
	鸡痘	翼膜刺种	1羽份	
28	新城疫、传染性支气管炎二联活疫苗	点眼	1羽份	
42	传染性喉气管炎	点眼	1羽份	

续表 6-1

免疫日龄	疫　苗	方　法	剂　量	备　注
56	新城疫油苗	胸肌注射	0.5 毫升	
84	禽脊髓炎	刺种或饮水	1 羽份	按说明书操作
	禽霍乱	胸肌注射	1 毫升	
98	禽流感 H5/H9 二次	皮下注射	0.5 毫升	2 周后检测 HI 抗体
115	传染性鼻炎、支原体	胸肌注射	0.5 毫升	

表 6-2　优质型商品鸡免疫程序

免疫日龄	疫　苗	方　法	剂　量	备　注
1	马立克（MD）CVI988	皮下注射	0.2 毫升	
7	新城疫、传染性支气管炎二联活疫苗	点眼或滴鼻	1 羽份	
	新城疫油苗	皮下注射	0.3 毫升	2 周后检测 HI 抗体
10	法氏囊活疫苗	饮水	1 羽份	
17	法氏囊活疫苗二次	饮水	1 羽份	2 周后检测 AGP 抗体
20	禽流感 H5/H9 灭活苗	皮下注射	0.3 毫升	
	鸡痘	翼膜刺种	1 羽份	
28	新城疫、传染性支气管炎二联活疫苗	点眼	1 羽份	
50～60	禽霍乱	胸肌注射	1 毫升	
98	禽流感 H5/H9 二次	皮下注射	0.5 毫升	2 周后检测 HI 抗体

表 6-3　快大型商品鸡免疫程序

免疫日龄	疫　苗	方　法	剂　量	备　注
1	马立克（MD）CVI988	皮下注射	0.2 毫升	
7	新城疫、传染性支气管炎二联活疫苗	点眼或滴鼻	1 羽份	
14	法氏囊活疫苗	饮水	1 羽份	
21	禽流感灭活苗	皮下注射	0.3 毫升	
28	法氏囊活疫苗二次	饮水	1 羽份	2 周后检测 AGP 抗体

三、免疫注意事项

第一，疫苗免疫要考虑鸡群的健康状况，应于鸡群状态良好时进行。鸡群在应激或疾病状态下免疫效果较差，特别是鸡群患有某些免疫抑制性疾病，如传染性法氏囊病、马立克氏病，免疫系统受损等，接种后只能产生低水平抗体，且不良反应多。

第二，免疫前一天、当天和免疫后的一天，在饮水中添加适量的电解多维，缓解免疫引起的应激反应。

第三，灭活疫苗使用前充分摇匀并使疫苗升至室温，开启后应于 24 小时内用完。疫苗在 2℃~8℃保存，勿冻结，冻结后的疫苗严禁使用，禁止在 25℃以上气温条件下贮运。

第四，活疫苗应随用随稀释，稀释后的疫苗要避免高温及阳光直射，并在规定的时间内用完。

第五，饮水免疫时忌用金属容器，所用水不得含有氯及其他消毒药。饮水免疫前应停水 2~4 小时，保证每只鸡都能充分饮服。

第六，疫苗使用剂量一定要参照说明书进行。

第七，建议首免时采取个体免疫方式，如利用新城疫点眼、滴鼻、饮水等。其好处是接种剂量相对均匀、准确，能形成强大的局部免疫力。

第八，免疫接种时应注意接种器械的消毒，注射器、针头、滴管等在使用前应彻底清洗和消毒。接种工作结束后，应把接触过活毒疫苗的器具及未用完的疫苗等进行无害化处理，防止散毒。

第九，做好免疫接种记录，记录要详细、确实，记录内容至少应包括：接种日期，鸡群的品种、日龄、数量，所用疫苗的名称、厂家、生产批号、有效期、使用方法及操作人员等，以备日后查寻。

第十，疫苗接种后应注意鸡群反应，有的疫苗接种后会继发引起呼吸道症状，应及时进行对症处理。

四、免疫效果监测

在免疫计划实施的同时应制定严格的抗体监测程序，对鸡群免疫应答和免疫力水平进行监测。

从 1 日龄开始，定期采样监测，早期每隔 1~2 周监测一次，以后随日龄增大每 3~4 周测定一次。

采样时，应注意具有足够的数量和一定代表性，一般万只以上鸡群按 0.5% 采样，小型鸡群按 1% 采样。采样时应从鸡群的多个位置抓鸡，采集病、弱鸡只应单独标明，便于结果分析。

第五节　鸡场主要疾病预防与控制

一、禽　流　感

禽流感（AI）是 A 型流感病毒引起的一种严重危害禽类健康的急性传染病，也称真性鸡瘟、欧洲鸡瘟。是目前危害世界及我国养禽业的最重要的疫病之一，也是威胁人类健康的重大疫病之一。

（一）流行病学

各种家禽和野禽尤其是野生水禽（如野鸭、鸭鹅、海鸥等）都可感染。病毒在野禽中大多形成无症状的隐形感染，为禽流感病毒的天然储毒库。家禽中以火鸡最为敏感，鸡、鹌鹑、鸵鸟等均可受禽流感病毒的感染而大批死亡。禽流感病毒为 RNA 病毒，变异较快，之前认为不易感的动物或是只感染不发病的宿主，在近年的研究表明均发生了很大的变化。例如，鹅和鸭过去一般认为不敏感，但是近年资料表明鹅和鸭在感染高致病性禽流感病毒后，也有明显的症状和病变，尤其是对幼龄的鹅、鸭可引起较高的死亡率。

禽流感可通过消化道、呼吸道、皮肤黏膜损伤和眼结膜等多种途径传播感染。同时，人员流动与消毒不严可促进禽流感的传播。一旦感染禽流感病毒，潜伏期为几个小时到 5 天，还有的健康禽体内长期带毒。潜伏期的长短除了跟病毒的致病力、感染途径及剂量有关外，还跟家禽的个体差异有关。禽流感一年四季均可能发病，但以冬春季节发病多。

（二）主要症状

肉鸡由于其特殊的高度密集化养殖模式，禽流感发生率越来越高。一般来讲 20～30 日龄的肉鸡多发，发病急，传播快，一般发病 2～3 天采食量明显下降，临床表现为流泪、结膜炎、头部水肿、喉咙有呼噜音。怕冷扎堆，体温升高，排水样稀便。

高致病性禽流感病毒感染鸡群后，其临床症状多为急性经过。最急性型的病例可在感染后 10 多个小时内死亡。急性型可见鸡舍内鸡群比往常沉静，鸡群采食量明显下降，甚至几乎废食，饮水也明显减少，全群鸡均精神沉郁，呆立不动，从第二天起，死亡数明显增多，临床症状也逐渐明显。病鸡头部肿胀，冠和肉髯发黑，眼分泌物增多，眼结膜潮红、水肿，羽毛蓬松无光泽，体温升高；下痢，粪便黄绿色并带多量的黏液或血液；呼吸困难，呼吸道啰音，张口呼吸，歪头；鸡脚鳞片下呈紫红色或紫黑色（俗称脚鳞紫变）。在发病后的5～7天内死亡率几乎达到100%。少数病程较长或耐过未死的病鸡出现神经症状，包括转圈、前冲、后退、颈部扭歪或后仰望天等。

（三）病理变化

死亡病鸡剖检，在典型病例可见内脏及皮下呈弥散性出血。气管有弥漫性出血、肌胃角质膜下、腺胃基部及黏膜、腺胃乳头均有出血。小肠各段大片出血，泄殖腔出血或坏死。打开头骨，脑部充血严重或有出血点。在实际解剖过程中需多解剖不同病程的鸡进行综合判断。

高致病力禽流感病毒感染后，主要导致全身性出血性病变，常见的肉眼病变包括心肌坏死，腺胃乳头、腺胃与肌胃交界处、腺胃与食道交界处、肌胃角质膜下、十二指肠黏膜出血，喉气管黏膜充血、出血，以上病变均为敏感鸡感染高致病力禽流感病毒后比较特征性的病变。

（四）诊断要点

禽流感的诊断应根据该病的流行特点、临床症状以及病理病变，并结合我国国家标准《高致病性禽流感防治技术规范》（GB 19442—2004）的相关规定作出初步诊断。但在流行初期或呈散发性发生时，需与类似疾病做区别诊断，如鸡新城疫、禽零乱等。另外，需注意高致病性禽流感和普通流感的区别。禽流感确诊应进行实验室诊断，采用血清学检查并结合病原分离进行确诊，高致病性禽流感的最终确诊应以国家禽流感参考实验室的检测结果为准。

（五）类证鉴别

禽流感与其他病毒病或细菌病的并发感染非常普遍。并且不同品种的鸡感染禽流感病毒后所表现的临床症状和损伤差异较大。需与禽流感进行鉴别诊断的传染病主要是鸡新城疫、传染性喉气管炎及传染性支气管炎等呼吸道病变较典型的传染病。但是高致病性禽流感会导致全身出血性病变，这是其他传染病所少见的。

（六）预防措施

目前对于本病尚无有效的方法治疗，预防本病乃是禽病防疫工作的重点，首先是要高度警惕病原侵入鸡群，防止一切带毒动物（特别是鸟类）和污染物品进入鸡群，进出鸡场的人员和车辆应该消毒；饲料来源要安全；不从疫区引进种蛋和雏鸡。

肉鸡虽然生长得快、出栏早，但还是建议在 7 日龄注射新城疫和流感的二联灭活疫苗。据有关研究表明，疫苗免疫后对肉鸡的保护率要明显好于未免疫的群体。对于生长期较长的一些肉杂鸡，可根据其生长期在 7 日龄首免一次，20 日龄再加强免疫一次，这样肉鸡获得的抗体水平更高，保护率也更高一些。对于疑似高致病性禽流感，要及时上报上级主管部门，一旦确认要采取扑灭措施。对于低致病力禽流感，一般按照抗病毒、防止继发感染的原则进行治疗。治疗的步骤是：退热，提高免疫力，清热解毒，抑制病毒复制，防止继发感染。

（七）临床实例

2009 年，某鸡场发生肉鸡急性死亡，7 天内全场 25 000 只鸡仅剩 3 只。疫情暴发后，当地动物疫控中心迅速到达现场，安排专人轮流在鸡场消毒和封锁，防止病鸡流入市场，禁止外面养鸡户到访。疫控中心人员调查得知鸡场发病前后，距鸡场 5 米左右垃圾坑里有很多死亡的野鸟。通过相关科研院所的检测发现，鸡场及野鸟均为 H5 亚型禽流感感染。由于封锁控制及时，疫情没有蔓延。

二、新 城 疫

新城疫（newcastle disease，ND）又称亚洲鸡瘟、伪鸡瘟，是由新城疫病毒引起的一种急性、败血性和高度接触性烈性传染病。以高热、呼吸困难、下痢、神经紊乱、黏膜和浆膜出血为特征，具有很高的发病率和死亡率，是危害养禽业的一种重要传染病。

（一）流行病学

鸡、野鸡、鹌鹑等禽类易感。其中以鸡最易感，野鸡次之。不同日龄的鸡易感性存在差异，幼雏易感性最高，两年以上的老鸡易感性较低。病鸡是本病的主要传染源。鸡感染后临床症状出现前 24 小时，其口、鼻分泌物和粪便就有病毒排出。病毒存在于病鸡的所有组织器官、体液、分泌物和排泄物中。在流行间歇期的带毒鸡，也是本病的传染源。鸟类也是重要的传播者。

病毒可经消化道、呼吸道，也可经眼结膜、受伤的皮肤和泄殖腔黏膜侵入机体。该病一年四季均可发生，但以春秋季较多。鸡场内的鸡一旦发生本病，可在 4～5 天内波及全群。

（二）主要症状

新城疫在养殖的各个阶段都会发生，各个品种也都易感。近年来，该病的免疫预防已经初见成效，典型的新城疫发生没有以往严重，但是慢性、非典型新城疫仍然威胁着养鸡业。本病目前主要以30～50日龄的鸡多发，临床表现鸡群陆续出现精神沉郁、食欲减少至废绝等一系列症状。病鸡体温升高、打呼噜、排黄绿色不成形稀便，先开始出现零星鸡只瘫痪，两天后表现肌肉震颤、病鸡嗉囊积液，呈区域性流行性疾病。我国根据临诊表现和病程长短把新城疫分为最急性、急性和慢性3个型。

1. 最急性型　此型多见于雏鸡和流行初期。常突然发病，无特征性症状而迅速死亡。往往头天晚上饮食活动正常，第二天早晨发现死亡。

2. 急性型　病初体温升高至43℃～44℃，食欲减退或废绝，精神委顿，鸡冠和肉髯变暗红色或紫色。病鸡呼吸困难、咳嗽，有黏液性鼻液，常伸头，张口呼吸，并发出"咯咯"的喘鸣声或尖锐的叫声。嗉囊内充满液体内容物，倒提时可能有大量酸臭液体从口内流出。粪便稀薄，呈黄绿色或黄白色，有时混有少量血液。

有的病鸡还出现神经症状，如翅、腿麻痹等，不久在昏迷中死亡。1月龄以内的小鸡病程较短，症状不明显，病死率高。母鸡产蛋停止或产软壳蛋。

3. 亚急性或慢性型　初期症状与急性相似，不久渐见减轻，但同时出现神经症状，患鸡翅、腿麻痹，头颈向后向一侧扭转，一般经10～20天死亡。此型多发生于流行后期的成年鸡，病死率较低。母鸡产蛋停止或产软壳蛋。

（三）病理变化

新城疫病毒可经过消化道或呼吸道，也可经眼结膜、受伤的皮肤和泄殖腔黏膜侵入机体，病毒在24小时内很快在侵入部位繁殖，随后进入血液扩散到全身，引起病毒血症。剖检可见全身黏膜及浆膜出血、最突出的病变在消化道：腺胃黏膜水肿，黏膜上的乳头或乳头间有出血点；腺胃与食道、腺胃与肌胃交界处黏膜有条状出血；小肠、盲肠和直肠黏膜有大小不等的出血斑点，肠道淋巴集合组织常形成枣核状坏死，溃疡灶主要发生在淋巴滤泡处，有的可深达黏膜下层，心冠脂肪有细小的出血点、肺脏充血或发生肺炎。

非典型新城疫病变不甚明显，多数可见黏膜有卡他性炎症，喉头充血，有多量黏液，气管内也有多量黏液，黏膜充血。一般不出现腺胃乳头出血，但可见腺胃胃壁水肿挤压时，从乳头孔流出多量乳糜样胃液。另外，在回肠壁可见黏膜面有枣核样突起，直肠和泄殖腔黏膜水肿和出血。

（四）诊断要点

根据典型临床症状和病理变化做出初步诊断，确诊需进一步做实验室诊断。实验室诊断主要有鸡胚或鸡胚成纤维细胞分离病毒、血凝和血凝抑制试验、荧光抗体试验等。

（五）类证鉴别

新城疫发生比较普遍，它虽然不属于呼吸道疾病，但非典型新城疫具有明显的呼吸道症状。所以需要跟有关呼吸道疾病区分开来，以免造成较大的损失。一般来讲，诊断思路应当是排除新城疫后再考虑是否有其他呼吸道疾病。

（六）预防措施

目前对于本病尚无有效的治疗方法，预防本病乃是禽病防疫工作的重点。

首先是要高度警惕病原侵入鸡群，防止一切带毒动物（特别是鸟类）和污染物品进入鸡群，进出鸡场的人员和车辆应该消毒；饲料来源要安全；不从疫区引进种蛋和雏鸡；新购进的雏鸡须接种鸡新城疫疫苗，并隔离饲养2周以上，健康者方可合群。

其次需合理做好预防接种工作，增强鸡群的特异免疫力。新城疫疫苗目前市面上有以下几种，需要弄清楚每种疫苗的性质、使用对象及方法。Ⅰ系苗（或称Mukteswar株）、Ⅱ系苗（或称HB1株）、Ⅲ系苗（或称F株）、Ⅳ系苗（或称LaSota株）。Ⅰ系苗是一种中等毒力的活苗，用于经过两次弱毒力疫苗免疫后的鸡或2月龄以上的鸡。产生免疫力快（3～4天），免疫期长（约1年），在发病地区常用来做紧急预防接种。Ⅱ系、Ⅲ系和Ⅳ系苗都是属于弱毒力的活苗，大小鸡均可使用，多采用滴鼻、点眼、饮水及气雾等方法接种。其中Ⅱ系苗的毒力稍高，最好不用于1周龄以下的鸡。对于大群雏鸡可用Ⅲ系或Ⅳ系苗做饮水免疫，也可做气雾免疫，但气雾免疫最好在2月龄以后采用，以减少诱发呼吸道疾病。

我国的肉鸡大都在50天左右出栏，饲养周期的缩短导致肉鸡的抗病力和抵抗力在下降。在加强饲养管理及卫生消毒工作的同时，需加强对新城疫抗体水平的检测，应用合理的免疫程序：一般建议在7日龄时对雏鸡进行首免，20日龄用新支二联苗进行滴鼻点眼，35日龄还可再进行一次加强免疫。在有条件的鸡场，最好能建立免疫监测手段，定期对鸡群抽样采取血清，测定抗体水平，从而确定接种疫苗的时机。

（七）临床实例

2008 年，湖北某肉鸡养殖户，40 日龄的地方鸡出现精神沉郁，排绿色稀便，部分鸡头颈扭斜呈观星状，死亡率达 30％。经采样剖检发现，病鸡腺胃乳头出血，十二指肠内有枣核状出血，盲肠扁桃体出血，实验室通过 HI 抗体检测及病毒学诊断为新城疫感染。通过使用新城疫弱毒活疫苗 5 倍量接种，第四天疫情就得到了控制。

三、传染性法氏囊病

传染性法氏囊病（Infectious bursal disease，IBD）是由双链 RNA 病毒科的传染性法氏囊病毒（IBDV）所引起的一种鸡的急性暴发性传染病。法氏囊位于泄殖腔的背侧，又称腔上囊，是禽类特有的体液免疫中枢，在 70～80 日龄时体积最大，以后逐渐消退，性成熟时消失。目前该病被国际上公认为是鸡的三大疫病之一。

（一）流行病学

传染性法氏囊病毒的自然宿主仅为雏鸡和火鸡。不同品种的鸡均有易感性。1 周龄和 3 周龄以上的肉鸡感染发病，典型的法氏囊病时有发生，造成大量死亡。该病全年均可发生，无明显季节性。

传染性法氏囊病是高度接触性的传染病，而且病毒持续存在于鸡舍环境中。病鸡的粪便中含有大量病毒，病鸡是主要传染源。病毒可通过病鸡接触直接传播，也可通过污染了病毒的饲料、饮水、垫料、用具、人员等间接传播。根据研究表明，老鼠、蚊子等媒介昆虫可能参与了该病的传播。在肉鸡的养殖中，环境中常存在中强毒力的野毒株。

耐过鸡只法氏囊组织受损严重，导致免疫抑制，从而影响其他疫苗的免疫效果，在临床常常造成免疫失败。

（二）主要症状

本病的潜伏期很短，感染后 2～3 天出现症状。早期感染鸡只精神沉郁，羽毛竖起，继而部分鸡群有自行啄肛现象。随后病鸡排白色或黄白色水样便，肛门周围羽毛被粪便污染。病鸡脱水严重导致虚脱，最终死亡，后期体温低于正常体温。易感鸡群该病的发病率可达到 100％，死亡率从 0～30％ 不等。一般鸡场首次暴发为最急性型，之后暴发没开始那么严重，最后变为隐性感染。

（三）病理变化

典型病鸡剖检可见法氏囊肿大、出血、坏死，呈紫红色葡萄状或黄色浆液性水肿；胸肌、腿肌有条纹状出血斑块；腺胃和肌胃交界处有条状出血；肾脏肿大苍白，呈花斑状。目前很多病例只是出现法氏囊轻微萎缩，内有淡黄色黏液，不出现胸肌、腿肌出血症状。

（四）诊断要点

易感鸡群急性暴发传染性法氏囊病是容易辨认的，而且能很容易做出初步诊断。该病的临床特点是，发病迅速，发病率高，有明显的尖峰死亡曲线，迅速康复需 5～7 天。根据剖检法氏囊的特征性病变即可确诊。特别需要注意的是，感染过程中法氏囊的颜色和体积的明显变化，大体眼观病变有出现炎症反应时法氏囊肿大，随后法氏囊萎缩。实验室诊断则可通过法氏囊的组织学观察或病毒分离即可作出诊断。

（五）类证鉴别

临床需跟鸡球虫病相区别。因为这两种病的初期都是突然发病，发病率高，发病初期精神沉郁，羽毛竖起，粪便中有血。但是，肌肉出血、法氏囊水肿出血，是传染性法氏囊病特征性病变。

（六）预防措施

疫苗免疫是控制传染性法氏囊病最经济最有效的措施。第一次免疫一般在 11 日龄左右，选择弱毒疫苗安全有效；第二次免疫一般在 26 日龄左右，疫苗弱毒或中等毒力的活疫苗均可以达到很好的免疫效果，又不至于损伤法氏囊造成严重的免疫抑制。

四、传染性支气管炎

鸡传染性支气管炎是由传染性支气管炎病毒引起的鸡的一种急性、高度接触性呼吸道传染病。其特征是呼吸困难，气管发生啰音，咳嗽，张口呼吸，打喷嚏。

（一）流行病学

本病感染的鸡，无明显的品种差异。各日龄的鸡都易感，但 5 周龄内的鸡症状比较明显，死亡率可到 15%～19%。发病季节多见于秋、冬季至翌年春末，但以冬季最为严重。饲养密度过大，舍温过热、过冷，通风不良，特别是强烈的应激作用如疫苗接种、转群等均可诱发。本病主要经过呼吸道感染，病鸡从呼吸道排出病毒，通过飞沫传给易感鸡，也可以通过饲料、饮水、垫料等传播。传播迅速，几乎在同一时间有接触史的易感鸡都发病，常在 1～2 天波及全群。对于肉鸡而言，传染性支气管炎引起肉用仔鸡的死亡高峰一般在最后 2 周（即 5～6 周龄）。死亡主要由继发性的细菌感染引起，因为传染性支气管炎病毒可损伤呼吸道，进而细菌入侵引起全身性感染。有些传染性支气管炎病毒具有高度致肾病变性，引起的雏鸡死亡率高达 30%。

（二）主要症状

4 周龄以下鸡常表现为伸颈、张口呼吸、打喷嚏、咳嗽、啰音，病鸡全身衰弱、精神不振、食欲减少、羽毛松乱、昏睡、翅下垂，常挤在一起，借以保暖。个别鸡鼻窦肿胀，流黏性鼻液，眼泪多，甚至单侧眼失明，逐渐消瘦。雏鸡死亡率为 25%，康复鸡发育不良。5 周龄以上鸡症状基本一样，但没有 4 周龄以下鸡严重。成年鸡除表现轻微的呼吸道症状外，则主要表现为产蛋下降，畸形蛋常见，蛋品质下降。

如果是肾型毒株感染鸡，除出现呼吸道症状外，还表现持续白色水样腹泻，迅速消瘦，饮水量增加。雏鸡死亡率 10%～30%。6 周龄以上鸡死亡率 0.5%～1%。

（三）病理变化

感染传染性支气管炎的病鸡气管黏膜水肿，气管、鼻道和窦中有浆液性、卡他性或干酪样的渗出物。气囊混浊或含黄色干酪样渗出物，在死亡雏鸡的气管后段或支气管中能发现干酪样栓子。肺部有炎症，肾型传染性支气管炎可引起肾脏苍白肿大，同时肉眼可见输尿管因尿酸盐沉积而扩张。

（四）诊断要点

可根据该病发生的临床表现、传染迅速、呼吸症状明显初步做出判断，具体确诊需进行实验室诊断。目前，实验室可通过聚合酶反应（PCR）方法扩增出传染性支气管炎病毒的特异性目的片段进行快速确诊。同时需经病料处理，尿囊腔接种 9～11 日龄的无特定病原（SPF）鸡胚，接种 4～5 天后，可见胎儿发育迟缓、卷曲。然后取接种鸡胚尿囊液进行血液凝集（HA）试验。选用 96 孔血凝板，1% 鸡红细胞，取接种鸡胚尿囊液检测，无血凝性。但在用 1% 胰蛋白酶或磷酸酯酶 C 处理尿囊液 24 小时后，HA 效价可达 2^6。如果可能的话，传染性支气管炎的诊断还应包括鉴定传染性支气管炎病毒的血清型或基因型，因为不同毒株之间的抗原性差异很大，而且现在有多种针对不同传染性支气管炎病毒血清型的疫苗可供选择。

（五）类证鉴别

该病易与新城疫、传染性喉气管炎相混淆。鉴别方法：

第一，传染性支气管炎是所有呼吸道传染病中传播最为迅速的一种疾病，潜伏期短，无前驱症状，突然出现呼吸症状，并很快波及全群。传染性支气管炎常见肾脏肿大，呈花斑肾，而新城疫和传染性喉气管炎则无，传染性喉气管炎常见鸡咯血，而前两者则无。

第二，三者接种鸡胚后所呈现的鸡胚病变不一样。传染病支气管炎可出现侏儒胚、蜷缩胚，72 小时内死亡数量少；新城疫则出现全身出血，鸡胚多数在 72 小时内死亡；传染性喉气管炎则是在鸡胚绒毛尿囊膜上出现清晰可见的痘斑。

第三，病毒的血凝性差异。新城疫病毒能够凝集鸡红细胞，传染性支气管炎病毒需经胰酶处理后才表现血凝性，而传染性喉气管炎则无血凝性。

第四，传染性支气管炎无神经症状。而新城疫常可见神经症状，如头颈扭曲呈观星状，翅膀瘫痪下垂。

（六）预防措施

本病预防应考虑减少诱发因素，提高鸡只的免疫力，做好鸡舍的清洁和消毒，引进无传染性支气管炎病疫情鸡场的雏鸡，坚持全进全出。做好雏鸡的饲养管理，鸡舍需注意通风换气，注意饲养密度，注意保温，注意饲料中维生素及矿物质的适量添加，制定合理的免疫程序。

对传染性支气管炎目前尚无有效的治疗方法，临床上多采用对症治疗的方法。在实际生产的过程中，鸡群常继发细菌性疾病，因而采用一些抗菌药物有时会较有成效。

五、鸡 白 痢

鸡白痢是由鸡白痢沙门氏菌引起的一种常见传染病，各年龄段鸡均可发生。其主要特征是：患病雏鸡排白色糊状稀便，成鸡以局部或慢性感染、隐性感染为主。

（一）流行特点

本病主要发生于鸡，其次为火鸡，其他禽类仅偶有发生。本病为雏鸡的常见病和多发病，也能感染成年鸡。雏鸡发病为急性全身感染（急性败血型）。成年鸡为慢性局部感染。病鸡和带菌鸡是本病的主要传染源，感染途径主要是消化道，有时也能经呼吸道和眼结膜传染。最常见的是经带菌的鸡蛋传染。带菌鸡蛋有健康带菌鸡及病愈后带菌鸡产的蛋，也有在外界环境中（如孵化箱等）被本菌污染的蛋。被感染雏鸡可终生带菌。20 日龄以内的雏鸡，日龄越小发病后的死亡率越高，如 10 日龄以内的雏鸡严重发病后死亡率可达 80%～90%。管理不善的鸡场，发病可延续到 30～40 日龄，死亡率很高，所剩无几，损失惨重。

该病一年四季均可发生，以冬、春季多发。其发病率、死亡率差别很大。与大肠杆菌、支原体等混合感染，可加重发病率和死亡率。

（二）主要症状

不同日龄的鸡发病与临床表现有较大差异。

1. 雏鸡　雏鸡在 5～6 日龄时开始发病，2～3 周龄是雏鸡发病和死亡高峰，可造成 20%～30% 的死亡，甚至更高。病鸡精神沉郁，低头缩颈，羽毛蓬松，食欲下降，扎堆在一起，闭眼嗜睡。突出的表现是下痢，排灰白色稀便。如防治不当，病雏死亡呈直线上升。

2. 育成鸡　多发生于 40～80 日龄，地面平养鸡群比网上和育雏笼育发生的要多。育成鸡发病多有应激因素，如环境卫生恶劣、气候突变等。本病发生突然，全群鸡只食欲精神尚可，总见鸡群中不断出现精神、食欲差和下痢的病鸡，零星死亡。病程较长的，可拖延 20～30 天，死亡率可达 10%～20%。

3. 成年鸡　呈慢性经过或隐性感染，一般不见明显的临床症状，当鸡群感染比例较大时，可明显影响产蛋，无产蛋高峰，死亡率增高。

（三）病理剖检

1. 雏鸡　发病急、死亡快的幼雏病变不明显。病程长的雏鸡可见卵黄吸收不良，呈油脂状或干酪状。肺脏有坏死或灰白色小结节。肠道卡他性炎症，盲肠膨大。肾脏色泽暗红或苍白，肾小管和输卵管扩张，充满尿酸盐。

2. 育成鸡　突出的变化为肝脏肿大，有的较正常肝脏大数倍，被膜下可见散在或密集的大小不等的白色坏死灶。

3. 成年鸡　主要病变在生殖器官。多数母鸡卵巢仅有少量接近成熟或成熟的卵子，一部分正在发育的卵泡变形、变色、变质，有的皱缩松软呈囊状。肠道呈卡他性炎症。公鸡睾丸发炎。

（四）诊断要点

根据该病在不同日龄的鸡群中发生的特点，以及病死鸡剖检病变可做出初步诊断，确诊必须进行实验室诊断，包括细菌分离培养和血清学诊断。

（五）类症鉴别

鸡白痢与鸡伤寒、鸡副伤寒的鉴别诊断，见表6-4。

表6-4 鸡白痢与鸡伤寒、鸡副伤寒的鉴别诊断

项 目	鸡白痢	鸡伤寒	鸡副伤寒
发病日龄	3周龄内鸡多发，死亡高峰2～3周龄	3周龄以上鸡多发，雏鸡死亡率高	3周龄内鸡多发，死亡高峰在20日龄前
主要症状	排白色稀便，易堵肛门；畏寒、扎堆、呻吟，缩头闭眼、口渴	排黄绿色稀便；精神委靡，离群独立；冠髯苍白，嗜睡，饮欲增加	排水样稀便；畏寒，扎堆，口渴，结膜炎，流泪，嗜睡，消瘦
剖检变化	肝脏、脾脏及心肌有白色坏死灶，肝脏有条状出血；卵黄吸收不良，外呈黄绿色；肾淤血肿大，呈暗紫色；小肠呈卡他性炎症，盲肠膨大，内有白色干酪样凝固物	肝脏肿大2～3倍，呈青铜色，脾脏肿大，胆囊胀满充满胆汁，肝脏、脾脏及心肌有白色坏死灶；心包积液，卵黄凝固；肾土黄色；肠内容物黏稠呈青绿色，肠道卡他性炎症	肝脏和脾脏肿大、淤血，肝脏表面有纤维性渗出，胆囊充盈膨大；卵黄吸收不好；心包粘连发炎；肠道有出血性炎症

（六）防治措施

1. 预防

（1）检疫净化鸡群，建立无鸡白痢沙门氏菌的种鸡群　通过血清学试验，检出并淘汰带菌种鸡。第一次检查在60～70日龄进行，第二次检查可在16周龄时进行，以后每隔1个月检查1次，发现阳性鸡及时淘汰，直至全群的阳性率不超过0.5%为止。

（2）严格消毒　①种蛋消毒。及时拣选种蛋，并分别于拣蛋、入孵化器后，18～19日胚龄落盘时3次用28毫升/米³福尔马林熏蒸消毒20分钟。出雏达50%左右时，在出雏器内用10毫升/米³福尔马林再次熏蒸消毒。②孵化室建立

严格的消毒制度。③育雏舍、育成舍和蛋鸡舍做好地面、用具、料槽、笼具、饮水器等的清洁消毒，定期对鸡群进行带鸡消毒。

（3）加强雏鸡饲养管理，注意药物预防　在本病流行地区，育雏时可在饲料中交替添加氟哌酸等进行预防。

2. 治疗　磺胺类、喹诺酮类等抗生素按药物说明书进行饮水或拌料投喂鸡群，对本病都有一定疗效，有条件的应在药敏试验的基础上选择敏感药物，并注意交替用药。

六、鸡大肠杆菌病

鸡大肠杆菌病是由致病性大肠杆菌的不同血清型菌株所引起的不同病型大肠杆菌病的总称。鸡感染大肠杆菌往往是由于环境中大肠杆菌污染严重、鸡体受应激因素的影响致抵抗力下降以及没有免疫力感染而发病。鸡感染大肠杆菌后发病的类型较多。

（一）流行特点

大肠杆菌广泛存在于自然环境中，是鸡只肠道正常寄居的土著菌之一，其中有些血清型属致病性菌株。在正常情况下，大多数菌株是非致病性的共栖菌。当鸡机体衰弱，消化系统的正常功能受到破坏，肠内微生物区系失调，机体防御功能降低时，肠内的致病性大肠杆菌就有可能进入肠壁血管，随着血液循环侵入内脏器官，造成内源性感染的菌血症。最主要的传染途径是呼吸道，但也可以通过消化道、蛋壳穿透、交配等途径感染。

各年龄段的鸡均可感染本病，雏鸡及4月龄以下鸡多发，尤其是20～45日龄最易感染。发病率和死亡率较高。发病鸡场常常是卫生条件差，潮湿，饲养密度过大，通风不良。本病一年四季均可发生，以秋末和冬春季多见，与应激因素关系密切。

（二）症　状

本病发生突然，死亡率较高。初生雏鸡表现衰弱、缩颈、闭眼，也有发生下痢者，腹膨大，常因败血症而死，或因衰弱、脱水致死。成年鸡常表现喜卧，不愿行动，站立或行走时见腹部膨大和下垂，似企鹅状，触诊时，腹腔内有液体。

鸡大肠杆菌侵害种鸡，尤其是优良品种鸡，降低鸡的种用性能和产蛋性能。该病主要发生于成年种公鸡和产蛋鸡（尤其是产蛋高峰期），表现为患病母鸡突然停止产蛋，体温正常或稍偏低，精神委顿，不愿走动，羽毛松乱，食欲减少或完全废绝，排灰白色黄绿稀便，泄殖腔有1～2个硬或软壳蛋滞留，鸡康复后多不能恢复产蛋功能。

（三）病理剖检

大肠杆菌性败血症的病理学特征是浆膜渗出性炎症，主要在心包膜、心内膜、肝和气囊表面有纤维素性渗出，呈浅黄绿色，凝乳样或网状，松软，湿性，厚度不等。此种渗出不形成层状。肝脏常肿大，呈青铜色或胆汁色。脾脏肿大、发黑，且呈斑纹状。剖开腹腔时常有腐败气味。渗出性腹膜炎、肠炎和卵黄破裂也常见。坏死性肠炎，卵巢出血，成年鸡更常见。偶见肺有淤血和水肿。

鸡大肠杆菌侵害种鸡的生殖器官时病变局限于生殖器官。患病母鸡输卵管黏膜散在分布有大小不一的出血斑或点；卵泡膜充血，有的卵泡变形；少数病例有卵黄性腹膜炎和肝脏轻度肿大，其他脏器无明显异常。患病公鸡阴茎充血、肿大；严重者露出体外，不能缩回体内；露出的阴茎呈鲜红色，有大小不一的结节或溃疡。病鸡失去交配能力。

（四）诊断要点

1.病原分离 常用麦康凯琼脂、伊红美蓝琼脂（EMB）等选择性培养基进行培养。本菌菌落在 EMB 平板上的最大特征是呈深紫色，鼓凸，表面湿润发亮，具有绿色的金属光泽。凭此特征可做出初步诊断。

2.病原鉴定 除了做一般的生化反应外，还需做以下工作：①以 O，K 血清的玻片凝集法为佳，血清学鉴定，应先多价再单价。②鉴定是否是侵袭性大肠杆菌，还需做豚鼠角膜结膜试验。其方法是将新分离到的菌株接种于固体培养基上，待生长后用铂耳钩取菌苔夹入豚鼠结膜囊内，如是侵袭性大肠杆菌，则引起角膜结膜炎。因为侵袭性大肠杆菌与志贺氏菌在生化反应、血清学和毒力基因方面都很接近，所以必须做对比实验。

（五）防治措施

1.预防

第一，加强饲养管理，做好消毒工作，保持洁净的饮水，加强饮水的卫生监测。饲料要求全价、优质、无污染和霉变。鸡舍要经常打扫，保持清洁卫生，勤换垫草，保持干燥的环境。

第二，改善通风条件，避免多尘、充满氨气的空气，防止饲养密度过大、饲料突然改变、潮湿等应激因素的影响。

第三，杜绝其他动物和人员进入鸡舍。平时注意自繁自养，不从疫情不明的鸡场引种，对外来鸡进行检疫。鸡不接触或尽量少接触病原菌，可减少发病的机会。

第四，疫苗接种是预防鸡大肠杆菌病的重要手段。虽然各地的优势致病性大肠杆菌流行菌株的血清型种类多而不相同，但只要从发病的地区或鸡场分离出来的优势流行菌株制成区域优势血清型疫苗，按一定科学的免疫程序进行免疫，效果是理想的。这是防控禽类大肠杆菌病的方向，也是历史的结论。

第五，在鸡只产生免疫力之前，尽量避免接触被污染的水源。务必搞好鸡舍的清洁卫生。每2～3天在饲料中投1次抗菌药物，同时添加多种维生素和微生态制剂，至产生免疫力为止。

2. 治疗 大肠杆菌对多种药物敏感，但随着抗生素的广泛应用，耐药菌株也越来越多，而各地分离的菌株，即使是同一个血清型，对同一种药物的敏感性也有很大的差异。因此，在治疗之前，最好先用分离菌株做药敏试验，选用高度敏感的药物进行治疗，交替用药，才能收到较好的效果。

七、鸡支原体病

鸡支原体病又称鸡霉形体病，是支原体引起的一类疾病总称。主要包括鸡慢性呼吸道病和传染性滑膜炎。该病广泛分布于全世界，是鸡的多发病，可造成胴体等级下降、饲料报酬率降低、生长速度缓慢、产蛋率减少等。

（一）鸡慢性呼吸道病

1. 流行特点 各种年龄的鸡均能感染该病，以4～8周龄的鸡最易感，成年鸡多呈阴性经过。病鸡和带菌鸡是主要传染源。该病的传播途径有4个，即呼吸道、消化道、交配、经蛋垂直传播。经蛋垂直传播是重要的传播途径。该病发生没有明显的季节性。饲养管理不善、环境卫生条件差、鸡群密度过大、鸡舍通风不良、气候骤变和营养缺乏等，均可促进该病的发生或加剧疾病的严重程度，使死亡率增加。

该病具有发病快、传播慢、病程长等特点。发病率和死亡率的高低取决于是否有其他病毒或细菌病的并发或继发感染。一般发病率为10％，有继发感染的情况下，发病率可达70％，死亡率为20％～40％。

2. 症状 本病的潜伏期约6～12天，但病程可长达30天以上。幼龄鸡感染症状较重。单纯感染时，最初症状是流鼻液、打喷嚏，然后出现咳嗽、气喘，从鼻孔流出黏液堵塞鼻孔，病鸡甩头，有气管啰音等呼吸困难症状。眼睑肿胀；

到了后期，一侧或两侧眶下窦及面部肿胀，及时治疗可恢复。若病程过长，因窦内渗出物呈干酪样，则不可恢复。严重时，一侧或两侧眼睛失明。病鸡精神和食欲差，生长发育迟缓，最后衰竭而死。成年鸡的症状与雏鸡相似，但症状较轻。若该病继发于其他疾病，病鸡主要表现为原发病的主要症状。病患鸡可产生一定程度的抵抗力。但可长期带菌。

3. 病理剖检 鸡慢性呼吸道病的病理学诊断为眶下窦肿胀，内充满透明或浑浊的浆液、黏液或有干酪样物蓄积；窦黏膜充血增厚；气囊混浊、增厚、水肿；眼和鼻腔有分泌物。

4. 诊断 根据该病的流行病学特点、临床症状及病理剖检可以做出初步诊断。若要确诊，必须进行血清学试验和病原体的分离培养。病原体分离需要特殊的培养基，且花费时间较长，在实践中一般用血清学进行确诊。

5. 类症鉴别

（1）支原体病与传染性支气管炎的区别 鸡传染性支气管炎为病毒性疾病，鸡群发病较急，幼雏常伴有肾脏病变，成年鸡产蛋量大幅度下降并出现畸形蛋，各种抗菌药物无效。

（2）支原体病与传染性鼻炎的区别 传染性鼻炎发病时面部肿胀，流鼻液、流泪等症状与支原体病相似，但鼻炎发病率高，传播速度快，且剖检通常见不到气囊病变及临床中的呼吸啰音。

（3）支原体病与鸡新城疫的区别 鸡新城疫表现全群鸡急性发病，症状明显，虽然呼吸道症状与慢性呼吸道病相似，但消化道严重出血，并且会出现神经症状，这易与慢性呼吸道病相区别。鸡新城疫可诱发慢性呼吸道病，而且其严重病症会掩盖慢性呼吸道病，往往是新城疫症状消失后，慢性呼吸道病的症状才逐渐显示出来。

（4）鸡支原体病与维生素 A 缺乏症的区别 维生素 A 缺乏症表现眼中蓄积白色豆腐渣样渗出物，不发黄，食管、嗉囊等黏膜上有许多白色小结节，腿脚褪色，抗生素治疗无效，而且鱼肝油治疗效果很好。

6. 防治措施

（1）预防 建立无病鸡群。注意改善饲养管理环境，特别是舍饲期间的鸡舍的卫生以及消毒等，注意通风、保温、防湿，饲养密度不宜过大。争取在育雏期间做到全进全出，即成批进雏，成批转雏，不留残鸡圈，不留病鸡，空圈后彻底消毒。消毒可用福尔马林熏蒸。以上措施可使鸡发病率大大减少。或者采取更换育雏舍的办法，即将原病鸡舍彻底消毒后，空圈一段时间再饲养，往往也有良好效果。对种蛋也要进行严格的消毒和预防接种，可降低带菌率。

（2）治疗 及时确诊后根据药敏试验选择敏感药物进行有效治疗。在临床上，经常见到该病与大肠杆菌混合感染或该病继发于其他疾病，这时应以控制大肠杆菌或原发病为主。

（二）鸡传染性滑膜炎

鸡传染性滑膜炎又称鸡传染性支原体病，是由滑膜支原体引起的一种传染性疾病，主要特征是关节滑膜炎和腱鞘炎。

1. 病原学 滑膜支原体比败血支原体略小，直径约 0.2 微米，菌落特征为圆形隆起、略似花格状，有凸起的中心或无中心。在抵抗力方面也与败血支原体相似。

2. 流行特点 该病主要感染禽类，特别是感染 4～6 周龄的鸡，偶尔见于成年鸡。传播途径主要是经垂直传播，也可经呼吸道和直接接触传播。

3. 症状 病原体主要侵害鸡的关节。发病初期表现为跛行、喜卧地、关节肿大变形、鸡冠苍白，生长停滞，严重的鸡冠萎缩、发绀，全身羽毛蓬乱，精神委靡。排泄物中有大量尿酸盐的青绿粪便。有时可见鸡轻度的呼吸道症状。成年鸡产蛋率下降 20%～30%，死亡率一般低于 10%。

4. 病理剖检 剖检可见关节和足垫肿胀，在关节的滑膜、滑膜囊和腱鞘内有大量炎性渗出物，初期渗出物黏稠、灰白色或黄色，慢性病鸡后期变为干酪样渗出物。肝脏、脾脏肿大，肾脏肿大呈苍白的斑驳状，呼吸道一般无明显变化。

5. 诊断 根据该病特点可做出初步诊断，实验室诊断与前面所介绍的慢性呼吸道病的诊断方法相同。

6. 防治措施 预防和治疗方法，请参考前面介绍的慢性呼吸道病，但使用的疫苗是鸡滑膜支原体病菌苗。

八、鸡球虫病

鸡球虫病是鸡常见且危害十分严重的寄生虫病，是由一种或多种球虫引起的急性流行性寄生虫病。主要包括四大类，即柔嫩艾美耳球虫、巨型艾美耳球虫、堆型艾美耳球虫、哈氏艾美耳球虫。10～30 日龄的雏鸡或 35～60 日龄的育成鸡发病率和致死率可高达 80%。病愈的雏鸡生长受阻，增重缓慢。成年鸡一般不发病，但为带虫者，增重速度下降，是传播球虫病的重要病源。

（一）病　因

病鸡是主要传染源，凡被带虫鸡污染过的饲料、饮水、土壤和用具等，都有卵囊存在。鸡感染球虫的途径主要是吃了感染性卵囊。人及其衣服、用具等以及某些昆虫都可成为机械传播者。

　　饲养管理条件不良，鸡舍潮湿、拥挤，卫生条件恶劣时，最易发病。在潮湿多雨、气温较高的梅雨季节易暴发球虫病。

（二）临床症状

　　病鸡精神沉郁，羽毛蓬松，头蜷缩，食欲减退，嗉囊内充满液体，鸡冠和可视黏膜贫血、苍白，逐渐消瘦，病鸡常排红色胡萝卜样粪便。若感染柔嫩艾美耳球虫，开始时粪便为咖啡色，以后变为完全的血粪，致死率可达50%以上。如果为多种球虫混合感染，粪便中带血液，并含有大量脱落的肠黏膜。

（三）病理变化

　　病鸡消瘦，鸡冠与黏膜苍白，内脏变化主要发生在肠管，病变部位和程度与球虫的种类有关。

　　柔嫩艾美耳球虫主要侵害盲肠，两支盲肠显著肿大，可为正常的3～5倍，肠腔中充满凝固的或新鲜的暗红色血液，盲肠上皮变厚，有严重的糜烂。

　　毒害艾美耳球虫损害小肠中段，使肠壁扩张、增厚，有严重的坏死。在裂殖体繁殖的部位，有明显的淡白色斑点，黏膜上有许多小出血点。肠管中有凝固的血液或有胡萝卜色胶冻状的内容物。

　　巨型艾美耳球虫损害小肠中段，可使肠管扩张，肠壁增厚；内容物黏稠，呈淡灰色、淡褐色或淡红色。

　　堆型艾美耳球虫多在上皮表层发育，并且同一发育阶段的虫体常聚集在一起，在被损害的肠段出现大量淡白色斑点。

　　哈氏艾美耳球虫损害小肠前段，肠壁上出现大头针头大小的出血点，黏膜有严重的出血。

　　若多种球虫混合感染，则肠管粗大，肠黏膜上有大量的出血点，肠管中有大量的带有脱落的肠上皮细胞的紫黑色血液。

（四）诊断要点

　　用饱和盐水浮集法或粪便涂片查到球虫卵囊，或取病死鸡肠黏膜触片或刮取肠黏膜涂片查到裂殖体、裂殖子或配子体，均可诊断为球虫感染。确诊应根据临床症状、流行病学情况、病理变化和病原检查结果进行综合诊断。

（五）类症鉴别

　　1. 根据临床症状进行鉴别诊断　鸡发生球虫病时，粪便呈鲜红色或番茄酱样，鸡冠苍白；发生坏死性肠炎的病鸡排暗红色稀便，常有气泡；而盲肠肝炎的病鸡，排蛋清蛋黄样粪便，周围带血，鸡冠呈紫色。

2. 根据病理变化进行鉴别诊断 鸡发生盲肠球虫时，两侧盲肠呈暗红色，内有鲜红色血样内容物；小肠球虫病鸡的空肠、回肠上有高粱粒大的出血点和米粒大的白色结节，内有番茄酱样内容物。坏死性肠炎，小肠严重肿大，内有气体，外观呈紫红色，肠黏膜坏死、脱落，肠腔内有红色粥样内容物；盲肠肝炎的特征病变是肝表面有边缘隆起的玉米粒大小的溃疡灶，有时溃疡灶融合成片；盲肠内有硬的栓塞物，多局限于一侧盲肠。

3. 通过实验室检验进行鉴别诊断 将肠内容物涂片、镜检，如果能见到大量球虫卵囊，诊断为球虫病；涂片用革兰氏染色、镜检，若有大量粗大的革兰氏阳性杆菌，诊断为坏死性肠炎；将病料制成悬滴标本、镜检，发现活动的虫体，诊断为盲肠肝炎。

（六）防治措施

1. 预防

（1）加强饲养管理 保持鸡舍干燥、通风和鸡场卫生，定期清除粪便，堆放发酵以杀灭卵囊。保持饲料、饮水清洁，笼具、料槽、水槽定期消毒，一般每周1次，可用沸水、热蒸汽或3%～5%热碱水等处理。据报道，用球杀灵和1∶200的农乐溶液消毒鸡场及运动场，均对球虫卵囊有较好杀灭作用。每千克日粮中添加0.25～0.5毫克硒可增强鸡对球虫的抵抗力。补充足够的维生素 K和给予3～7倍推荐量的维生素 A 可加速鸡患球虫病后的康复。

（2）免疫预防 据报道，应用鸡胚传代致弱的虫株或早熟选育的致弱虫株给鸡免疫接种，可产生较理想的预防效果。

2. 治疗 鸡球虫病的治疗主要依靠药物。我国养鸡生产中使用的抗球虫药品种，包括进口的和国产的，共有十余种。

（1）氯苯胍 预防按30～33毫克/千克混料，连用1～2个月；治疗按60～66毫克/千克混料，3～7天后改为预防量。应在鸡屠宰前5～7天停药。

（2）氯羟吡啶（克球多、氯吡醇、可爱丹） 混料预防浓度为125～150毫克/千克，治疗量加倍。育雏期一般连续给药3～5天，停药1周后可视情况进行下一个给药周期。治疗量拌料时，应在鸡屠宰前5天停药。

（3）氯丙啉 可混饲或饮水给药。混料预防浓度为100～125毫克/千克，连用2～4周；治疗浓度为250毫克/千克，连用1～2周，然后减半，连用2～4周。应用本药期间，应控制每千克饲料中维生素 B_1 的含量以不超过10毫克为宜，以免降低药效。

（4）尼卡巴嗪　混料预防浓度为 100～125 毫克/千克，育雏期可连续给药。应在鸡屠宰前 4～7 天停药。

九、肉鸡腹水综合征

肉鸡腹水综合征又称肉鸡肺动脉高压综合征，是一种由多种致病因子共同作用引起的以右心肥大扩张和腹腔内积聚大量浆液性淡黄色液体为特征，并伴有明显的心、肺、肝等内脏器官病理性损伤的非传染性疾病，发病率与死亡率均较高，是当今危害肉鸡业最重要的疾病之一。

（一）病　因

腹水综合征的发生有较明显的季节性，冬季寒冷季节发病率高，死亡率也高。主要危害快速生长的 4～6 周龄仔鸡，以 3～5 周龄多发。发病原因主要与遗传因素、饲养环境、营养因素等有关。

1. 遗传因素　长期以来，肉鸡的品种往往只注重快速生长性能方面的选育，而没有相应地改善其心肺功能，导致鸡快速生长而不能很好地适应机体本身的代谢要求。快速生长、机体代谢旺盛（需氧量增加）、心肺衰竭是引发该病的最主要因素。

2. 饲养环境　寒冷冬季，因保暖的需要，紧闭门窗，加上鸡舍饲养密度大，造成通风换气不好，空气中氧含量降低，氨气和灰尘含量增高，导致肺脏受损，循环、呼吸系统功能障碍，从而引发腹水综合征。

3. 营养因素　日粮中蛋白质及能量水平较高，生长速度过快，机体代谢过程缺氧严重。据报道，饲喂颗粒料的鸡场腹水综合征发病率明显高于饲喂粉料的鸡场。

4. 其他原因　某些营养物质缺乏或过剩，如硒和维生素 E 缺乏、食盐中毒、莫能霉素或霉菌毒素中毒以及呼吸道疾病和大肠杆菌病等都能引起腹水综合征。

（二）临床症状

发病鸡表现精神不振，食欲下降，体重减轻。典型症状是病鸡腹部膨大，腹部皮肤变薄发亮，触压有波动感，以腹部着地，喜卧，走路似企鹅状。体温正常。严重者呼吸急促，心跳加快，一般在出现腹水后 1～2 天发生死亡。

（三）病理变化

剖开腹部，从腹腔中流出大量淡黄色或清亮透明的液体，有的混有纤维素性沉积物；脑膜血管充血；扁桃体出血；法氏囊黏膜泛红；喉头气管内有黏液；心脏肿大，右心扩张，柔软，心包积液；肝充血、肿大，有的发生萎缩硬化；胆囊肿大，突出肝表面，内充满胆汁；脾脏缩小呈暗红色；肾充血、肿大，有尿酸盐沉积；胃稍肿、淤血、出血；肠系膜及浆膜充血，肠黏膜有少量出血，肠壁水肿增厚。

（四）诊断要点

根据病鸡腹部膨大的典型症状，且无传染性的特性，可做出初步诊断。

（五）类症鉴别

注意与鸡葡萄球菌病、维生素 E-硒缺乏症、鸡脂肪肝综合征、鸡大肠杆菌病、鸡绿脓杆菌病等的鉴别。

1. 鸡葡萄球菌病（败血型）

（1）相似点　患鸡毛粗乱，皮肤发紫，翅下垂，不愿动。剖检可见皮下淤血，肝肿大、微呈紫红色，心包有积液。

（2）不同点　病原是葡萄球菌，排灰白或黄绿色稀便；肝、脾有白色坏死灶，且涂片镜检可见大量葡萄球菌。

2. 维生素 E-硒缺乏症（渗出性素质）

（1）相似点　患鸡沉郁，生长停滞，喜躺卧，站立困难，腹部水肿，运步艰难。剖检可见皮下淤血，心扩张，心包积液。

（2）不同点　病因是维生素 E-硒缺乏。腹部主要是皮下水肿，呈蓝绿色，穿刺后流蓝绿色液体。

3. 鸡脂肪肝综合征

（1）相似点　发病与高能量日粮有关。腹大、软绵下垂，喜卧。

（2）不同点　病因是饲料能量过多导致过度肥胖。腹部膨大，穿刺后无液体流出。鸡冠褪色或苍白，剖检腹腔有大量脂肪沉积。

4. 鸡大肠杆菌病

（1）相似点　患鸡减食，毛粗乱，腹部膨大下垂（卵黄性腹膜炎），剖检可见腹水混有纤维素（急性败血型），心包积液。

（2）不同点　病原为大肠杆菌。减食或废食，剧烈腹泻，粪呈黄白色且混有血液（急性败血型）。剖检可见纤维素性心包炎、纤维素性肝周炎、纤维素性腹膜炎（急性败血型）。通过病原分离培养和生化试验镜检可确诊为大肠杆菌。

5. 鸡绿脓杆菌病

（1）相似点　患鸡减食，精神不振，腹部膨大，手压柔软，行走艰难，后期呼吸困难。

（2）不同点　病原为绿脓杆菌。排黄白色水样粪便，有时带血。跖跗关节肿胀。

（六）防治措施

肉鸡腹水综合征的发生是多种因素共同作用的结果。故在 2 周龄前必须从卫生、营养状况、饲养管理、减少应激和疾病以及采取有效的生产方式等各方面入手，采取综合性防治措施。

1. 预防　①选育抗缺氧，心、肺和肝等脏器发育良好的肉鸡品种。②加强鸡舍的环境管理，解决好通风和控温的矛盾，保持舍内空气新鲜，氧气充足，减少有害气体，合理控制光照。另外，保持舍内湿度适中，及时清除舍内粪污，减少饲养管理过程中的人为应激，给鸡提供一个舒适的生长环境。③低能量和蛋白水平，早期进行合理限饲，适当控制肉鸡的生长速度。可用粉料代替颗粒料或饲养前期用粉料，同时减少脂肪的添加。④饲料中磷水平不可过低（＞0.05%），食盐的含量不要超过 0.5%，钠的水平应控制在 2 000 毫克/千克以下，饮水中钠的含量宜在 1 200 毫克/升以下，否则易引起腹水综合征。在日粮中适量添加碳酸氢钠代替氯化钠作为钠源。⑤饲料中维生素 E 和硒的含量要满足营养标准或略高，可在饲料中按 0.5 克/千克的比例添加维生素 C，以提高鸡的抗病、抗应激能力。⑥执行严格的防疫制度，预防肉鸡呼吸道传染性疾病的发生。要合理用药，对心、肺、肝等脏器有毒副作用的药物不可使用。

2. 治疗　①用 12 号针头刺入病鸡腹腔先抽出腹水，然后注入青霉素、链霉素各 2 万单位，经 2~4 次治疗后可使部分病鸡康复。②发现病鸡首先使其服用大黄苏打片，20 日龄雏鸡每天每只 1 片，其他日龄的鸡酌情处理，以清除胃肠道内容物，然后喂服维生素 C 和抗生素，以对症治疗和预防继发感染，同时加强舍内外卫生管理和消毒。③给病鸡皮下注射 1 次或 2 次浓度为 1 克/升的亚硒酸钠溶液 0.1 毫升，或服用利尿剂。④应用脲酶抑制剂，用量为 125 毫克/千克饲料，可降低患腹水综合征肉鸡的死亡率。

第七章

鸡场环境控制与废弃物处理

阅读提示：

　　随着全球环境恶化日趋严重，养殖业的环境控制与废弃物处理成为重中之重的问题，新建鸡场和已建鸡场必须按照国家相关法规严格执行。一方面，场区和舍内环境直接关系到鸡群的健康；另一方面鸡场生产过程中的各种废弃物，如粪便、污水、死鸡处理不当等直接造成生态环境的污染。本章详细介绍了场区环境和舍内环境控制技术，以及废弃物的烘干、沼气、发电等无害化处理技术，附有大型养殖场的典型案例，读者可参考使用。

第一节　场区环境控制

肉鸡生产集约化程度很高,养殖场场址选择影响肉鸡的安全生产和经济效益。选择场址时应综合考虑生产需要、建场任务和地方资源等情况,还应考虑肉鸡生产对周围环境的要求,也要尽量避免鸡场产生的气味、污物对周围环境的影响,并注意将来发展的可能性,故在建场前应详细调查研究当地的自然条件和社会经济条件。

一、场区环境要求

(一) 地势地形

肉鸡场地势地形关系到光照、通风和排水,应选在地势高燥、平坦或稍有坡度、通风排水良好和阳光充足的地方,这样才有利于肉鸡场内外环境的控制。选址时注意当地的气候变化,不宜建在昼夜温差过大的山顶,也不宜在通风不良、低洼潮湿处建设鸡场。肉鸡养殖场区应位于居民区的下风处,地势尽量低于居民区,以防止养殖场对周围环境的污染。平原地区应选择比周围地段稍高的地方作为肉鸡场场址,鸡场地下水位要低于建筑物地基 0.5 米,以利于排水。在靠近河流、湖泊的地区,则场址要选择在较高的地方,位置应比当地水文资料中最高水位高 1~2 米,山区建场宜选在平缓坡上,坡面向阳,鸡场总坡度不超过 25%,建筑区坡度应在 2.5% 以内。

(二) 水源水质

在肉鸡生产过程中,任何时间都应确保肉鸡场水源充足,根据取用方便、节水经济的原则,可选用地表水、地下水、自来水、或搭配选择。为保证水源,应自备水箱,以备停水时应急,每栋鸡舍设 4 米^3 的水箱 1 个。

鸡场水质应良好,符合《无公害食品　畜禽饮用水水质》(NY 5027—2008)的要求,畜禽饮用水质量要求见表 7-1,饮用水中农药限量指标见表 7-2。水源附近无畜禽加工厂、化工厂、农药厂等污染源,离居民点也不能太近,尽可能建在工厂和城镇的上游。水质必须选样检查,若采用地下水,则需进行水质测定。

表7-1 畜禽饮用水质量

项　目		标准值	
		畜	禽
感官性状及一般化学指标	色度	≤30°	
	浑浊度	≤20°	
	臭和味	不得有异臭、异味	
	肉眼可见物	不得含有	
	总硬度（以CaCO₃计）（毫克/升）	≤1500	
	pH值	5.5～9.0	6.5～8.5
	溶解性总固体（毫克/升）	≤4000	≤2000
	硫酸盐（SO₄²⁻计）（毫克/升）	≤500	≤250
细菌学指标	总大肠菌群（个/100毫升）	成年畜≤10，幼畜和禽≤1	
毒理学指标	氟化物（以F⁻计）（毫克/升）	≤2.0	≤2.0
	氰化物（毫克/升）	≤0.2	≤0.05
	砷（毫克/升）	≤0.2	≤0.2
	汞（毫克/升）	≤0.01	≤0.001
	铅（毫克/升）	≤0.1	≤0.1
	铬（六价）（毫克/升）	≤0.1	≤0.05
	镉（毫克/升）	≤0.05	≤0.01
	硝酸盐（以N计）（毫克/升）	≤10.0	≤3.0

注：《无公害食品 畜禽饮用水水质》（NY 5027—2001）。

表7-2 畜禽饮用水中农药限量指标 （单位：毫克/毫升）

药物名称	马拉硫磷	内吸磷	甲基对硫磷	对硫磷	乐果	林丹	百菌清	甲萘威	2, 4-二氯苯氧乙酸
限　量	0.25	0.03	0.02	0.003	0.08	0.004	0.01	0.05	0.1

注：《无公害食品 畜禽饮用水水质》（NY 5027—2001）。

（三）地质土壤

肉鸡场的土壤应符合卫生要求，要求过去未被鸡的致病细菌、病毒和寄生虫所污染，透气性和透水性良好，以便保证地面干燥。对于采用机械化装备的肉鸡场还要求土壤压缩性小且均匀，以承担建筑物和将来使用机械的重量。肉鸡场的土壤土质黏性不能太重，沙壤土最好。

（四）气候因素

主要指与建筑设计有关和造成鸡场小气候有关的气候情况，主要了解常年气象变化，包括平均气温、绝对最高与最低气温、土壤冻结深度、降雨量与积雪深度、最大风力、常年主导风向、日照情况、灾害性天气等。

（五）交通要求

商品肉鸡场主要为城镇提供肉用仔鸡，考虑到服务方便，鸡场宜选在近郊，以一日可往返2次的汽车距离为度，该距离有利于工作人员进城办事。肉鸡场要在物资集散地附近，与公路、铁路或水路相通，自修公路能直达肉鸡场内，便于饲料等原材料的运入和肉鸡产品的运出，避开交通要道，不紧靠码头、车站等地段，以利于防疫卫生和环境安静。

（六）肉鸡场布局

鸡场布局是否合理，是养鸡成败的关键条件之一。肉鸡场规划布局时要合理布局鸡场各建筑物，鸡、饲养管理人员和饲料等进出的通道，污水、污物处理设施的位置和消毒设施的位置，尽可能减少疫病的发生和有效控制疫病。鸡场分为职工生活区、行政管理区、生产饲养区、生产辅助区、病鸡和粪便污水处理区。鸡场内职工生活区、行政管理区、生产饲养区应严格分开并相隔一定距离，生活区和行政区在风向上与生产区相平行，有条件时，生活区可设置于鸡场之外。在场内各区之间，特别是生产饲养区周围应依据具体条件建立隔离设施。生产区与病鸡处理区以及管理区之间的距离至少应相隔300米，各区之间还应根据条件建立隔离网、隔离墙、防疫沟等隔离设施，防止野生动物、驯养动物和无关人员进入生产区，同时防止生活区、管理区的生活污水和地面水流入生产区。

二、场区环境改善

场区环境好坏直接关系到鸡群的健康，恶劣的环境会给疾病传播创造条件。因此，改善场区环境，提供良好的外部环境，是养好肉鸡的前提。

（一）场区水源防护

水是保证鸡生存的重要环境因素，也是鸡体的重要组成部分。水量不仅要充足，而且水质也要良好。生产中，水源防护不好被污染，会严重危害鸡群的健康。不同地区的鸡场有不同类型的水源，其卫生防护要求不同。

地面水主要有河水、湖水和池塘水等，作为水源使用时，需要注意几点：一是取水点附近及上游不能有任何污染源。二是在取水处可设置汲水踏板或建汲水码头伸入河、湖、池塘中，以便能汲取远离岸边的清洁水。三是可以在岸边建自然渗滤井或沙滤井，以改善地面水的水质。

地下水通过水井取水时，需要注意几点：一是选择合适的水井位置。水井设在管理区内，地势高燥处，防止雨水、污水倒流引起污染。远离厕所、粪坑、垃圾堆、废渣堆等污染源。二是水井结构良好。井台要高出地面，使地面水不会从四周流入井内。井壁使用水泥、石块等材料，以防地面水漏入。井底用沙、石、多孔水泥板作材料，以防搅动底部泥沙。

（二）水的净化与消毒

定期检测水的质量，根据情况对饮用水进行净化（沉淀、过滤）和消毒处理，改善水的物理性状和杀灭水中的病原体。一般浑浊的地面水需要沉淀、过滤和消毒，较清洁的地下水，只需消毒处理即可。

1. 过滤 是使水通过滤料而得到净化（图 7-1）。过滤净化水的原理：一是隔滤作用。水中悬浮物粒子大于滤料的孔隙者，不能通过滤层而被阻留。二是沉淀和吸附作用。水中比砂粒间的空隙还小的微小物质，如细菌、胶体粒子等，不能被滤层隔滤，但当通过滤层时，即沉淀在滤料表面上。滤料表面因胶体物质和细菌的沉淀而形成胶质的、具有较强吸附力的生物滤膜，它可吸附水中的微小粒子和病原体。通过过滤可除去 80％ 以上的细菌及 99％ 左右的悬浮物，也可除去臭味、色度及寄生虫等。

图 7-1　水过滤装置

2. 消毒 鸡场用水的消毒方法采用的是化学消毒法，其中漂白粉消毒法是当前广泛采用的饮水消毒法。将 100 升水倒入水缸中，加漂白粉 1 克（含有效氯 0.2 克），用干净棍棒搅匀后 30 分钟即可使用。如往水井、水塔、水槽中加漂白粉，可按 1 米³ 水加漂白粉 8 克计算，消毒 30 分钟即可使用。此外，也可用高锰酸钾或其他消毒药进行消毒处理，确保水质安全。

（三）灭鼠杀虫

1. 灭鼠　鼠是人畜多种传染病的传播媒介，鼠还盗食饲料和鸡蛋，咬死雏鸡，咬坏物品，污染饲料和饮水，危害极大，鸡场必须加强灭鼠。

方法一：用铁丝网将鸡舍及饲料库洞口、窗口等封闭，使鼠类不能进入。

方法二：用灭鼠器扑杀。

方法三：用灭鼠药。可用敌鼠钠盐，或用对人畜毒性低的毒鼠药。敌鼠钠盐是一种抗凝血的药物，能抑制维生素 K，阻碍凝血酶原的合成，使血管壁的通透性增加，导致鼠体内脏、皮下出血死亡。对人畜毒性低，国内已用于住房和畜舍，仓库、冰库灭鼠，证明比较安全。具体方法是：先将 0.05% 毒饵用开水溶化成 3% 溶液，然后按 0.05% 浓度与谷物或其他食饵混合均匀而成。投放毒饵需连续 4～5 天，使用时应慎重，如发现人畜中毒，可用维生素 K 解救。

2. 杀虫　鸡场易滋生蚊、蝇等有害昆虫，骚扰人畜和传播疾病，给人畜健康带来危害，应采取综合措施杀灭。

保持鸡场环境清洁、干燥，是杀灭蚊蝇的基本措施。蚊虫需在水中产卵、孵化和发育，蝇蛆也需在潮湿的环境及粪便等废弃物中生长，需要保持排水系统畅通，减少污水蓄积；对贮水池等容器加盖，对不能清除或加盖的防火贮水器，在蚊蝇滋生季节，应定期换水。鸡舍内的粪便应定时清除，并及时做无害化处理，贮粪池应加盖并保持四周环境的清洁。

利用机械方法以及光、声、电等物理方法，捕杀、诱杀或驱逐蚊蝇。电子灭蚊灯是利用蚊子具有强烈的趋光趋热特性，以紫外荧光灯发出的光源，引诱蚊虫飞入灭蚊灯而被高压电网触电致死的原理制造成的。其高压电网上的直流高压通常为 800～1500 伏（V），短路电流小于 1 毫安（mA），对人没有危险。此外，还有可以发出声波或超声波并能将蚊蝇驱逐的电子驱蚊器等，都具有防除效果。

化学杀灭是使用天然或合成的毒物，以不同的剂型（粉剂、乳剂、油剂、水悬剂、颗粒剂、缓释剂等），通过不同途径（胃毒、触杀、熏杀、内吸等），毒杀或驱逐蚊蝇。化学杀虫法具有使用方便、见效快等优点，是当前杀灭蚊蝇的较好方法。

（四）场区环境消毒

消毒就是利用物理、化学或生物学方法，杀灭环境中的病原微生物或使其失去活性，消毒药是消灭病原体或使其失去活性的一种药剂或物质。消毒的原理主要是改变微生物赖以生存环境，致使微生物的内外结构发生改变，发生代谢功能障碍、生长发育受阻从而丧失活性，失去致病力。消毒是保证鸡群健康生长和饲养人员安全的重要措施。鸡场应该定期消毒，在疾病高发期或出栏后应对鸡舍内外进行彻底地消毒。

1. 消毒药的选择　　选择适用的消毒药才能保证消毒的有效和经济。生产中应根据消毒目的，选择高效、低廉、使用方便，对人和鸡安全、无残留毒性的消毒药。反复消毒时最好选用 2 种以上化学性质不同的消毒药，但必须遵守消毒药配合使用的原则及配伍禁忌。优质消毒药应符合以下各项要求：消毒力较强，药效迅速，短时间即可达到预定的消毒目标，如灭菌率达 99％以上，且药效持续的时间长；消毒作用广泛，可杀灭细菌、病毒、真菌等病原微生物；消毒药可用各种方法进行消毒，如饮水、喷雾、洗涤、冲刷等；易溶于水，不受水质硬度和环境中 pH 值变化影响药效；性质稳定，不受光、热影响，长期存贮效力不减，对人、鸡安全，无臭、无刺激性、无腐蚀性、无毒性、无不良副作用。

2. 常用消毒药

（1）氢氧化钠（苛性钠、火碱）　　常用 1％～2％浓度，用于环境及物品消毒，也可用于消毒坑。对金属有腐蚀性。

（2）福尔马林　　即 37％～40％甲醛溶液，有较强的杀灭细菌、病毒作用，与高锰酸钾作用常用于熏蒸消毒，也可用 0.5％～1％溶液做喷洒消毒。

（3）新洁尔灭　　0.1％浓度用于饲养人员手的消毒，手术器械、器具消毒浸泡 30 分钟。用于粪便、污水消毒效果不好，新洁尔灭遇肥皂则作用消失。

（4）酒精（乙醇）　　消毒用 70％浓度，主要用于消毒饲养人员手部及皮肤。

（5）碘酊（碘酒）　　3％～5％碘酊用于注射部位、手术部位消毒。

（6）过氧乙酸　　对细菌病毒均有效，0.3％～0.5％溶液可用于各种消毒。现配现用。

（7）除菌净　　含氧化剂，对细菌病毒有效。

（8）高锰酸钾　　强氧化剂，0.05％～0.1％溶液可用于饮水消毒。

（9）生石灰（氧化钙）　　遇水生成氢氧化钙起消毒作用。10％～20％石灰乳可用于涂刷墙壁、消毒地面。石灰乳要现用现配。

3. 环境消毒方法　　①消毒池放 2％氢氧化钠，池液每天换 1 次，若用 0.2％新洁尔灭，则应每 3 天换 1 次。②大门前通过车辆的消毒池水深在 3 厘米以上。③每季度先用小型拖拉机耕翻鸡舍间的空隙地，将表土翻入地下，然后用火焰喷枪对表层喷火，烧去各种有机物。每天用 0.2% 次氯酸钠溶液喷洒生产区的道路 1 次，如当天运鸡，则在车辆通过后消毒。

第二节 舍内环境控制

影响鸡群生活和生产的主要环境因素有空气温度、湿度、气流、光照、有害气体、微粒、微生物、噪声等。在科学合理地设计和建筑鸡舍、配备必须设备设施以及保证良好的场区环境的基础上，加强对鸡舍环境管理来保证舍内温度、湿度、气流、光照和空气中有害气体和微粒、微生物、噪声等条件适宜，保证鸡舍良好的小气候，为鸡群的健康和提高生产性能创造条件。

一、温度控制

温度是主要的环境因素之一，舍内温度过高或过低都会影响鸡体的健康和生产性能的发挥。舍内温度的高低受到舍内热量的多少和散失程度的影响。舍内热量，冬季主要来源于鸡体的散热，夏季几乎完全受外界气温的影响。一般鸡舍的热量有 36%～44% 是通过天棚和屋顶散失的，因为屋顶的散热面积大，内外温差大。如一栋 8～10 米跨度的鸡舍，其天棚的面积几乎比墙的面积大 1 倍，而 18～20 米跨度时大 2.5 倍，设置天棚，可以减少热量的散失和辐射热的进入；鸡舍的热量有 35%～40% 是通过四周墙壁散失的，散热的多少取决于建筑材料、结构、厚度、施工情况和门窗情况；另外有 12%～15% 是通过地面散失的，鸡在地面上活动而散热。冬季，舍内热量的散失情况取决于外围护结构的保温隔热能力。如果鸡舍具有良好的保温隔热性能，则可减少冬季舍内热量的散失而维持较高的舍内温度，同时也可减少夏季太阳辐射热进入鸡舍而避免舍内温度过高。

（一）适宜的舍内温度

鸡舍内温度要求，见表 7-3。

表 7-3 鸡舍的温度要求 （单位：℃）

日 龄	1～2	3～4	5～7	8～14	15～21	22～28	29 至出栏
温 度	33～35	31～33	29～33	27～29	24～26	21～23	18～21

注：以上温度均为离鸡背平行高度的温度。

（二）舍内温度的控制措施

1. 提高鸡舍的保温隔热性能 加强鸡舍的保温隔热性能设计并精心施工。保温隔热性能不仅影响到温度的维持和稳定，而且影响到燃料成本费用的高低。屋顶和墙壁是鸡舍最易散热量的部位，要达到一定的厚度，要选择隔热材料，结构要合理，屋顶最好设置天棚。天棚可以选用塑料布、彩条布等隔热性能好、廉价、方便的材料。鸡舍要避开狭长谷地或冬季的风口地带，因为这些地方冬季风多风大，舍内温度不易稳定。

2. 保证供暖设施稳定可靠 根据养殖场情况选择适宜的供暖设备。大中型鸡场一般选用热气、热水和热风炉供暖，小型鸡场和专业户多选用火炉供暖。无论选用什么样的供暖设备，安装好后一定要试温，通过试温，观察能不能达到育雏温度，达到育雏温度需要多长时间，温度稳定不稳定，受外界气候影响大小等。供暖设备应能满足一年四季需要，特别是冬季的供暖需要。正确的做法是，先观察开启供暖设备后多长时间温度可以升到标准温度。这样，可以在雏鸡入舍前适宜的时间开始供暖，使温度提前上升到标准温度，然后稳定 1～2 天再将雏鸡入舍。

3. 正确测定温度 测定鸡舍温度用普通温度计即可，但应对温度计进行校正，做上记号；温度计的位置直接影响所测温度的准确性，温度计位置过高使测得的温度比要求的标准温度低，从而影响饲养效果。使用保温伞，温度计挂在距伞边缘 15 厘米，高度与鸡背相平（大约距地面 5 厘米）处。暖房式加温，温度计挂在距地面、网面或笼底面 5 厘米高处。

4. 增强工作人员责任心 育雏是一项专业性较强的工作，所以育雏前对育雏人员进行培训，使其了解有关的育雏知识，提高技术技能。同时要实行一定的生产责任制，奖勤罚懒，提高工作积极性，增强责任心。

5. 防止鸡舍温度过高 夏季由于外界温度高，如果鸡舍隔热性能不良，舍内饲养密度过高，会出现温度过高的情况。可以通过加强通风，喷水蒸发降温等方式降低舍内温度。

（三）冬季防寒保温措施

肉鸡 4 周龄以后对温度，特别是低温的适应能力大大增强，环境温度在 14℃～30℃ 的范围内变化，鸡自身可通过各种途径来调节其体温。但温度较低时会增加饲料消耗，所以冬季要采取措施防寒保暖，使舍内温度维持在 18℃ 以上（最低不能低于 15℃）。

1. 减少鸡舍散热量 冬季舍内外温差大，鸡舍内热量易散失，散失的多少与鸡舍墙壁和屋顶的保温性能有关，加强鸡舍保温管理有利于减少舍内热量散失和保持舍内温度稳定。冬季开放舍要用隔热材料（如塑料布）封闭敞开部分，北墙窗户可用双层塑料布封严；鸡舍所有的门最好挂上棉帘或草苫；屋顶可用塑料薄膜制作简易天花板，墙壁（特别是北墙窗户）晚上挂上草苫可增强屋顶和墙壁的保温性能，可提高舍温3℃～5℃。密闭舍在保证舍内空气新鲜的前提下尽量减少通风量。

2. 防止冷风吹袭鸡体　舍内冷风可以来自墙、门、窗等缝隙和进出气口、粪沟的出粪口，局部风速可达4～5米/秒，使局部温度下降，影响鸡的生产性能，冷风直吹鸡体，增加机体散热，甚至引起伤风感冒。冬季到来前要检修好鸡舍，堵塞缝隙，进出气口加设挡板，出粪口安装插板，防止冷风对鸡体的侵袭。

3. 防止鸡体淋湿　鸡的羽毛有较好的保温性，如果淋湿则保温性差，极大增加鸡体散热，降低鸡的抗寒能力。要经常检修饮水系统，避免水管、饮水器或水槽漏水而淋湿鸡的羽毛和料槽中的饲料。

4. 采暖保温　对保温性能差的鸡舍，鸡群数量又少，光靠鸡群自温难以维持所需舍温时，应采暖保温。有条件的鸡场可利用煤炉、热风机、热水、热气等设备供暖，保持适宜的舍温，提高产蛋率，减少饲料消耗。

（四）夏季防暑降温措施

鸡体缺乏汗腺，对热较为敏感，特别是肉鸡，体大肥胖，易发生热应激，影响生长，甚至引起死亡。如肉鸡育肥期最适宜温度范围为18℃～21℃，高于25℃生长速度会明显下降，高于32℃以上就可能因热应激而引起死亡，因此要注重防暑降温。

1. 隔热降温　在鸡舍屋顶铺盖15～20厘米厚的稻草、秸秆等垫草，或设置通风屋顶，可降低舍内温度3℃～5℃；屋顶涂白增强屋顶的反射能力，有利于加强屋顶隔热性能；在鸡舍周围种植高大的乔木形成阴凉，或在鸡舍南侧、西侧种植爬壁植物，搭建遮阳棚，可减少太阳的辐射热。

2. 通风降温　鸡舍内安装必要的通风设备，定期对设备进行维修和保养，使设备正常运转，提高鸡舍的空气对流速度，有利于缓解热应激。封闭舍或容易封闭的开放舍，可采用负压纵向通风，在进气口安装湿帘降温效果良好（市场出售的湿帘投资大，可自己设计砖孔湿帘）；不能封闭的鸡舍，可采用正压通风（即送风），在每列鸡笼下两端设置高效率风机向舍内送风，加大舍内空气流动，有利于减少死亡率。

3. 喷水降温　在鸡舍内安装喷雾装置定期进行喷雾，水汽的蒸发吸收鸡舍内大量热量，降低舍内温度。舍温过高时，可向鸡头、鸡冠、鸡身进行喷淋，促进体热散发，减少热应激死亡。也可在鸡舍屋顶外安装喷淋装置，使水从屋顶流下，形成湿润凉爽的小气候环境。喷水降温时一定要加大通风换气量，防止舍内湿度过高。

4. 降低饲养密度 饲养密度降低，单位空间产热量减少，有利于舍内温度降低。夏季肉鸡育肥时，饲养密度可降低 15%～20%。或及时销售达到体重标准的肉鸡，减少鸡舍中鸡的数量。

（五）其他季节保持适宜温度的措施

其他季节，可以通过保持适宜的通风量和调节鸡舍门窗面积来维持鸡舍的适宜温度。

二、湿度控制

湿度是指空气的潮湿程度，养鸡生产中常用相对湿度表示。相对湿度是指空气中实际水汽压与饱和水汽压的百分比。鸡体排泄和舍内水分的蒸发都可以产生水汽而增加舍内湿度。封闭舍内上下湿度大，中间湿度小。如果夏季门窗大开，通风良好，差异不大。保温隔热不良的鸡舍，空气潮湿，当气温变化大时，气温下降时容易达到露点，凝聚为雾。虽然舍内温度未达露点，但由于墙壁、地面和天棚的导热性强，温度达到露点，即在鸡舍内表面凝聚为液体或固体，甚至由水变成冰。水渗入围护结构的内部，气温升高时，水又蒸发出来，使舍内的湿度经常很高。潮湿的外围护结构其保温隔热性能下降，常见天棚、墙壁生长绿霉、灰泥脱落等。

（一）舍内适宜的湿度

育雏前期（0～15 日龄），舍内相对湿度应保持在 75% 左右；其他阶段，鸡舍相对湿度保持在 60%～65%。

（二）舍内湿度调节措施

1. 湿度低时 舍内相对湿度低时，可在舍内地面散水或用喷雾器在地面和墙壁上喷水，水的蒸发可以提高舍内湿度。如是雏鸡舍或舍内温度过低时，可以喷洒热水。育雏期间要提高舍内湿度，可以在加温的火炉上放置水壶或水锅，使水蒸发提高舍内湿度，这样可以避免喷洒凉水引起的舍内温度降低或雏鸡受凉感冒。

2. 湿度高时　当舍内相对湿度过高时，可以采取如下措施：

（1）加大换气量　通过通风换气，排出舍内多余的水汽，换进较为干燥的新鲜空气。舍内温度低时，要适当提高舍内温度，避免通风换气引起舍内温度下降。

（2）提高舍内温度　舍内空气水汽含量不变，提高舍内温度可以增大饱和水汽压，降低舍内相对湿度。特别是冬季或雏鸡舍，加大通风换气量对舍内温度影响大，可提高舍内温度来控制湿度。

3. 防潮措施　鸡较喜欢干燥，潮湿的空气环境与高温度协同作用，容易对鸡产生不良影响。所以，应该保证鸡舍干燥。保证鸡舍干燥需要做好鸡舍防潮，除了选择地势高燥，排水好的场地外，可采取如下措施：

（1）墙基设置防潮层　鸡舍墙基设置防潮层，新建鸡舍待干燥后再使用，特别是育雏舍。有的养殖户刚建好育雏舍就立即使用，由于育雏舍密封严密，舍内温度高，没有干燥的外围护结构中存在的大量水分很容易蒸发出来，使舍内相对湿度一直处于较高的水平。在晚上温度低的情况下，大量的水汽变成水在天棚和墙壁上附着，舍内的热量容易散失。

（2）排水系统畅通　保持舍内排水系统畅通，粪尿、污水及时清理。

（3）尽量减少舍内用水　舍内用水量大，舍内湿度容易提高。防止饮水设备漏水；能够在舍外洗刷的用具，可以在舍外洗刷或洗刷后的污水立即排到舍外，不要在舍内随处泼撒。

（4）保持舍内较高的温度　舍内温度经常处于露点以上。

（5）使用垫草或防潮剂　及时更换污浊潮湿的垫草。

三、通风控制

肉鸡生长发育快，对空气条件要求高，如果空气污浊，危害更加严重，所以舍内空气新鲜和适当流通是养好商品肉鸡的重要条件。洁净新鲜的空气可使商品肉鸡维持正常的新陈代谢，保持健康，发挥出最佳生产性能。商品肉鸡在不同的外界温度、周龄与体重时所需要的通风换气量见表7-4。

表7-4　商品肉鸡的通风换气量　（单位：米³/只·分）

周龄	2	3	4	5	6	7	8
体重（千克）	0.35	0.70	1.10	1.50	2.00	2.45	2.90
外界温度（℃）							
15	0.012	0.035	0.05	0.07	0.09	0.11	0.15

续表 7-4

周龄体重（千克）外界温度（℃）	2	3	4	5	6	7	8
	0.35	0.70	1.10	1.50	2.00	2.45	2.90
20	0.014	0.040	0.06	0.08	0.10	0.12	0.17
25	0.016	0.045	0.07	0.09	0.12	0.14	0.20
30	0.02	0.05	0.08	0.10	0.14	0.16	0.21
35	0.06	0.06	0.09	0.12	0.15	0.18	0.22

保证肉鸡舍适宜的通风量（气流速度）应该科学合理地设计窗户和设置进、排气口，并保证通风系统正常的运转。

四、光照控制

（一）肉鸡的光照方案

1. 肉用种鸡的光照方案 肉用种鸡多采用渐减的光照方案。密闭舍光照方案见表 7-5。

表 7-5 密闭舍肉用种鸡光照参考方案

日龄（周龄）	光照时数（小时）	光照强度（勒）	日龄（周龄）	光照时数（小时）	光照强度（勒）
1～2 天	23	20～30	21 周	11	35～40
3～7 天	20	20～30	22 周	12	35～40
2 周	16	10～15	23 周	13	35～40
3 周	12	15～20	24 周	15	35～40
4～20 周	8	10～15	25～68 周	16	45～60

开放舍或有窗舍，由于受外界自然光照影响，需要根据外界自然光照变化制订光照方案。光照方案见表 7-6。

表7-6　育成期采用开放式鸡舍和产蛋期采用开放式鸡舍的光照程序

项　目	顺季出雏时间						逆季出雏时间					
北半球	9月	10月	11月	12月	1月	2月	3月	4月	5月	6月	7月	8月
南半球	3月	4月	5月	6月	7月	8月	9月	10月	11月	12月	1月	2月
日　龄	育雏育成期的光照时效											
1	辅助自然光照补充到			23小时			辅助自然光照补充到			23小时		
2												
3				19小时						19小时		
4～9	逐渐减少到自然光照						逐渐减少到自然光照					
10～147	自然光照长度						自然光照至153日龄			自然光照至83日龄，然后保持恒定		
148～154	增加2～3小时											
155～161	增加1小时						增加1小时					
162～168	增加1小时						增加1小时					
169～176	保持16～17小时（光照强度45～60勒）						保持16～17小时（光照强度45～60勒）					

2. 商品肉鸡光照方案

（1）连续光照　施行24小时全天连续光照；或施行23小时连续光照，1小时黑暗。黑暗1小时的目的是为了防止停电，使商品肉鸡能够适应和习惯黑暗的环境，不会因停电而造成鸡群拥挤而窒息。有窗鸡舍，可以白天借助于太阳光的自然光照，夜间施行人工补光。另外，还有一种连续光照方案，见表7-7。

表7-7　商品肉鸡连续光照方案

日龄（天）	光照时间（小时）	黑暗时间（小时）	光照强度（勒）
0～3	22～24	0～2	20
4～7	18	6	20
8～14	14	10	5
15～21	16～18	6～8	5
22～28	18	6	5
29天至上市	23	1	5

注：在生产中光照强度的要求是：若灯头高度2米左右，1～7日龄为4～5瓦/米²，8～21日龄为2～3瓦/米²，22日龄以后为1瓦/米²左右。

（2）间歇光照　指光照和黑暗交替进行，即全天进行1小时光照、3小时黑暗或 1 小时光照、2 小时黑暗交替进行。国外和我国一些大型的密闭鸡舍采用间歇光照。大量的试验研究表明，施行间歇光照的饲养效果好于连续光照。但采用间歇光照方式，鸡舍必须能够完全保持黑暗。同时，必须具备足够的食料和饮水槽位。

（二）光照控制注意事项

1. 保持舍内光照均匀 采光窗要均匀布置。安装人工光源时，光源数量适当增加，功率降低，并布置均匀，有利于舍内光照均匀。

2. 保证光照系统正常使用 光源要安装碟形灯罩。经常检查、更换灯泡，经常用干抹布把灯泡或灯管擦干净，以保持清洁，提高照明效率。

五、有害气体控制

鸡舍内鸡群密集，呼吸、排泄物和生产过程的有机物分解，有害气体成分要比舍外空气成分复杂和含量高。鸡舍中的有害气体主要有氨气、硫化氢、二氧化碳、一氧化碳和甲烷。在规模化养鸡生产中，这些气体污染鸡舍环境，引起鸡群发病或生产性能下降，降低养鸡生产效益。

（一）舍内有害气体的种类和分布

鸡舍内主要有害气体种类和分布，见表 7-8。

表 7-8　鸡舍内主要有害气体的种类和分布

种 类	理化特性	来源与分布	标准（毫克/米³）
氨	无色、具有刺激性臭味，与同容积干洁空气比为 0.593，比空气轻，易溶于水，在 0℃时，1 升水可溶解 907 克氨	鸡舍空气中的氨来源于鸡粪尿、饲料残渣和垫草等有机物分解的产物。舍内含量多少决定于肉鸡的密集程度、鸡舍地面的结构、舍内通风换气情况和舍内管理水平。其空间分布以上下含量高、中间含量低	10（雏鸡舍），15（成鸡舍）
硫化氢	无色、易挥发的恶臭气体，与同容积干洁空气比为 1.19，比空气重，易溶于水，1 体积水可溶解 4.65 体积的硫化氢	鸡舍空气中的硫化氢来源于含硫有机物的分解。当肉鸡采食富含蛋白质饲料而消化不良时，排出大量的硫化氢。粪便厌氧分解或破损蛋腐败发酵也可产生。硫化氢主要产自地面和鸡床，比重大，故越接近地面浓度越高	2（雏鸡舍），10（成鸡舍）

续表 7-8

种　类	理化特性	来源与分布	标准（毫克/米³）
二氧化碳	无色、无臭、无毒、略带酸味气体。比空气重，与空气的相对密度为 1.524，分子量 44.01	鸡舍中的二氧化碳主要来源于鸡的呼吸。二氧化碳密度大于空气，聚集在地面上	1500
一氧化碳	无色、无味、无臭气体，与空气的相对密度为 0.967	鸡舍中的一氧化碳来源于火炉取暖的煤炭不完全燃烧，特别是冬季夜间鸡舍封闭严密，通风不良，可达到中毒程度	—

资料来源：《畜禽场环境质量标准》（NY/Y 388—1999）。

（二）有害气体消除措施

1. 合理设计鸡场　加强场址选择和合理布局，避免工业废气污染。合理设计鸡场和鸡舍的排水系统、粪尿、污水处理设施。

2. 加强防潮管理　保持舍内干燥。有害气体易溶于水，湿度大时易吸附于材料中，舍内温度升高时又挥发出来。

3. 加强鸡舍管理　地面平养时，在鸡舍地面铺上垫料，并保持垫料清洁卫生；保证适量的通风，特别是注意冬季的通风换气，处理好保温和空气新鲜的关系；做好卫生工作，及时清理污物和杂物，排出舍内的污水，加强环境的消毒等。

4. 加强环境绿化　绿化不仅美化环境，而且可以净化环境。绿色植物进行光合作用可以吸收二氧化碳，生产出氧气。如每公顷阔叶林在生长季节每天可吸收 1 000 千克二氧化碳，产出 730 千克氧气；绿色植物可大量吸附氨，如玉米、大豆、棉花、向日葵以及一些花草都可从大气中吸收氨而生长；绿色林带可以过滤阻隔有害气体。有害气体通过绿色地带至少有 25％被阻留，煤烟中的二氧化硫被阻留 60％。

5. 采用化学物质消除　舍内撒布过磷酸钙，饲料中添加丝兰属植物提取物、沸石（配合饲料中用量可占 1％～3％），垫料中混入硫黄（每平方米地面 0.5 千克）或者用 2％苯甲酸或 2％乙酸喷洒垫料，利用木炭、活性炭、煤渣、生石灰等具有吸附作用的物质吸附空气中的臭气等；使用有益微生物制剂（EM），类型很多，具体使用可根据产品说明拌料饲喂或拌水饮喂，也可喷洒鸡舍；将艾叶、苍术、大青叶、大蒜、秸秆等植物等份适量放在鸡舍内燃烧，既可抑制细菌，又能除臭，在空舍时使用效果最好；另外，利用过氧化氢、高锰酸钾、硫酸亚铁、硫酸铜、乙酸等化学物质也可降低鸡舍空气臭味。

6. 提高饲料消化吸收率 科学选择饲料原料；按可利用氨基酸需要合理配制日粮；科学饲喂；利用酶制剂、酸制剂、微生态制剂、寡聚糖、中草药添加剂等可以提高饲料转化率，减少有害气体的排出量。

六、微粒控制

微粒是以固体或液体微小颗粒形式存在于空气中的分散胶体。鸡舍中的微粒来源于鸡的活动、咳嗽、鸣叫，以及饲养管理过程，如清扫地面、分发饲料、饲喂及通风除臭等机械设备的运行。鸡舍内有机微粒较多。

（一）微粒对鸡体健康影响

1. 影响散热和引起炎症 微粒落在鸡的皮肤上，可与皮脂腺、皮屑、微生物混合在一起，引起皮肤发痒、发炎，堵塞皮脂腺和汗腺，皮脂分泌受阻。皮肤干，易于裂、感染；影响蒸发散热。落在眼结膜上引起尘埃性结膜炎。

2. 损坏黏膜和感染疾病 微粒可以吸附空气中的水汽、氨、硫化氢、细菌和病毒等有毒有害物质造成黏膜损伤，引起血液中毒及各种疾病的发生。

（二）微粒消除措施

1. 改善鸡舍和牧场周围地面状况 实行全面的绿化，种植树、草和农作物等。植物表面粗糙不平，多茸毛，有些植物还能分泌油脂或黏液，能阻留和吸附空气中的大量微粒。含微粒的大气流通过林带，风速降低，大径微粒下沉，小的被吸附。夏季可吸附 $35.2\% \sim 66.5\%$ 微粒。

2. 减少饲料粉尘 鸡舍远离饲料加工场，分发饲料和饲喂动作要轻。

3. 注意清洁卫生 保持鸡舍地面干净，禁止干扫；更换和翻动垫草的动作也要轻。

4. 保持适宜的湿度 适宜的湿度有利于尘埃沉降。

5. 保持通风换气 必要时可安装过滤器。

七、噪声控制

鸡舍内噪声的主要来源有：外界传入、场内机械产生和鸡只自身产生。鸡对噪声比较敏感，容易受到噪声的危害。

（一）噪声对鸡体健康的影响

噪声（特别是比较强的噪声）作用于鸡体，引起严重的应激反应，不仅能影响生产，而且使正常的生理功能失调，免疫力和抵抗力下降，危害健康，甚至导致死亡。实践中已有多起鞭炮声、飞机声致鸡死亡的报道。

（二）改善措施

1. 科学选择场地 鸡场选在安静的地方，远离噪声大的地方，如交通干道、工矿企业和村庄等。

2. 合理选择设备 选择噪声小的设备。

3. 搞好绿化 场区周围种植林带，可以有效隔声。

第三节　鸡场废弃物处理

一、鸡场废弃物

商品肉鸡场在生产过程中，会产生大量的废弃物，主要包括鸡粪（尿）、病死鸡、污水等。肉鸡场在生产过程中还产生带有臭味、含有灰尘的污浊空气、噪声、场内滋生的昆虫等，如果处理不当，将会对水源、土壤和空气等环境因素造成很大污染，严重影响到场区和鸡舍的环境，制约鸡场持续稳定发展和效益提高。

（一）粪　便

鸡粪是由饲料中未被消化吸收的部分以及体内代谢产物、消化道黏膜脱落物和分泌物、肠道微生物及其分解产物等共同组成的。在实际生产中收集到的鸡粪中还含有在喂料及鸡采食时撒落的饲料、脱落的羽毛等，而在采用地面垫料平养时，收集到的则是鸡粪与垫料。肉鸡场的粪便产出量大，一个养殖周期每万只肉鸡排粪量为 3 万～4 万千克。粪便含有大量的有机物和微量成分，分解后的产物进入大气和土壤，使空气中的有害成分增加，水和土壤受到污染。未经处理的鸡粪中含有大量的寄生虫和病原微生物，极易导致传染病的发生和流行。所以，鸡场粪便的处理和利用直接关系到鸡场环境质量。

（二）污　水

标准化肉鸡养殖场一般使用乳头饮水系统，饲养期基本无废水产生。污水主要来自冲洗鸡舍、刷洗水槽和料槽的废水，其次是职工的生活污水。养鸡场的冲洗废水含有大量悬浮物、大肠杆菌等病原微生物、化学需氧量（COD）、生化需氧量（BOD）、氨氮等浓度很高。有的因在鸡饲料中含有各类可能含有重金属超标的添加剂，在对养鸡场进行冲洗过程中，污染物进入废水，应该对其废水进行处理。污水排放时必须符合《畜禽养殖业污染物排放标准》（GB 18596—2001）。

（三）病 死 鸡

病死鸡的尸体能很快分解腐败，散发恶臭，污染环境。特别是传染病病鸡的尸体，其病原微生物会污染大气、水源和土壤，造成疾病的传播与蔓延。因此，病死鸡必须严格按照《病死及死因不明动物处置办法》和《病害动物和病害动物产品生物安全处理规程》（GB 16548—2006），进行焚烧或深埋。

（四）有害气体

养殖过程产生的空气污染主要来源于鸡粪、饲料、垫料发酵和肉鸡呼吸等。由于集约化饲养密度较高，鸡舍潮湿，粪便及散落饲料在鸡舍内堆积发酵产生的降解产物与霉变垫料气味及肉鸡呼出气体混合，产生恶臭。这种恶臭主要含有有机酸、氨气、硫化氢、酚类和吲哚等物质，会影响肉鸡生长，造成抵抗力下降，生产性能降低。同时由于部分养殖场位于城市近郊或村镇周边，恶臭对周边空气质量及居民身体健康也造成了一定的影响。

二、 肉鸡废弃物调控

（一）合理的日粮配制及饲养方法

在精确估测肉鸡不同饲养阶段的营养物质需求和准确了解饲料原料组成及肉鸡生物学特征的基础上，通过日粮营养调控及合理的饲养方法，可降低肉鸡排泄物中的氮、磷、钾等元素的含量，减少臭气的产生。

第一，选择肉鸡易消化的饲料原料，可显著提高营养物质的消化率，降低排泄量。饲料利用率每提高 0.25 个单位，可减少粪中氮的排出量 5％～10％。

第二，依据"理想蛋白模式"即氨基酸组成和比例与畜禽氨基酸需要完全一致的蛋白质。理想蛋白质不但必需氨基酸之间比例完全平衡，而且必需氨基酸和非必需氨基酸之间比例也完全平衡来配制氨基酸平衡日粮，可以根据肉鸡对氮的需要量设计出氮排出量最小的日粮，可节约蛋白质资源又可减少氮污染，从而减少对环境污染。

第三，在日粮供给上按阶段饲养，根据肉鸡年龄或生理功能变化，饲喂不同营养水平日粮，使日粮组成更接近机体需要。

第四，公、母鸡对产生最佳效果所需的重要营养素需求量有显著差别，实行公、母鸡分养，供给不同营养的饲料配方，可以大大改善饲料营养的利用率。

通过这些措施，可避免营养浪费和污染，减少氮、磷的排放量。

（二）添加环保添加剂

在鸡饲料中添加一些环保的添加剂，可以提高消化率，减少污染物的排放量，目前常用的有酶制剂和微生态制剂。添加酶制剂可以破坏细胞壁降解抗营养因子，使存在于细胞内的蛋白质、淀粉等大分子营养物质释放出来，所以酶制剂有利于营养物质吸收，可以提高饲料转化率。微生态制剂能直接参与含氮物质的代谢，进而影响矿物元素的代谢，减轻矿物元素对环境的污染，特别是对减轻畜禽粪便氮、磷污染物量有显著作用，并且还有提高饲料采食量和转化率，清除粪便臭味等多种功能。

三、粪便处理

粪便既是污染物质，又是很好的资源。鸡粪的处理应该注重无害化、资源化，在养殖生产区配备专用运粪车（运粪车可采用普通农用车进行密封改装，防止运输过程中粪污撒漏，台数可视鸡粪数量和运粪车承载能力确定）。该运粪车仅在生产区污道运行，将生产区各鸡舍粪便收集后，运输到生产区外固定粪场。生产区外配备专用运粪车，负责将粪便从固定粪场向鸡粪处理设施运输。鸡粪处理有以下方法。

（一）生产肥料

鸡粪是优质的有机肥，经过堆积腐熟或高温、发酵干燥后，体积变小、松软、无臭味，不带病原微生物，常用于果林、蔬菜、瓜类和花卉等经济作物，也用于无土栽培和生产绿色食品。

1. 堆肥法　这是一种简单实用的粪便处理方法。在距鸡场100～200米或以外的地方设一个堆粪场，在地面挖一浅沟，深约20厘米，宽1.5～5米，长度不限，随粪便多少确定。先将非传染性的粪便或垫草等堆至厚25厘米，其上堆放欲消毒的粪便、垫草等，高达1.5～2米，然后在粪堆外再铺上厚10厘米的非传染性的粪便或垫草，并覆盖厚10厘米的沙子或土，如此堆放3周至3个月，即可用以肥田（图7-2）。当粪便较稀时，应加些杂草，太干时倒入稀粪或加水，使其不稀不干，以促进迅速发酵。此方法适用于中小规模养殖场。

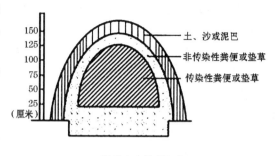

2. 干燥处理法 新鲜鸡粪主要成分是水，通过脱水干燥，可使其含水量达到 15％ 以下。这样，一方面减少了鸡粪的体积和重量，便于包装、运输和应用；另一方面也可有效的抑

图 7-2　堆肥法

制鸡粪中微生物的生长繁殖，从而减少了营养成分特别是蛋白质的损失。常用的干燥方法如下。

（1）**高温快速干燥** 采用以回转圆筒炉为代表的高温快速干燥设备（图 7-3），可在短时间内（10 分钟左右）将含水量 70％ 的湿鸡粪迅速干燥成含水量仅为 10％～15％ 的鸡粪加工品。烘干温度适宜的范围在 300℃～900℃。这种处理方法的优点：不受季节、天气的限制，可连续生产，设备占地面积比较小；烘干的鸡粪营养损失量小于 6％，并能达到消毒、灭菌、除臭的目的，可直接变成产品以及作为生产配合饲料和有机无机复合肥的原料。但这种方法在整个加工过程中耗能较高，尾气和烘干后的鸡粪均存在不同程度的二次污染问题；对含水量大于 75％ 的湿鸡粪，烘干成本较高，而且一次性投入较大。该方法适用于大中型鸡场。

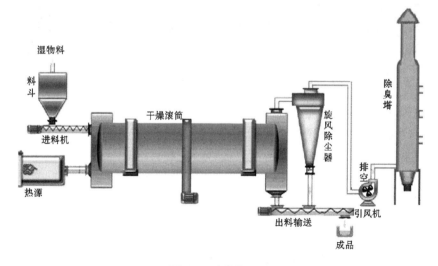

图 7-3　鸡粪烘干机

（2）太阳能自然干燥　这种处理方法是采用塑料大棚中形成的温室效应，充分利用太阳能对鸡粪进行干燥处理。专用的塑料大棚长度可达60～90米，内有混凝土槽，两侧为导轨，在导轨上安装搅拌装置（图7-4）。湿鸡粪装入混凝土槽，搅拌装置沿着导轨在大棚内反复进行，并通过搅拌板的正反向转动来捣碎、翻动和推动鸡粪。利用大棚内积蓄的太阳能量可使鸡粪中的水分蒸发，并通过强制通风散湿气，从而达到干燥鸡粪的目的。在夏季，只需1周左右的时间即可使鸡粪水分降到10％左右。此方法可以充分利用太阳能辐射热，辅之以机械通风，降水效果较好，而且节省能源，设备投资少，处理成本低。但在一定程度上受气候影响，一年四季不易实现均衡生产，而且灭菌和熟化均不彻底。该方法适用于日照充沛、场地宽阔的中小型鸡场鸡粪处理。

图 7-4　太阳能自然干燥

（3）自然干燥法　将新鲜鸡粪收集起来，摊在水泥地面或塑料布上，阳光下暴晒，随时翻动以使其晒干或自然风干（图7-5），干燥后过筛去除杂质，装袋内或堆放于干燥处备用。此方法投资小，成本低，操作方法简单，但易受天气和气候状况影响，且不能彻底杀死病原体，从而易于导致疾病的发生和流行，只适合于无疾病发生的中小型鸡场鸡粪的处理。

（二）生产沼气

鸡粪是生产沼气的优质原料之一，尤其是高水分的鸡粪。鸡粪和草（或秸秆）以2～3：1的比例，在碳氮比13～30：1，pH值为6.8～7.4条件下，利

图 7-5　自然干燥法

用微生物进行厌氧发酵，产生可燃性气体（图 7-6）。每千克鸡粪产生 $0.08\sim0.09$ 米^3 的可燃性气体，沼气发热值 $4\,187\sim4\,605$ 兆焦/米^3。生产的沼气可用于鸡场取暖、照明等，大型肉鸡场可进行并网发电（图 7-7）。发酵后的沼渣可用于养鱼、养蚯蚓、栽培食用菌和生产优质的有机肥。

（三）鸡粪直接发电

鸡粪的挥发成分较高，极易着火，极易燃尽。挥发成分析出的温度远低于煤炭，温度区间从 200℃ 开始至 500℃ 时几乎完全析出，500℃ 以上则主要是固定碳的燃烧过程。在锅炉内不需采用其他燃料助

图 7-6　沼气池

燃，就能保证较好的燃烧工况和燃烧效率，发电后产生的灰粉也是非常好的农家肥原料。这种方法投资大，一般用于大型肉鸡养殖企业。

图 7-7 沼气发电机组

[案例 7-1] 山东民和牧业有限公司沼气发电工程

山东民和牧业于 2007 年确定建立鸡粪沼气发电项目，投资 7 000 多万元，引进技术和设备，历时一年多成功建成了全国禽畜行业最大的沼气发电工程。该项目利用了 3 台 GE 颜巴赫 JMS 3201 兆瓦燃气内燃机发电，总装机容量 3 兆瓦。生物质沼气电厂利用厌氧发酵系统对鸡粪进行发酵，日可消耗 300 吨鸡粪及 500 吨废水。发酵后产生的沼气被输送到颜巴赫燃气内燃机中，发出的电力被输入当地电网，发酵剩余的沼渣还可制成肥料。

目前，民和牧业沼气发电工程设计处理能力为年可处理鸡粪便约 18 万吨，污水约 12 万吨，全负荷生产可年产沼气 1 095 万米^3，年可发电 2 190 万度，并可产生 20 多万吨固态和液态有机肥。据了解，2014 年，该公司所发的电全部在网上销售，每度电按 0.67 元计算，年收入可达 1 500 多万元。

[案例 7-2] 福建圣农集团鸡粪发电项目

福建凯圣生物质热电厂项目是由福建圣农集团和武汉凯迪共同投资建设，项目是以圣农公司自产生物质——鸡粪混合物（主要是鸡粪与谷壳）为原料，通过直接燃烧所产生的能量发电。热电厂规划容量为 2×12（兆瓦）＋1×25（兆瓦）生物质热电机组，分两期完成。一期建设规模为 2×12（兆瓦）汽轮发电机组＋2×65（吨/时）循环流化床锅炉，工程投资 2.4 亿元，年处理鸡粪 30 万吨以上。2007 年 12 月 24 日开工，2009 年 4 月第一台机组发电，2009 年 10 月第二台机组发电，年发电量 1.68 亿度，供电量 1.56 亿度。

四、病死鸡无害化处理

病死鸡是一种特殊的疫病传播媒介，其无害化处理要严格按照《病死及死因不明动物处置方法》和《病害动物和病害动物产品生物安全处理规程》（GB 16548—2006）这两个规范进行操作。现阶段，在病死鸡无害化处理中，应用较多、较成熟的技术主要包括深埋法、焚烧法、堆肥法和化制法等。

（一）深 埋 法

1. 选址要求 远离居民区、水源、河流和交通要道的僻静地方；地势高燥，地下水位低，并能避开洪水冲刷；土质宜干而多孔，以沙土最好，以便尸体快速腐败分解；场地周围最好筑有围墙，设有加锁大门，同时设置"无害化处理重地，闲人勿进"等醒目警告标示。

2. 深埋坑要求 深埋坑的长度和宽度能容纳病死鸡尸体，从坑沿到尸体表面不得少于 1.5～2 米（图 7-8）。

图 7-8　深埋坑底部铺垫生石灰

3. 操作方法 集中收集病死肉鸡，用密闭塑料袋包裹以防漏液，用专门的运输工具运至无害化处理点，运输工具底部与四周必须防水，上面部分要充分遮盖。

深埋坑底部铺垫2～5厘米厚生石灰，放入病死肉鸡尸体，并将污染土层一起抛入坑内，再铺2～5厘米厚的生石灰后，用土覆盖，与周围持平。污染的饲料、排泄物和杂物等，喷洒消毒药后与肉鸡尸体共同深埋。有塑料袋等外包装物的，应先去除包装物后投入坑中。填土不要太实，以免尸腐产气，造成气泡冒出和液体渗漏。

4. 消毒要求

第一，运输病死肉鸡的工具必须与其他运输工具严格分开。

第二，每次处理完病死鸡后，所有用具必须用0.2%～0.5%过氧乙酸或0.2%氯制剂彻底洗刷、喷洒消毒。

第三，操作员在病死肉鸡的收集、处理、场地消毒过程中要穿戴工作服、口罩、雨靴、塑胶手套等防护用品；防护用品在使用后用0.1%～0.2%新洁尔灭或0.05%～0.2%过氧乙酸溶液浸泡消毒10分钟以上。

第四，病死肉鸡无害化处理场地每天至少喷洒消毒1次，常用的消毒液有0.2%～0.5%过氧乙酸、0.2%氯制剂、0.2%百毒杀等。

以上消毒方法适用于各种病死鸡处理方法。

（二）焚 烧 法

焚烧法是指将病死鸡堆放在焚烧炉中，在最短的时间内实现病死鸡尸体完全燃烧碳化，达到无害化的目的。目前采用的主要设备有简易式焚烧炉、节能环保焚烧炉和生物自动焚化炉。养殖场可根据自身养殖规模选择不同设备。可以自建焚烧炉自用，也可在养殖密集区联合兴建焚化处理厂。

1. 选址要求 养殖场自建的病死鸡焚烧处理场地应设在养殖场常年主导风向的下风向或侧风向处，与主要生产设施保持一定距离，并建有绿化隔离带或隔离墙，实行相对封闭式管理。处理区与生产区之间应设有专用通道和专用门，能够满足运送燃料、病死肉鸡、相关污染物及机械的需要；应远离建筑物、易燃物品；注意高温、烟雾和气味对周围建筑、地下和空中设施、道路及生活区的影响，焚烧地上空不能有电线、电话线，地下不能有自来水和燃气管道；周围有足够的防火带，避开公共视野。

2. 焚烧方法

（1）简易式焚烧炉焚烧 简易焚烧炉（图7-9）是由人工采用砖石、土或水泥砌成。一般这种焚烧炉分为两层建设，上层放置病死肉鸡，下层放置燃料，上下层间用数条钢筋隔离，焚烧炉的三面封闭，一面为放燃料和病死肉鸡的小窗口，顶部可以做成拱形或平顶，并设有烟道与烟囱。焚烧炉长、宽、高根据病死肉鸡的数量确定。简易焚烧炉的窗口设在迎风面，以便通风，在燃烧时供应充足的氧气。为了不影响焚烧效果，通常选择在微风、无雨雪的天气进行。备好燃料，如干草、木柴、柴油等。在焚烧炉的底层放入适量的干草和木柴，干草放在最下面，上面放木柴，将病死肉鸡均匀地放在用钢筋分离的上层，并在病死肉鸡尸体表面倒些柴油，然后引燃下层的干草即可。在焚烧过程中注意观察燃料和火焰状态，如果燃料不足，火焰不旺，可随时填加燃料，保持火焰的持续燃烧。点火前所有车辆、人员和其他设备都必须远离焚烧炉。焚烧结束后，掩埋燃烧后的灰烬，对场地进行清理消毒。

图 7-9　简易焚烧炉

（2）节能环保焚烧炉焚烧　节能环保焚烧炉（图 7-10）分为 5 个系统，即焚烧系统、排烟系统、热重复利用系统、去味系统和处理后废水排放系统。其中焚烧系统与简易焚烧炉结构相似，炉体也是由人工采用砖石和水泥砌成。焚烧系统由炉体、填尸室、排烟孔、填煤室、炉灰室、出灰口组成。排烟系统由排烟孔、排烟管、冷却净烟管、电动抽风机组成。热重复利用系统由冷水输入管道、填

图 7-10　节能环保焚烧炉

煤室铁栅栏管、热水输出管道组成。去味系统由1～2个除味池组成。池由砖块砌成，上有混凝土浇筑成的盖，必须确保池的密封性。处理后废水排放系统由废液管构成。操作时点燃炉火，填煤，开电动抽风机，填充病死肉鸡，关上填尸室、填煤室共用炉门，再打开冷却净烟管上的水阀门，在负压的作用下，空气由出灰口进入，穿过填煤室，使炉火变旺，穿过填尸室，促进尸体焚化，由排烟孔把烟带入排烟管，喷出冷却水将烟灭掉，废水残渣顺管流入除味池1，池中液面与排烟管口距离5厘米，没有完全净化的烟两次与水面接触，通过抽风机作用再与除味池2中的液面3次接触。其中除味池1、除味池2通过管道连接相通。废水从废液管排放出去。另外，当炉火烧旺后，打开冷水输入管上的阀门，冷水输入，经过铁栅栏管，带走燃烧室热量，从热水输出管输出热水，可以用于生活热水。

（3）生物自动焚化炉焚烧　生物自动焚烧炉是由专门环保设备公司生产的专业化动物焚烧炉。这种焚烧炉采用二次燃烧处理工艺，一燃室温度600℃～800℃，二次燃烧室内温度在800℃～1 100℃，可燃物完全灰化，减容比≥97％。将病死肉鸡送入一次燃烧室，由点火温控燃烧机点火燃烧，根据燃烧"三T"（温度、时间、涡流）原则，在一次燃烧室内充分氧化、热解、燃烧，燃烧后产生的烟气进入二次燃烧室再次经高温焚化，使之燃烧更完全。而后，烟气进入冷热交换器，对其进行冷降温，最后由除尘器除尘，达标后由烟囱排放至大气。燃烧后产生的灰烬由人工取出、转移填埋。

2. 消毒要求　焚烧结束后，对焚烧的灰烬进行收集和深埋，对焚烧处的场地、设施、设备及收集运输工具，参照深埋法介绍的消毒要求进行彻底消毒。

3. 堆肥法　堆肥法是指在有氧的环境中利用细菌、真菌等微生物对有机物进行分解腐熟而形成肥料的处理方法。堆肥法处理肉鸡尸体所需时间一般在3个月以内，堆肥核心温度一般在55℃，持续3天以上。鸡舍内有害的鸡粪和草垫等废物，可以作为堆肥辅料一并降解，极大地降低了染疫肉鸡处理的成本，阻断了病原微生物通过动物废物继续传播的途径。

在堆肥前需要对病死鸡预处理。一般需要专门的处理设备，主要方法包括挤压、冲击和剪切，对于一次性处理少量的尸体，可以选择碾压、解剖，以保证后期堆肥过程中堆体温度能顺利升高，有效降解动物尸体，杀灭病原微生物，减少疾病传染源，减少环境污染。

当堆肥经过熟化并趋于完全稳定，水分下降到20％以下时，便可进入贮存阶段。在此之前必须经过筛分和包装，筛分出的未分解的动物骨头等需进行粉碎，再与辅料汇合进行二次堆肥，堆肥产品可以进行计量、包装。因为有机堆肥产品总体养分偏低，只能作基肥使用，应用范围存在局限，而堆肥法处理其他有机废弃物的工艺流程比较完善，所以通常还会将堆肥产品进一步加工为有机-无机复混肥料。目前有较多用于生产有机-无机复混肥料生产的设备，主要步骤包括混合、制粒和干燥等。

4. 化制法 化制法处理是指将病死鸡投入到水解反应罐中，在高温、高压等条件作用下，将病死鸡尸体消解转化为无菌水溶液（氨基酸为主）和干物质骨渣，同时将所有病原微生物彻底杀灭的过程。

目前主要使用的化制法是湿化法：将病死鸡尸体送入化制机罐体（有专用装载车或传送带，见图7-11）。化制时间、温度压力，视处理数量、类别有所不同，不同厂家的设备相应要求不同。一般120～240分钟，温度138℃～175℃，压力1～2个大气压。化制完成后，蒸汽需冷凝、排放，罐内压力回至常压状态。排气，开启罐门，移出处理

图 7-11 化 制 机

物。排出油脂后的固体物料可加工成有机肥料。油水混合物经分离后可生产工业用油脂，污水流入污水池，按照下文处理方式进行处理。实现达标排放。设备、场地定期或生产结束后全面消毒。

五、污水处理

鸡场必须专设排水设施，以便及时排除雨水、雪水及生产污水。全场排水网分主干和支干，主干主要是配合道路网设置的路旁排水沟，将全场地面径流或污水汇集到几条主干道内排出；支干主要是各运动场的排水沟，设于运动场边缘，利用场地倾斜度，使水流入沟中排走。排水沟的宽度和深度可根据地势和排水量而定，沟底、沟壁应夯实，暗沟可用水管或砖砌，如暗沟过长（超过200米），应增设沉淀井，以免污物淤塞，影响排水。需注意的是，沉淀井距供水水源应在200米以上，以免造成污染。被病原体污染的污水，可用沉淀法（图7-12）、过滤法（图7-13）、化学药品处理法等进行消毒。比较实用的是化学药品消毒法。具体做法是先将污水处理池的出水管用一木

闸门关闭，将污水引入污水池后，加入化学药品（如漂白粉或生石灰）进行消毒。消毒药的用量视污水量而定，一般 1 升污水用 2～5 克漂白粉。消毒后，将闸门打开，使污水流出。

图 7-12　沉 淀 池

阶梯式格栅　　　　　　　　　　齿耙式格栅

图 7-13　格栅拦截污水处理设备

[案例 7-3]　咸宁贺胜温氏禽畜有限公司肉鸡养殖基地粪污处理工程

　　咸宁贺胜温氏禽畜有限公司肉鸡养殖基地肉鸡存栏量 13 万只，平均每天产生废水约为 150 吨，另有职工生活污水 20 吨，废水总排放量为 170 米³/天，按有关资料及农业部《集约化养鸡厂建设标准摘要》中的数据，集约化养鸡厂中的鸡只每日排泄量均值为 105 克，该基地日产鲜鸡粪 13.7 吨，清粪过程中附带的垫料、残饲料按 10% 计，则日产鸡粪 15 吨。

鸡场采用清洁生产工艺，每天排放的鸡粪人工清除至干鸡粪池，堆沤发酵后作为农田有机肥。每天处理排放的冲洗污水由污水沟汇集于集水池中，经过机械格栅初步固液分离后，再经气浮，分离出的粪渣并入收集的干粪中，作有机肥料；经气浮处理后的污水中固体悬浮物（SS）大大降低、同时起到一定的脱氮作用。污水进入水解池，在水解池，兼性微生物将复杂的有机物降解为简单有机物，水解池同时可调节水量，使后续生化处理单元的水量稳定。经水解处理后的污水再泵入上流式厌氧污泥床反应器（UASB）进一步厌氧处理。厌氧池出水自流进入沉淀池。沉淀出水进入中间水池，一部分用作液态肥料浇灌菜地，一部分进入活性污泥（SBR）池进行进一步处理，活性污泥池出水经过紫外线消毒和自然氧化塘处理后达标排放。水解池、厌氧池（USAB）、沉淀池和活性污泥池产生的污泥进入污泥浓缩池浓缩后，进入贮泥池暂时贮存，浓缩后污泥经过板框压滤机脱水后并入收集的干粪中，作有机肥料。从而整个工程可达到资源回收、能源开发、环境保护有机的结合，实现生态良性循环，促进养殖业的可持续发展（图7-14）。

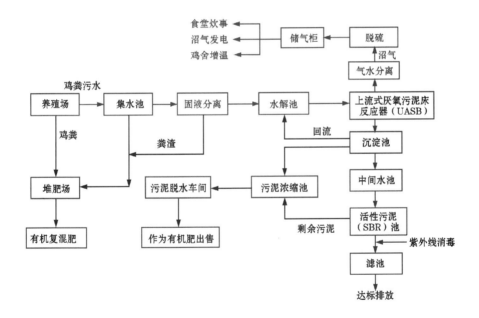

图 7-14　废水处理工艺流程图

第八章

肉鸡屠宰与加工技术

阅读提示：

安全、优质的鸡肉加工制品是肉鸡产业可持续发展的必然趋势。具有一定养殖规模，或具有烧鸡、烤鸡等加工需求的企业可参考阅读本章内容。按照肉鸡屠宰与加工的技术流程，本章介绍肉鸡屠宰厂的布局要求、设计规范；运用正确的肉鸡宰前管理方法，减少宰前损失；规范化的肉鸡屠宰工艺技术，以降低鸡肉残次品率；生鲜产品的供应链质量控制要点；腌腊和酱卤两类增值潜力高的肉鸡深加工产品技术。通过阅读本章，读者可根据技术要点，结合典型案例来保证鸡肉及其深加工产品的质量安全，提升鸡肉加工企业的利润水平。

第一节　肉鸡屠宰技术

一、肉鸡屠宰厂设计

根据国家发改委和商务部相关要求，到 2015 年，全国手工和半机械化等落后的屠宰产业要淘汰 60%，其中大、中城市和发达地区力争淘汰 90% 以上。因此，为减少资源浪费，肉鸡屠宰厂的设计就非常关键。肉鸡屠宰厂的设计包括工艺设计和土建工程设计两大部分，其中工艺设计包括厂区总体布局、建筑形式选择、车间内部工艺布局以及对建筑、供排水、供电、供气等其他方面提出的要求，这些是土建工程设计的依据。合理、科学的工艺设计是决定肉鸡屠宰厂加工环节优劣的一个重要方面，是决定肉鸡产品质量的关键因素。

（一）厂区总体布局

1. 肉鸡屠宰厂选址　肉鸡屠宰厂须选择在交通方便、有充足水源的地区，不得建在受污染河流的下游，符合食品加工环境要求，周围 2 千米范围内没有粉尘、有害气体、放射性物质和其他扩散型污染源。

2. 厂区区域的划分　在充分结合肉鸡产品加工企业的特性要求，符合《工业企业总平面设计规范》《食品企业通用卫生规范》《肉类加工厂卫生规范》等国家规定的基础上，要按照加工对象和产品方案确定加工生产线的工艺流程，再根据工艺流程及食品加工的其他相关要求将厂区按功能划分为几个功能区域：生产区域、生活区域、办公区域、附属区域等。在规划设计中，也要遵循整体布局合理、各区域明晰、无交叉污染的原则。

3. 厂区道路与绿化　厂区的道路设计要遵循食品卫生的相关规范，做到物流与人流、洁净区与非洁净区专设不同的通道。厂区的绿化是总体规划的重要组成部分，要充分结合厂区的自然条件和环境污染状况，合理布局，符合生态原理，也要特别考虑植物景观和美学原则，设计要达到四季常青，新建企业厂区绿化面积应达到 20% 以上。

（二）屠宰厂规模的划分及相应的生产效果

屠宰厂的规模是根据日屠宰量（Pa）确定的。而相应的单班生产效率为（工作时间按 8 小时计算）：生产效率（P）＝日屠宰量（Pa）÷工作时间（T）。

日屠宰量在 3 万羽以下为小型屠宰场，生产效率：P＜3 750（羽/时）；日屠宰量在 3 万～6 万羽为中型屠宰场，生产效率：3 750＜P＜7 500（羽/时）；日屠宰量在 6 万羽以上为大型屠宰厂，生产效率：P＞7 500（羽/时）。日屠宰超过 10 万羽的工厂，建议采用双班生产。

［案例 8-1］　日屠宰量 6 万羽肉鸡中型屠宰加工厂设计

一、厂区环境要求

工厂周围无受污染区域，工厂周围设有围墙，防范外来污染源侵入。厂区内四周环境由专职人员随时保持清洁，厂区空地铺设混凝土或绿色防护带，以防尘土飞扬并美化环境。工厂生产中的废水、废料的排放或处理符合国家有关规定。厂区内禁止饲养禽、畜。厂区设良好的供、排水系统，保证正常运行。工厂的生产区与生活区隔离。

二、厂房配置与空间

第一，厂房具有足够空间，加工室依作业流程需要及卫生要求，有序而整齐的配置，车间面积与生产能力相适应，以备设备安置、卫生作业、物料贮存，以确保食品安全与卫生。

第二，生产场所内设备之间或设备与墙壁之间，设适当通道或工作空间，其宽度足以容下工作人员完成工作（包括清洁和消毒）。

第三，实验室设有足够空间，以安置试验台、仪器设备等，分为药残室、清洗消毒室、无菌室、疫病室，分别进行药残、微生物及疫病等试验工作。

第四，依作业流程或生产要求不同，加工室的设置要进行有效隔离，避免不同卫生状况物料的交叉污染。

三、厂房建筑材料

各建筑物应坚固耐用，易于维修、维持干净；其结构能防止食品、食品接触面及内包装材料遭受污染，如有害动物侵入、栖息、繁殖等。根据不同的内部结构区域，可选择瓷砖、聚氯乙烯（PVC）材料等。

四、地面与排水

地面采用地板砖，并设一定坡度，平坦光滑、无裂缝、易清洗消毒。废水排至废水处理系统，经无害化处理后排出厂外。排水系统设防止固体废弃物流入的装置。排水池内不得配有其他管路。排水池的侧面和底面接合处有适当弧度，曲率半径在 3 厘米以上。排水出口设有防止有害动物侵入的装置，如隔离栅栏或水封。

五、屋顶及天花板

室内屋顶材料能够防止灰尘堆积、结露、长灰或成片剥落等情形发生，可选用 PVC 板材。蒸汽、水、电气等配管不得设于食品暴露的直接上空，除非能防止尘埃、凝结水；空调风管设于天花板上方，加设风布以便降温均匀。

六、墙壁与门窗

墙壁用不吸水、不渗水、无毒材料，最好使用瓷砖。表面平整光滑，四壁与地面交界面呈弧形弯，防止污垢积存并便于清洗。窗台设于地面 1 米以上，塑钢材质，内侧下斜 45°，以便清洗。门以平滑、易清洗、不透水的坚固材料制作，如塑钢材质，并经常保持封闭，必要时装设门帘、空气帘或闭门器。

七、照明设备

厂内各处装设适当的采光或照明设备，车间所用照明设备均加设防护罩，以防破裂时污染食品。一般性作业区域的作业台面照度保持 110 勒以上，加工场所保持在 220 勒以上，检查作业台面保持 540 勒以上，使用的光源不致改变食品的颜色。

八、通风设施

生产加工、包装等场所保持通风良好，采用机械通风或自然通风，以防室内温度上升过高、蒸汽凝结，并保持室内空气新鲜。机械通风管道进风口距地面 2 米以上，远离污染源，排风口、开口处设百页扇或网。生产车间、包装场所必要时加设空调设备。

九、供水设施

由工务组负责提供工厂各部所需的充足水量和适当压力、可供生产用热水，并设有储水设备。储水池用钢筋混凝土结构构筑，并设防护罩，避免水质受污染。供、排水管路系统以明显颜色区分，用完全分离的管线输送，无逆流或相互交接现象。地下水源与污染源（化粪池、废弃物堆积场所等）保持 20 千米以上距离。

十、洗手消毒设施

在车间入口处设置足够数目的洗手及干手设备，配置冷热水混合器。洗手设备附近备有充足的清洁剂和消毒液。洗手台采用不锈钢材质，易于清洗、消毒。干手设备采用烘手器或纸巾，使用后之纸巾丢入带盖垃圾桶内。水龙头开关采用膝顶式，防止手部遭受污染。车间入口设胶靴消毒池，在洗手消毒设施附近张贴简明易懂的洗手方法标识。

十一、仓　库

仓库用无毒、坚固的材料如不锈钢材料构筑。其大小足够作业顺畅进行并易于维持整洁，出入口密闭并设置防鼠设施。原材料仓库及成品仓库分别设置，依性质不同设有冷藏库、冷冻库、内包材库、外包材库，同一仓库不得存放可能造成相互污染的食品。仓库设置数量足够的栈板，使储藏物品距离墙壁、地面均在10厘米以上，以利于空气流通及物品搬运，仓库内不得存放有碍卫生的物品。产品库装设可正确指示库内温度的温度计，由制冷机房按需要进行调整，温度计定期校准。内外包材库干燥通风，内外包装物料分别存放。

十二、更　衣　室

设在加工包装场所附近，并独立隔间，男女更衣室分开设置，室内有适当的照明，并设排风扇，保持通风良好。更衣室内设足够的更衣柜、更衣镜，以便员工使用。

十三、厕　所

与更衣室相连，数量足够员工使用；采用冲水式，由专职服务员负责保持卫生；厕所内设洗手消毒设备。厕所设排风扇，排气良好并有适当的亮度照明。

十四、淋浴室

设置充足淋浴喷头供员工使用，并设排风扇进行通风并安装采暖装置。

图 8-1、图 8-2 为国内某企业肉鸡屠宰加工车间生产工艺流程布局示意图。

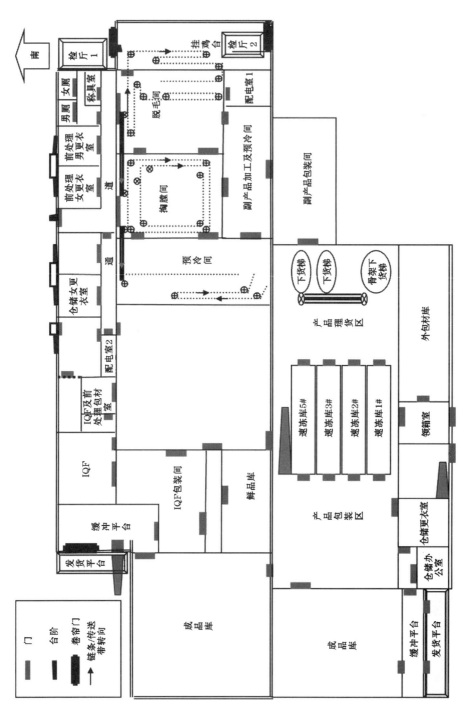

图8-1 肉鸡屠宰加工车间（一楼）生产工艺流程布局示意图

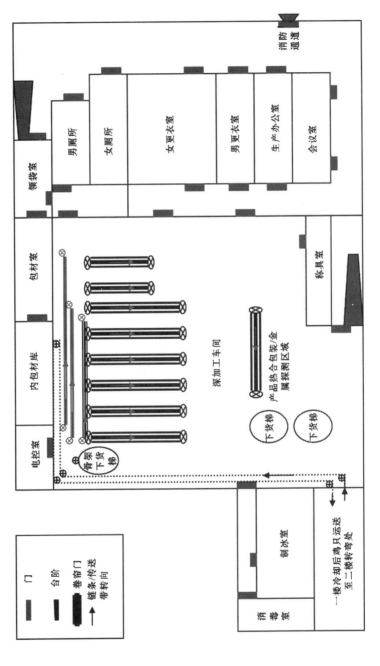

图8-2 肉鸡屠宰加工车间（二楼）生产工艺流程布局示意图

二、肉鸡屠宰前管理

（一）抓　鸡

为保障动物福利和屠宰后鸡肉的品质，需要保障肉鸡在宰前停食时间≥12小时，停水时间≥2小时。合理的抓鸡方法是，从鸡棚里面将鸡的双腿抓住并快速放进鸡笼，每只手不超过3只鸡，以减少鸡的损伤。根据毛鸡回收数量，组织足够人员，将每车抓鸡时间控制在1小时以内，抓鸡时避免光照。

（二）运　输

鸡笼规格为：80厘米×60厘米×35厘米，冬天每笼装8～10只，夏天每笼装6～7只。在运输过程中，必须注意减少鸡的碰伤和死亡，以免影响养殖场效益和宰后肉的品质。冬季在运输过程中使用遮风蓬布避免鸡只冻伤或冻死。

（三）待　宰

肉鸡运输到屠宰厂后，应在屠宰场进行待宰，以缓解运输引起的应激。屠宰厂应设待宰棚，夏季使用风扇和喷淋设施给毛鸡降温。待宰时间控制在60分钟左右，对动物福利和肉品品质有利。

（四）卸　车

卸笼人员应协助司机及时平稳地将毛鸡车停靠到位，两位卸笼人员一只手持钩子钩在最底层笼的最下层处，另一只手扶住笼子，防止歪斜，平稳将鸡笼运送至卸鸡台。

三、肉鸡屠宰工艺

经过合格的宰前管理之后，在屠宰加工厂的待宰肉鸡将根据设定的工艺流程安排屠宰加工。肉鸡屠宰工艺流程图如图8-3。

（一）宰前检验

1. 检查内容　毛鸡车进厂后先停靠在待检区，由当地检疫部门驻厂人员逐车查看《动物产地检疫合格证明》（或《出县境动物产地检疫合格证明》）《动物及动物产品运载工具消毒证》，物证相符后开具《准宰通知单》。公司宰前检验人员接收《准宰通知单》，查验《饲养日志》，并做群体检验，验收合格的，

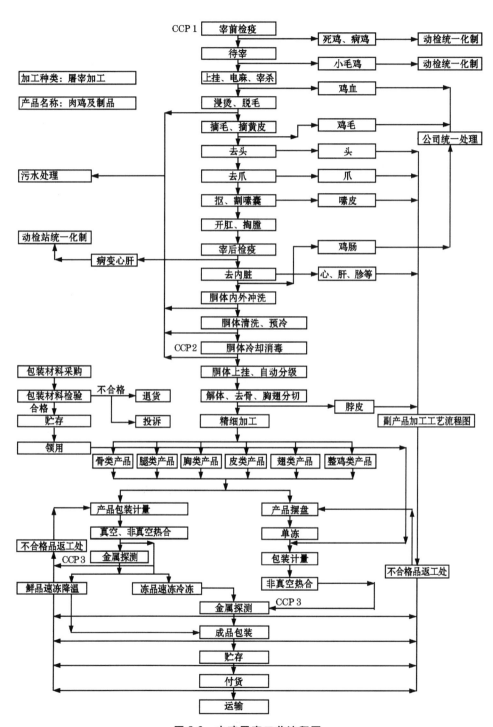

图 8-3　肉鸡屠宰工艺流程图

引导养殖户将车停靠在合格区，等待屠宰；验收不合格的，将车停靠在不合格区，不予屠宰，并通知原料部。

群体检验内容包括：①每车随机抽样5～10只检查毛鸡嗉囊，分析判断停食情况；②根据毛鸡精神及呼吸状况判断鸡群是否健康。

2. 质量要求

（1）合格毛鸡特征　外观羽毛顺滑、有光泽，叫声响亮，口、鼻、眼无分泌附着物，无消瘦现象，单只体重符合要求。

（2）群体检查　宰前检验人员对两证齐全的毛鸡群体检查。要求合格毛鸡无精神不振、羽毛松乱等不良症状。

（3）个体检查　按每车5～10只随机、多层点抽查待宰鸡只，查看其嗉囊充盈程度，径长≥3厘米的视为停食不合格。

（二）待　宰

宰前检验合格的毛鸡，将毛鸡车停靠在待宰棚，其待宰过程同"二、肉鸡宰前管理"中的"待宰"。

（三）挂　鸡

挂鸡间光线柔和，蓝光为最好，挂鸡链条增加挡胸板，挂鸡员工应面向链条站立在指定位置，按链条上的挂牌标识挂鸡，要求稳、准、快。操作要求：双手入笼，用手掌握住双腿跗关节处，用拇指按住爪杆处，将鸡迅速挂上链条。挂鸡过程中应及时挑拣出笼内死鸡和残鸡，放入废弃桶内。最末一位挂鸡员工应负责将笼内毛鸡全部抓出上挂。挂鸡时禁止挂单腿，及一个链钩挂两只或两个链钩挂一只鸡。挂鸡台尽量保持较暗光线，地面掉落鸡只应及时双手捧起放入笼内。以养殖户为单位挂牌标识；每次换户时，中间停50个左右的空钩，便于每户之间的区分。

（四）宰前电击晕

毛鸡电击时应注意以下几点：①根据链速确定电击晕槽的长度，但必须保证电击晕时间控制在6～9秒钟，通过每只鸡的电流强度至少达到120毫安。②使用高频低压（500～800赫兹，8～12伏）。③若电击晕槽内水的导电性较差，可以通过添加食盐增加其导电性，食盐浓度控制在0.08％～0.12％。④电击晕槽上方链条轨道须带弧度，确保体重不一致的肉鸡的头部均能有效得到电击晕。⑤在电击水池中，鸡头离电极条垂直距离为5厘米，电极的长度与水池的长度相等；在设计中，可使用电极板或多个电极条。⑥有效致晕的表现：鸡只致晕后立刻进入僵直阶段，头部柔软、颈部拱起、腿部伸展、翅膀贴近身体轻微颤动。随后肌肉会出现完全放松的现象。抽搐阶段的表现很微弱，腿部会轻微踢蹬，翅膀小幅度颤动。

（五）宰　杀

用左手将鸡头握住，使头左侧向上。用刀在鸡耳后无毛区，距头线 1.5～2 厘米、舌骨末端 1.5 厘米处下刀，平行直推，入腭内为止，同时左手向左稍旋转一点，切割完毕后，马上将头恢复正常，立即有血从切口处喷出。

（六）沥　血

沥血完全，沥血时间应控制在 180～240 秒钟。

（七）浸　烫

操作人员根据实际屠宰鸡只的大小，调整浸烫槽水温操作限值。操作人员随时调整水温，防止胸肉烫白。操作人员负责监控所有鸡只是否完全经过浸烫。

（八）脱　毛

脱毛时操作人员随时观察硬杆毛残留情况，并根据鸡体大小及时调整打毛机。脱毛后喷淋适量的水，可将脱除的羽毛冲离鸡体表。

（九）摘毛、摘黄皮

使用专用摘毛工具对鸡只的肩部、翅膀尖端、腿部内侧，胸上部及尾部等地方残留的小毛进行拔除。

（十）去头、去爪皮和切爪

人工去头，在链条上作业，操作人员用刀沿鸡颈部放血口将鸡头切下。机器去爪皮，将带皮爪倒入打爪机中，调整好热水温度，随着设备的胶棒运转，将爪皮脱下。人工切爪，在链条上作业，员工用刀从小腿与踝关节处切断。

（十一）转　挂

鸡只被切爪完后，掉在传送带上。双手抓住鸡翅部，背朝操作者，将鸡脖挂在挂钩上。

（十二）开颈皮

沿鸡的右肩窝处入刀，向下方向将皮划开 5 厘米左右，其深度以易拨离食管、气管、嗉囊为佳。

（十三）抠嗉囊、割嗉囊

左手大拇指沿划开的颈皮透过黏膜伸到嗉囊处，右手食指和中指将嗉囊完整地抠出来（抠时要迅速、稳准，勿硬拉，以防拉破造成饲料污染）。右手拿刀，左手抓住嗉囊，用刀割断嗉囊连接腺胃的食管（注意要在腺胃管根部下刀，以防漏饲料，造成污染）。生产人员在生产线进行连续目视检查，将积食的嗉囊单独投放在一个白盒中。每户鸡只宰杀完毕后，由专人将积食嗉囊运送到外挂称重。

（十四）开腔（肛）

左手握住鸡腿将鸡托起，右手拿刀从鸡的肛门上端入刀，绕肛门向右划开，然后回转刀柄从肛门左侧下刀，向下划开近似"V"形，将腹腔打开，切开 5～8 厘米。其长度与鸡的大小有关，开大易扩大污染，开小不利于挖肛。

（十五）挖肛（掏膛）

左手握住鸡的左翅根托起胸部，右手紧握掏膛器具。从打开的腹腔肛门处贴着背部（避开内脏）深深插入。右手向下，用力从腹腔和胸腔内完整地掏出内脏。每挖完 1 只鸡，挖腔器具应清洗 1 次，要保证清洗槽内水的清洁。

（十六）去 内 脏

1. 摘心 用拇指和食指夹住鸡心摘下。

2. 摘肝 右手的食指和中指托住肝的前叶，无名指和小指托住肝的后叶，四指并拢将肝托住，左手随机推开鸡肫，用左手的大拇指、食指和中指捏住胆囊根部和肺，将肝完整地摘下。注意摘下的肝要完整，勿破胆囊，肝上勿残留肺、脾脏及苦胆。

3. 摘鸡肫 右手握住鸡肫，用左手大拇指、食指捏住靠近鸡肫根部的小肠，将鸡肫拽下。

4. 割直肠 将鸡肠由直肠末端彻底割除，勿伤鸡体腿部。
双手分别插入鸡体腔中，检查是否有内脏残留并掏净。

（十七）割胸囊炎部位

左手抓起胸囊炎部位，右手持刀，将胸囊炎部位割下剔除，注意勿伤大胸。

（十八）第二次转挂

将鸡从流水线上摘下放在另一条传送带上。另一位员工双手抓住鸡腿部，鸡只腹部朝操作者，将双腿挂在挂钩上。

（十九）内外冲洗

喷淋机对准已掏去内脏的鸡体空腔和体表进行冲洗，以防止腔内和体表的污物残留。

在检查（或生产）过程中，根据清洗情况，通知工务科调节高压冲洗机，以保证鸡体内腔的清洁度。

（二十）副产品预冷消毒加工

鸡胗进行去除内容物、胗皮。其他产品按客户要求进行分级挑选（剔除不可食用的部分，做无害化处理）。用冰水对副产品进行冷却，在冰水中加入50～100毫克/升消毒液，产品预冷到4℃以下。

（二十一）预冷槽、冷却槽加冰

操作人员挂鸡前1小时进入冷却间。测量冰水的温度。查看预冷槽水表读数，并记录。检查设备有无异常（见设备操作规程）。检查冷却池上方下冰管路的卫生及其是否有堵塞现象。打开阀门放入冰水。挂鸡前30分钟测试冰水温度，以确保温度在正常范围内（4℃以下）。如遇特殊情况加冰降温。

（二十二）胴体冷却消毒

第一，采用螺旋推进式预冷或冷却槽，对鸡体进行预冷消毒（见设备操作规程）。

第二，作业前及时放水，使水温符合要求。作业中由专人每小时一次监控冷却槽水温。若水温偏高时按下制冰开关，冰由下冰管路自动进入槽中，并随时监控水温，工作结束后，通知制冰房人员停止制冰，关闭机器。

第三，根据CCP中消毒液的配比及使用说明配制槽内的氯浓度，用试纸测水的浓度；若偏高则继续加水，若偏低继续加氯直至浓度符合要求。作业中由专人用试纸测试，及时调整加氯量，使氯浓度符合要求。

第四，专人随时用温度计监控出冷却槽的鸡体中心温度。

（二十三）分级上挂

屠体出冷却槽后由操作员工上挂流水线，由专人根据生产需要用电子秤称重选鸡，检查屠体重量并进行分类加工。抓住鸡胸部，用力将鸡脖挂在挂钩上。

（二十四）划 背 线

1. 划两侧 左手握住腿的肘部用刀划开腿皮与胸皮的连接处。注意刀沿着胸形来割，不要伤着腿、骨架。

2. 划后背 用力将腿反转180°，并用刀沿鸡背凹陷正中处划一个弧形，注意勿将腱部肌肉划伤。

（二十五）割 翅

左手握住翅，右手拿刀切开肩胛骨关节，顺势切开附着的肌肉，刀放平插入锁骨，然后沿隆骨下划，顺势切开附着的肌肉。左手顺势用力将翅与胸肉拉下，注意刀紧贴隆骨下划，胸肉上不许带骨片、长皮，勿伤大小胸、软骨，骨架上面不许残留过多胸肉，翅根不许露红骨。

（二十六）割 腿

左手握住腿的上半部，右手持刀，刀尖稍弯进小肉处，将腿关节处的筋带切开，用刀按着骨架，将腿拉到一定位置，沿腿部下刀将腿割下。注意，要求部分小肉保留在腿上，保证腿的完整性，腿上不带长皮、硬骨。

（二十七）去 骨

从胫骨末端向远离股骨近端划一刀，其深度不超过胫骨、股骨。注意下刀不要过深，以免划透，不能将骨膜带在肉上。切开膝关节腱。注意不要伤腿肉，以免造成断裂。从关节处将股骨与胫骨掰成90°角，用刀绕股肌一周，使肉与骨分离开，用刀压住股骨按在菜板上，左手向后拉，剔下股骨。拇指和食指捏胫骨根部，用刀紧贴胫骨背侧向下划，切断肘关节筋腱，然后将肌肉向上拉。注意从胫骨固定根部下刀，贴胫骨下滑，胫骨不要带肉。将肉按在菜板上，将胫骨固定住，刀与胫骨平行向膝关节内插一刀，插刀长度与关节白色韧带等长。注意插刀时刀要与胫骨平行，刀尖不要翘起，要到位，避免漏洞，插刀不要带骨膜。从胫骨背侧下刀，刀紧贴韧带，按住胫骨，左手向后拉，在韧带与肉连接处切断，去掉胫骨、腓骨。

（二十八）分 切

从中翅与翅根关节处切断。沿翅根与胸肉连接处旋转切下翅根。从中翅与翅尖关节处切断（实际操作应根据生产要求）。

（二十九）胸肉、腿肉深加工

根据客户对鸡胸肉、腿肉分割的具体要求进行生产。

（三十）包装热合

作业前启动热合机（见设备操作规程）。作业中将真空度按钮指针拧到2～4刻度（或按客户要求调整真空度指针）。热合时将产品摆正，将包装袋口理整齐，按客户要求的热合线长度进行热合。热合过程中检查品名是否清晰，内容物和外标识是否相符，若发现不符及时反馈上道工序。设专人对热合后的产品进行手工整形（要求平整、均匀）。设专人对产品按客户进行分级，并及时挑出真空封口不良、包装袋破损的产品，及时入库速冻。

（三十一）金属探测

在屠宰加工过程中，金属器械有可能混入鸡肉中，为了避免金属器械对消费者造成伤害，需要对鸡肉进行金属探测。

1. 金属探测的设定 用标准测试板检测空机是否在正常状态。利用设定功能，设定产品的检测灵敏度。用测试板与产品共同经过测试，以确定灵敏度设定是否有效。

2. 检测 每次生产运行时，提前30分钟开机。放入产品前，用标准测试板，检测空机是否处于正常运转状态。将产品与测试板一同过金属探测器，测试灵敏度并每15分钟记录一次。正常运行时，不能通过的产品需要进行3次检测，2次检测未通过的，则视产品为报警产品；第一次检测通过为正常产品，如未通过则进行第二次、第三次复检，其任何一次仍不能通过则视为可疑产品予以剔除，并记录到"不合格品处理记录"。每次传送带停止后重新运行时，应间隔3秒钟以上。

（三十二）单冻包装

作业前开启单冻机（见设备操作规程）。作业中设专人监控单冻机温度。将待单冻的产品摆盘（裸冻产品则直接放在网带上），注意其密度，成品保持连体比例≤5％。出单冻机的产品按客户要求进行计量、包装热合。分级入库，不得混放。

（三十三）速　冻

速冻前要将产品进行整形，要求平整（在−18℃以下）。速冻时及时挑出不合格品（如真空不良、包装袋破损等）。产品及时入速冻机（库）。速冻后取出时要轻拿轻放，以免弄破包装袋。

（三十四）装　箱

检查肉品中心温度是否符合要求（在－18℃以下）。装箱前检查箱内是否清洁，有无杂质。产品外观平整，标识清楚，箱外标识与内袋标识相符，并且位置固定。装箱不错、不混，每箱标明装箱人代号，做到责任到人。装箱人员操作时，要轻拿轻放。如有落地产品，必须单独处理，并记录至"不合格品处理记录"。装箱时将产品反正面检查后再装箱。装箱后及时将产品放到秤上进行称重。

（三十五）贮　存

成品按品种、规格不同，分区域码放且摆放整齐。要用货位卡进行成品标志，做到货卡相符，账物相符。产品码放离墙45厘米以上，离地15厘米以上。库管员负责监控库温及库内产品温度。执行严格的库龄管理，冻品按生产月份区分，每月更新记录。

（三十六）交　货

检查制冷车的清洁度及其制冷效果（具体要求根据客户要求而定）。库管员对出货的产品品名和数量核对后，派专人从库内拉出。检查测量产品出货温度是否符合要求。产品出货时按先进先出的顺序出货。搬箱时轻拿轻放。对外箱进行检查，破损的外箱及时用胶带粘合或由包装组给予更换。复核员对装箱数量、品名进行核对。相关人员将结果记录在《出货检验表》及《产品追踪记录表》上。

第二节　生鲜产品的冷藏、运输和销售

肉鸡屠宰加工后的生鲜产品经金属探测之后，按如下步骤进行冷藏、运输和销售。

一、冷却设施设备选择

各工厂可根据实际情况，选择单冻机、速冻库等急冻设备设施对产品进行快速降温。

二、生鲜品快速降温

（一）速冻库冷却

1. 入速冻库　将生鲜产品计数后在 10 分钟之内入库，入库时按自上而下的顺序码放在排管上（若为风冷库，则将摆好盘的产品放在速冻架上），要求轻放轻推，避免造成产品变形。

2. 封库　产品满库后，把库门关严上锁，通知制冷机房降温，填写封库记录。

（二）单冻机冷却

运输人员将产品运送到单冻机入口处。由入机人员负责将产品逐袋放在案台上，整形平整；然后将产品逐袋平放在单冻机网带上。

（三）产品出库（机）

出库（机）前先经产品管理人员检测肉温，冰鲜品中心温度要求达到 −2℃～2℃方可出库。如果是速冻库降温，要求按自下而上的顺序出库，轻搬轻放，避免产品破袋或落地，每车产品的高度不超过 1.5 米；如果是单冻机降温，需要有专职员工在出口处负责将出机的产品逐一装箱（筐）。

三、生鲜品装箱

产品装箱方法，参见 210 页中的"（三十四）装箱"。

四、生鲜品贮存

成品按品种、规格、发货客户不同，分区域整齐码放在专用的冰鲜产品成品库，成品库温度要求控制在 −2℃～2℃。

要用货位卡进行成品标识，做到货卡相符，账物相符。产品码放离墙 45 厘米以上，离地 15 厘米以上。品管员负责监控库温及库内产品温度。库管员每天需要清查库内是否有漏发的产品，一经发现，需要将产品转冻品生产线。

五、生鲜品出货

（一）检查车辆清洁状况

第一，车辆外观整洁，无明显尘土和污物附着，以防止交叉污染和有异味。

第二，车厢内部应经过清洁、消毒和干燥。车厢表面干燥，无异物和灰尘，无异味。

第三，车厢内部无虫害迹象或滋生。

第四，制冷车辆在温度控制车厢门处的门帘保持清洁和完好。

（二）检查制冷车设施状况

第一，车厢壁和顶盖状况良好，无暴露隔热层或外部空气的孔洞，无裂缝或嵌板脱离，门锁完好。

第二，车厢内部灯具用防碎盖防护或使用防碎灯泡。

第三，车辆在四壁、底部或顶层无裂缝。

第四，车辆车厢必须是全封闭的。

第五，车辆必须有制冷装置，制冷单元运行正常，维护良好，制冷温度能稳定地维持在−2℃～2℃。

第六，制冷车辆在温度控制车厢门处必须配备清洁的、垂挂式、透明的塑料条状门帘，且维护良好，紧密接合。

（三）装载货物前的预冷要求

装载货物前车厢必须预冷至7℃以下。

（四）出货要求

第一，库管员对出货的产品品名和数量核对后，派专人从库内拉出。

第二，检查测量产品出货温度是否符合要求。

第三，产品出货时按先进先出的顺序出货。

第四，搬箱（筐）时轻拿轻放。

第五，外箱的检查，破损的外箱及时用胶带粘合或由包装组给予更换。

第六，复核员对装箱数量、品名进行核对。

第七，相关人员将结果记录在《出货检验表》及《产品追踪记录表》上。

六、运　输

运输货物需注意以下事项：

第一，运输车辆须上锁。

第二，司机按公司销售部规定，将产品运送至客户或公司要求的指定地点。

第三，运输途中要求全程制冷，保证车厢内温度控制在－2℃～2℃。

第四，运输过程中必须配备温度跟踪记录仪，并设制测量时间，间隔时间为 20 分钟，以备随时接受检查。温度跟踪记录仪放置的位置：双制冷机车辆，放置在车厢内冷藏段制冷机回风口处；单制冷机车辆，湿货装货完成后，安装隔温板之前将温度跟踪记录仪放置在离制冷机最远的近干货隔温板处。

第三节　鸡肉深加工产品

鸡肉属于营养保健肉类，其深加工产品越来越受到人门的喜爱。现代养殖业及肉品加工业迅速发展，各种易于加工、食用方便、风味独特的鸡肉制品不断增多，因此鸡肉深加工前景广阔。鸡肉深加工产品可分为：腌腊制品、酱卤制品、熏烧烤制品、肉干制品、油炸制品、西式肠制品、调理制品等。下面以腌腊制品、酱卤制品为例重点讲述。

一、腌腊制品

鸡肉腌腊制品的种类很多，如成都元宝鸡、姚安封鸡、长沙凤鸡、重庆鸡肉饼、上海腊鸡块、广东腊鸡片等，其加工工艺基本一致，加工过程主要单元操作可分为腌制、脱水和成熟 3 个环节。

（一）腌　制

腌制是盐渗入肉组织内部，同时脱除肉中部分水分的过程。它是控制原料肉腐败变质的重要环节。在工业化生产过程中，要求腌制温度控制在2℃～4℃，腌制温度高，盐分扩散速度快，可缩短腌制时间。但腌制初期，在原料肉内尚未建立起有效的渗透压之前，温度高易导致微生物的生长繁殖，使原料肉腐败变质或影响终端产品的风味与质构。有时环境温度较高，为了提高盐分的渗透扩散速度，在肉组织内部快速建立起抑制微生物生长繁殖的渗透压，往往需要降低原料肉的厚度，即在肉上割出刀口，以增大盐分渗透的表面积。

腌制方法分为干腌、湿腌和混合腌制法。干腌简单易行，但腌制的均匀性稍差。鸡肉干腌的时间为每 2.5 厘米厚约需 7 天，温度高则时间短。湿腌法是将盐及其他配料配成一定浓度的盐水卤，然后将肉浸泡在盐水中腌制的方法。该法渗透速度快，质量均匀，腌渍液再制后可重复使用，但制品的色泽和风味不及干腌制品。混合腌制法是将干腌法和湿腌法结合起来腌制的方法。该法可以增加制品贮藏时的稳定性，防止产品过多脱水。

腌制时食盐的纯度会对产品质量产生影响。食盐中除钠和氯外，还含有镁盐和钙盐等杂质。这些杂质能阻碍食盐的渗透，并降低食盐的溶解度，还会产生苦涩味。食盐中微量的铁、铜离子，会促进脂肪的氧化，影响产品风味。为了提高腌制效果，需要选用高纯度的盐。

（二）脱　水

鸡肉腌腊制品生产过程中的干燥脱水工艺包括通风、晾晒、烘烤等，主要目的是使原料肉进一步脱水，使水分活度下降到产品安全保藏水平以下。

工业化生产过程是将半成品悬挂于干燥间，于一定的温度（40℃～50℃）和湿度（相对湿度75％～85％）条件下强制通风，干燥到所需程度。干燥间的温度是重要的参数。温度低，产品易发酸和色泽发暗；温度高，油滴多；温度太高时，肉组织表层脱水太快，易在肉组织外表形成致密的脱水层，影响内部水分的进一步脱除，反而降低脱水速度。干燥间温度一般控制在 40℃～50℃，采用阶梯式控温程序（一般先高后低），有利于提高干燥速度，保持干燥产品质量。

（三）成　熟

成熟是肉组织内部经历一系列生物化学变化，形成产品特有的风味、色泽和质地的过程。从其变化的化学本质讲，成熟并不是一个独立的生产步骤，它贯穿了从腌制到产品销售的整个过程。成熟是一个缓慢的生化变化过程，需要一定的时间。在实际生产过程中，产品经过腌制和晾晒之后，再在一定的条件下放置一段时间，习惯上将这个过程称为成熟。民间有的称为发酵鲜化，也有的称为堆叠后熟或堆叠贮藏。

成熟过程中，蛋白质和脂肪的变化是形成风味的主要途径，该变化有内源酶的作用，也有来自于微生物的作用；腌制剂，如硝酸盐、亚硝酸盐、抗坏血酸及糖等成分的均匀扩散，以及和鸡肉内成分进行反应是形成色泽和风味的主要过程。只有经历了成熟过程，腌制品才具有它特有的色泽、风味和质构，形成浓郁的腌腊味。比较适宜的成熟条件通常为：温度 15℃～20℃，相对湿度 75％～85％。

[案例 8-2]　风鸡加工

风鸡的工业化加工工艺，是在传统工艺基础之上经过改良，在提高其产品品质和均一性的同时，实现了风鸡的大规模的工业化生产。其工业化加工工艺流程见图 8-4 所示。

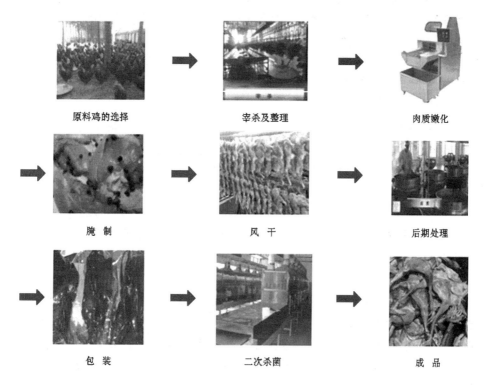

原料鸡的选择　　　　　宰杀及整理　　　　　肉质嫩化

腌制　　　　　风干　　　　　后期处理

包装　　　　　二次杀菌　　　　　成品

图 8-4　风鸡工业化加工工艺流程图

具体工艺流程介绍如下。

1. 原料鸡的选择

选用 1.5～2 千克的肉鸡，经兽医检验合格。

2. 宰杀及整理

鸡经宰杀、放血、脱毛、剖膛去内脏、清洗、沥水，得白条鸡。在此过程中应注意鸡体的完整性和鸡皮的完整性，使皮不破裂。

3. 肉质嫩化

在白条鸡大腿及胸脯等肉厚部位注射嫩化液 10～20 毫升/千克，然后进行按摩使嫩化液分布均匀。嫩化液配方为每升含木瓜蛋白酶 0.03～0.07 克，氯化钙 1～5 克，六偏磷酸盐 0.5～1.5 克。若为肉仔鸡，此步骤可省略。

4. 快速腌制

将鸡浸入腌制液中进行腌制，腌制液用量以 100 只 2 千克鸡计算，为 160～240 升；腌制温度控制在 8℃～15℃，腌制时间为 18～24 小时，腌制后每只白条鸡中的食盐含量是其重量的 3.5%～4%。腌制液配方为：每 100 升腌制液加食盐 12～15 千克、白糖 0.8～1.5 千克、味精 0.3～0.6 千克、白酒 0.2～0.4升、大茴香 0.6～1.2 千克、小茴香 0.5～0.8 千克、花椒 0.3～0.5 千克、砂仁 0.3～0.5 千克、豆蔻 0.4～0.6 千克、白芷 0.3～0.6 千克、肉桂 0.2～0.5 克、生姜 0.06～0.1 千克、山萘 0.2～0.5 千克。

5. 风　干

腌制后的鸡，经沥干，进入控温、控湿、控风速的风干室内，风干时间为 3 天。第一天温度为 11℃～15℃，湿度为 55%～65%，风速为 5～6 米/秒；第二天温度为 14℃～16℃，湿度为 65%～70%，风速为 5～6 米/秒；第三天温度为 16℃～18℃，湿度为 65%～70%，风速为 5～6 米/秒。风干过程中，风干室内的温度、湿度应控制均匀，不能存在鸡挤压现象，以免风循环不充分，风干程度不够。

6. 后期处理

风干后白条鸡经清水漂洗，进入煮制锅，煮制液用量控制在 1.2～2 升/千克，煮制温度控制在 90℃～100℃，煮制时间为 40～60 分钟。煮制液配方中大茴香、小茴香、花椒、砂仁、豆蔻、白芷、肉桂、生姜、山萘的含量为腌制液浓度的 1/5，白糖、味精、白酒含量与腌制液相同，食盐占腌制液重量的 2.5%～3%。

7. 包　装

煮制后产品按规格要求尽快真空包装。

8. 二次杀菌

可采用微波进行二次杀菌，然后快速冷却。成品宜在低温条件下保存。

二、酱卤制品

鸡肉酱卤制品主要有：山东德州扒鸡、河南道口烧鸡、安徽符离集烧鸡、河北卤鸡、哈尔滨正阳楼酱鸡、天津五香酱鸡、上海酱油鸡、广州油鸡、古井醉鸡等。这些制品生产工艺因品种不同而不同，但主要加工步骤有两个：一是调味，二是煮制。

（一）调 味

调味是获得稳定而良好风味的关键。调味的方法根据加入调料的时间和作用，大致可分为基本调味、定性调味和辅助调味 3 种。基本调味是原料经整理后，在加热前经过加盐、酱油或其他配料腌制，奠定产品咸味的过程。定性调味是在煮制或者红烧时，与原料肉同时加入各种香辛料和调味料，如酱油、盐、酒、香辛料等，赋予产品基本香味和滋味的过程。辅助调味是在原料肉煮制后或出锅前，加入糖、味精、香油等，以增进产品的色泽、鲜味的过程。酱卤制品可按照加入调料的种类、数量，分为五香、红烧、酱汁、蜜汁、糖醋、咸卤等制品。五香制品是酱卤制品中的主要产品，分布非常广泛。

（二）煮 制

煮制是对产品进行热加工的过程，加热的介质有水、蒸汽、油等。其目的是改善制品的感官性质，使肉黏着、凝固，形成产品特有的质构和口感，同时形成特殊的风味、杀死微生物和寄生虫，达到原料熟化、提高制品耐贮性和稳定肉色的目的。煮制包括清煮和红烧。清煮是汤中不加任何调味料，只是清水煮制；红烧是加入各种调味料进行煮制的过程。

［案例 8-3］ 德州扒鸡加工

德州扒鸡具有全鸡完整、色泽金黄、黄中透红的外观特点，多味香料与中药调和香气，具有开胃、健脾、强心、利肺等功效，是一种高蛋白低脂肪美食。其工业化加工工艺流程见图 8-5。

具体工艺流程如下。

1. 原料肉的选择

鸡的品种既可以选择我国的地方良种肉鸡，也可以选用杂交生产的优质鸡。鸡的年龄一般要求生长期 50 天左右，体重 1 千克左右。抓鸡、电麻等环节要尽量减少活鸡的紧张和恐惧，以减少应激；经过脱毛的鸡体，脱毛率要达到 97％以上；再经去内脏、检疫检验成为白条鸡。预冷排酸是制作德州扒鸡特有的关键技术之一，水温调整到 20℃ 以下时，把白条鸡输送到预冷机里，预冷 30分钟。

原料肉的选择　　　　　　　　整　形　　　　　　　　上　色

煮　制　　　　　　　　检　验　　　　　　包装与杀菌（灭菌）

图 8-5　德州扒鸡工业化加工工艺流程图

2. 整　形

德州扒鸡需要独特的造型。一般是先剪断胸骨，把剪子从泄殖腔伸进去，然后从鸡体里面把胸骨剪断，只有剪断胸骨以后扒鸡才能进行下一步的盘曲造型；把鸡的两条腿从泄殖腔开口的地方插进去，两腿交叉，插到鸡的腹腔里，把鸡的翅膀从下颌开口的地方插进去，然后从鸡嘴中伸出，整个机体造型对称，好似鸭浮水面，口衔玉麟，栩栩如生。

3. 上　色

为了让扒鸡拥有更加诱人的颜色，上色这道工序也是必不可少的。上色采用的是纯天然的原料，一般采用蜂蜜加水的方式，蜂蜜与水的比例为 1∶10；把鸡体浸泡到上色液中，尽快浸入与提出，以免鸡的内膛里灌满上色液体；之后鸡体需要经过油炸以达到上色的效果。炸鸡使用的是食用植物油，油炸的温度为 170℃～180℃，油炸时间为 1～2 分钟，至鸡体呈现金黄透红的颜色。

4. 煮　制

煮制配料从口味和滋补养生两方面考虑，具体配方（以 100 只鸡重计算）为：鲜姜 125 克，良姜 125 克，白芷 100 克，陈皮 65 克，桂皮 60 克，花椒 50 克，八角 50 克，小茴香 50 克，甘草、草果、肉蔻少许，草蔻、香叶各 20 克，砂仁、丁香各 12 克。一般根据"急火求韧，慢火求烂，先急后慢求味美"的原则进行煮制，在 90℃～100℃ 之间掌握火候。这样煮出的扒鸡，既能保持外形的美观，料香味也会非常突出。为保持老汤的新鲜，每煮一次鸡，就要清一次老汤，把老汤里面飘着的油层撇出来。

5. 检　验

扒鸡的造型完整，鸡体不能有任何损伤，经过检验的扒鸡按照要求进行包装。

6. 包装与杀菌（灭菌）

通常采用真空包装方式。真空包装采用国家允许使用的铝箔袋或复合耐煮透明袋，封口后严格检查，发现封口不严、漏气、真空度达不到要求的产品必须及时返工，真空包装的扒鸡还要经过高温灭菌或二次杀菌这道工序。高温灭菌是把经铝箔包装的扒鸡分层放在灭菌的笼子里。灭菌的温度为 115℃～135℃，达到中心温度后灭菌时间 4～5 分钟。二次杀菌通常是经 80℃左右热水或微波设备（除铝箔袋外且避免爆袋）进行。灭菌或杀菌完成后使用专用的外包装再次包装。灭菌袋产品可常温贮藏、运输、销售，杀菌袋产品须全程冷链。

第九章

肉鸡养殖场的运营与管理

阅读提示:

　　如何提高经营效益是鸡场的核心问题之一。一个善于经营的业主在投资规划、资金周转、绩效管理等方面进行精细管理。本章结合我国肉鸡养殖现状,从肉鸡养殖经营管理者关注的角度,以肉鸡场的运营条件、肉鸡场的运营管理和肉鸡场的效益分析3个方面,结合一些详实的案例来阐述肉鸡养殖场的运营与管理工作。其中,适合投资规划、效益平衡点的测算、设备投资预算、人员绩效管理等内容具有很好的参考价值。本章不仅对新经营业主具有重要的指导意义,同时对大中型企业、大型养殖户在提高生产效率和整体经营效益方面也具有参考价值。

虽然我国年鸡肉产量现今已跃居世界第二大鸡肉生产国位置，但与国际上先进的肉鸡产业国相比，由于我们肉鸡产业起步晚，在生产水平、加工技术和检疫标准等方面与世界肉鸡产业大国相比仍有一定差距。而且我国的肉鸡行业规模还不够大，产业化程度还有待进一步提高。英国 Grocery Distribution 研究所对肉鸡出口大国在有关竞争力方面所做的 148 项调查表明，我国肉鸡生产的优势仅仅表现在劳动力资源雄厚且相对廉价上，中国养鸡业在卫生和疾病防控、管理水平、政府政策和立法支持、科学技术利用等方面均居于肉鸡出口大国的末位。

当前，我国肉鸡业正处于向现代化转型的关键时期，各种矛盾和问题凸显，表现为大群体小规模饲养带来的环境污染日趋加重，鸡肉产品质量存在安全隐患、疫病防控形势严峻。这些问题已成为制约我国肉鸡业可持续发展的瓶颈。这个瓶颈能不能有效突破，将影响我国肉鸡行业未来的发展格局。

针对我国肉鸡产业存在的这些问题，如何规范肉鸡养殖、如何做好肉鸡养殖企业的运营管理工作就显得十分重要。

第一节　鸡场的运营条件

一、建立和执行健全的生物安全体系

出于肉鸡疫病防控的要求，建立和执行健全的肉鸡生物安全体系是肉鸡产业健康发展的重要保障。

现代化肉鸡养殖场健全的生物安全体系包含肉鸡场的场址选择、封闭式全进全出的饲养管理模式、病源隔离、物品与车辆的消毒、人员进出场管理、鸡群免疫计划的实施、污水污物的处理、鸡群科学用药与健康监测等综合措施。

考虑到我国不同地区畜牧养殖环境的千差万别，为了加快推进畜牧养殖标准化场的建设和加强农业部对畜禽标准化示范场的管理工作，规范我国畜牧养殖生物安全体系的建立和执行，2010 年农业部发布了《农业部关于加快推进畜禽标准化规模养殖的意见（农牧发〔2010〕6 号）》，2011 年农业部又制定了《2011 年畜禽养殖标准化示范创建活动工作方案（农办牧〔2011〕5 号）》和《农业部畜禽标准化示范场管理办法（试行）（农办牧〔2011〕6 号）》等相关文件。其中《2011 年畜禽养殖标准化示范创建活动工作方案（农办牧〔2011〕5 号）》文件规定的《肉鸡标准化示范场验收评分标准》涵盖了肉鸡养殖场健全的生物安全体系的建立和执行要求。

各级地方政府依据上述文件精神，制定了具体的畜禽标准化养殖示范场验收工作要求，并按照《肉鸡标准化示范场验收评分标准》所列项目逐项核实、科学评分和验收〔如有的地方政府规定，评分 80 分以上的养殖场判定为合格养殖场，80 分以下（含）的养殖场判定为不合格养殖场〕。

二、办好鸡场运营前的手续与准备工作

肉鸡养殖场从鸡舍设计、选址到肉鸡出栏的一系列过程都要遵守国家畜牧兽医法律法规和相关行业标准，取得国家或地方政府相关部门的许可、履行相关手续和遵循相关的工作要求。

（一）建筑工程要求

养殖场需要取得土地使用证、建筑物产权证、工程施工图和竣工图、设备说明书等资料。

养殖场交接或运行前，需要检查鸡场各项工程（包含鸡舍建筑、辅助设备和场区设施）是否达到设计要求（如鸡舍的保温性和密闭性检查、电力和水暖系统是否满足生产需要等），鸡舍设备（如环境控制系统、饮水系统、喂料系统、鸡笼、清粪系统、光照系统、出鸡系统、供电系统和供暖系统）是否达到饲养要求的技术指标、鸡场生物安全是否达到设计要求等项目。

（二）经营资质申请

养殖场需要履行的手续或获取的资质包含：《环境影响评估报告书》、《环保验收意见书》、生产经营许可证、安全生产许可证、消防验收手续、税务登记证、食堂餐饮许可证、取水许可证、防雷设施检测合格证、排污许可证、液化气储罐报备手续、锅炉检验合格证和动物防疫条件合格证等。

（三）引种要求

所饲养的肉鸡均从有《种畜禽生产经营许可证》的合格种鸡场引种，进鸡时的种畜禽生产经营许可证复印件、动物检疫合格证和车辆消毒证明需要保存完好。

（四）运输要求

肉鸡运输前需要取得动物检疫合格证，运输车辆需要有车辆消毒证明。

（五）建章立制

为了保证肉鸡养殖场的正常运行，需要建立相应的规章制度，其中生产管理、防疫消毒、投入品管理和人员管理等各项制度需要上墙张贴。

一般情况下，养殖场的规章制度包括以下方面的内容：

1. 管理制度 有健全的生产管理制度、防疫消毒制度和档案管理制度。

2. 操作规程 有科学合理的饲养管理操作规程和免疫程序。

3. 档案管理和生产、兽医监管记录

（1）档案管理 按照农业部《畜禽标识和养殖档案管理办法》要求，养殖场需要建立养殖档案。

（2）生产记录 有完整的日死淘记录和日饲料消耗记录。

（3）兽医监管记录 按兽医监管制度执行，并每周监管记录一次。

（4）从业人员健康状况 从业人员不得患有人畜共患传染病。

（六）环保要求

1. 粪污处理 养殖场的污水和粪尿需要进行集中处理。污水和粪尿进行集中处理后符合《畜禽养殖业污染物排放标准》。

2. 病死鸡无害化处理 养殖场的病死鸡采取深埋或焚烧的方式进行无害化处理。

3. 环境卫生 养殖场的垃圾集中堆放处理，垃圾存放位置要合理。场区无杂物堆放，无死禽、鸡毛等污染物。

三、做好鸡场的投资规划

肉鸡场的投资规划涵盖场地、建筑物、饲料、生产设备、肉鸡和饲养管理人员等基本要素，需要相应的资金投入。而且资金投入与肉鸡场的饲养规模和设计要求密切相关。

因此，在建立肉鸡场之前需要进行市场调查分析，调查内容包括：肉鸡市场的需求量（如市场容量、品种和适宜上市体重等），肉鸡的供给量（如本地产品产量、外来产品的输入量和替代产品产量等），市场营销活动（如销售渠道、销售价格、目标市场状况和竞争对手情况）和相应的生产资料（如饲料、燃料、人力资源和饲养设备）等，同时也需要了解肉鸡产业的国家和地方相关政策法规。

进行必要的市场调研之后，就需要根据自己的实际情况确立肉鸡场的饲养规模和选择合适的运营模式（如自营模式或合作模式）。自营模式（如一条龙模式）有利于自己控制产品质量和内部调控生产经营，但需要承担较大的养殖风险，所需资金投入也比较大。合作经营（如"公司＋家庭农场"模式）所需资金投入较小，但生产经营活动受双方的影响而导致相应的回报率也较少。

养殖场的投资可以分为以下几部分：

一是固定资产。包括场地和建筑工程费用、购置设备费用和雏鸡成本等。通常在场地面积和相应的设备等配套设施选定以后，可以根据当地的土地租金、建筑成本和设备价格来估算固定资产投资金额。

二是流动资金。包括饲料费、燃料费、药物疫苗费用、水电费、人工费和其他生产必需物品费用等。通常可以根据养殖场的规模、员工结构、饲料和燃料价格、药物和疫苗价格等情况来粗略估算养殖场的流动资金投入。

三是不可预见费用。考虑到建筑材料、设备和饲料价格等投入要素和市场价格波动的情况，可以通过设立不可预见费用项目来对肉鸡养殖场整体投资计划进行补充调整。

[案例9-1]　年出栏100万只的标准化肉鸡养殖场建设成本与效益测算

某肉鸡场设计规模为年出栏100万只肉鸡，计划建立9栋120米长、13米宽的鸡舍及配套设施。鸡舍按照网上平养模式进行设计，墙体采用砖混结构，屋顶采用密封保温工艺。鸡舍配备自动喂料系统、饮水系统、清粪设备和自动环境控制系统等养殖设备。

一、整个鸡场投资设计

1. 投资总额

投资总额1 200万元。其中养殖设备约300万元（9栋×33万元/栋）、鸡舍约740万元（9栋×82.2万元/栋）、水电路及治污等设施160万元。

2. 资金来源

自筹360万元，购买农业机械补贴105万元，贷款540万元，融资租赁195万元。

二、单栋鸡舍投资设计

1. 投资总额

投资总额133万元。其中鸡舍82万元、基础设施18万元和设备33万元。

2. 资金来源

自筹 40 万元，购买农业机械补贴 12 万元，贷款 60 万元，融资租赁 21 万元。需短期流动资金贷款 40 万元。

3. 单栋鸡舍收益

按照每只肉鸡收益 2.4 元设计，每栋鸡舍每批出栏 1.9 万只肉鸡，每年每栋鸡舍饲养 6 批肉鸡，则每栋鸡舍年养鸡收益 27.36 万元（1.9 万只×6×2.4元/只）。预算鸡场年纯收入为 240 万元。

4. 还款测算

单栋贷款 82 万元（鸡舍 60 万元、设备 22 万元），7％利率，5 年期贷款，按年 20％比例一次性还本付息。

第一年还本付息 24 万元（本金 16.4 万元＋利息 5.74 万元＋流动资金贷款利息 2 万元）。养鸡收益 27.36 万元，政策补助 7.44 万元（贴息 4.02 万元＋经营补贴 3.42 万元），结余 10.8 万元。

第二年还本付息 23 万元。养鸡收益 27.36 万元，政策补助 6.64 万元，结余 11 万元。

第三年还本付息 21.84 万元。养鸡收益 27.36 万元，政策补助 5.83 万元，结余 11.35 万元。

第四年还本付息 20.7 万元。养鸡收益 27.36 万元，结余 6.66 万元。

第五年还本付息 17.55 万元。养鸡收益 27.36 万元，结余 9.81 万元。

前 5 年合计结余 49.62 万元。

三、效益测算

鸡场总投资 1 200 万元，扣除政府扶持 333 万元（购买农业机械补贴 105 万元、贴息 62 万元、贴费 36 万元、经营补贴 90 万元、设施补助 40 万元），实际投入 867 万元；鸡场年纯收入 240 万元，年承担贷款利息 38 万元、租赁费用 13.7 万元，流动资金贷款利息 18 万元，管理费用 20 万元，净利润 150.3 万元，静态投资收益率 17.3％，投资回收期 5.8 年。

四、养殖设备融资租赁方案

以融资租赁鸡场 200 万元的设备和租赁期为 5 年来规划养殖设备融资租赁方案。

承租主体：某企业，或某合作社，或某养殖大户；

租赁方式：直接租赁（成套设备由某公司提供）；

租赁费率：7.68%（年基准利率6.4%，上浮20%）；

年手续费：1.5%（3万元/年；如按1%，2万元/年）；

租金支付：等额还款付息，每季度11万元；

租赁条件：办理公证、保险，市县担保公司担保；

租金总额：247.47万元，其中3年贴费36.44万元；

合计费用：264.49万元（其中，增加资金成本11.52万元，公证3万元，保险2.5万元）。

五、农业银行支持肉鸡产业贷款方案

以鸡场贷款540万元计算，贷款期以5年来规划贷款方案；

贷款品种：肉鸡养殖保证贷款；

贷款主体：某企业，或某合作社，或某养殖大户；

贷款利率：7.68%（年基准利率6.4%，上浮20%）；

担保费用：10.8万元（费率2%×540万元）；

合计本息：658.8万元，其中前3年贴息62万元（89万元×70%）；

还款方式：每季度还款32.45万元。

第二节　鸡场的运营管理

一、获取肉鸡生产经营信息的途径

及时准确地获取肉鸡生产经营信息，对于养殖场及时、合理地做出肉鸡生产决策具有重要意义。肉鸡养殖行业人员可以通过以下几个途径获得全国各地的肉鸡及相关产业的一些生产经营信息。

（一）政府发布

1. 国务院相关部委　国家发改委、农业部、商务部和海关总署等部委会定期在中国政府网（http://www.gov.cn/）上发布相关信息，如国家发改委价格监测中心每月在上旬、中旬和下旬发布鸡肉价格，农业部每周发布肉雏鸡及白条鸡价格。

2. 农业或畜牧业相关杂志　农业或畜牧业相关部门的杂志，如《中国家禽》《中国畜牧杂志》《中国兽医杂志》《中国禽业导刊》《中国饲料》《中国牧业通讯》

和《养禽与禽病防治》，刊登有"肉鸡产业技术体系"（http：//www.zgrj.org/）的相关信息和资料。

3. 各级农业或畜牧业部门网站 国家各级农业或畜牧业相关部门会在其网站上定期公布一些肉鸡产业相关信息，以下列出 7 个相关网站，以供行业人士参考。

中国畜牧兽医信息网：网址为 http：//www.cav.net.cn

中国兽药信息网：网址为 http：//www.ivdc.gov.cn

中国禽病网：网址为 http：//www.qinbing.cn

中国畜牧网：网址为 http：//www.chinafarming.com

江苏农业网：网址为 http：//www.jsagri.gov.cn

河南畜牧信息网：网址为 http：//www.hnxmy.gov.cn

山东畜牧网：网址为 http：//www.sdxm.gov.cn

（二）机构网站

中国畜牧业协会及相关畜牧产业公司会在网站上定期发布肉鸡产业相关信息。以下列出 10 个相关网站，以供行业人士参考。

中国畜牧业信息网：网址为 http：//www.caaa.cn

中国养鸡网：网址为 http：//www.jiweb.cn

中国家禽业信息网：网址为 http：//www.zgjq.cn

鸡病专业网：网址为 http：//www.jbzyw.com

博亚和讯：网址为 http：//www.boyar.cn

国际畜牧网：网址为 http：//www.guojixumu.com

新牧网：网址为 http：//www.xinm123.com

禽联网：网址为 http：//www.qinlianwang.com

现代肉鸡技术服务网：网址为 http：//www.rjjsfw.com

北京家禽育种有限公司网站：网址为 http：//www.cpbpbc.com

二、设备管理

设备管理是对设备寿命周期全过程的管理，包括选择设备、正确使用设备、维护修理设备以及更新改造设备全过程的管理工作。

随着肉鸡产业体系设备自动化程度不断提高，自动化设备使用效果的好坏对工作效益的影响越来越大。保证自动化设备的正常使用、降低设备故障率、减少维修成本、减小设备运行对生产工作的影响等问题已经成为管理者日益关心的内容。

（一）树立正确的设备管理理念

设备管理工作首先应该是思想的管理工作，即树立设备综合管理的思想，明确设备管理在养殖场生产经营中的重要地位，使它与养殖场管理的各个方面形成有机的结合。运用系统管理理论，改变过去孤立地看待设备管理的观念，做到设备管理与养殖场经营的同步发展。

"想法决定做法"，提高管理者对设备的重视程度和转变管理人员对设备的管理理念是设备管理工作的首要前提，推行设备管理的"自动化、标准化、制度化、专业化、信息化、表格化和程序化"，将是今后努力的方向。

（二）健全设备管理组织

养殖场管理者需要建立与设备管理理念相适应的设备管理组织结构，强化专业化设备管理，健全设备前期管理、状态维修、改造更新和考核制度，以适应设备管理现代化的需要。合理的组织结构和人员配置是顺利开展设备管理工作的基础和保证，使设备管理工作目标、人员培训、各项规章制度的制定和实施等工作得以顺利进行。因此，健全设备管理组织，明确设备管理职能是一项非常重要的工作。

（三）培训设备管理团队

养殖场要推行设备管理现代化，就必须树立以人为本的思想，充分认识到人员培训的重要性，并采用多种形式对各级设备管理人员进行多方面的培训，使他们在设备管理工作上能够统一思想和胜任本职工作。

（四）加强设备选购、安装、调试等设备前期管理

1. 设备选购的原则　设备选购时需要考虑设备的技术是否先进，价格是否合理，实际生产上是否可行等多方面因素。除此之外，还需考虑以下几点。

（1）生产效率　应与企业的长短期生产任务相适应。

（2）配套性　性能和能力方面的配套性。

（3）可靠性　精度保持性、零件耐用性和操作安全性。

（4）适应性　与原有设备及生产的产品相适应。

（5）节能性　设备利用能源的实际状况是否符合节能要求。

（6）维修性　可维修、易维修和售后服务好。

2. 设备的安装与调试　设备的安装和调试对设备使用起关键性的作用，管

理者需要对设备的安装和调试给予足够的重视。在设备的安装和调试期间，设备工程师必须在现场进行监督和检查，以确保设备安装和调试的质量。

（五）设备的维护与保养

随着大量自动化设备的应用，设备维修和保养方式也应该随着自动化设备的增多、设备复杂程度的提高而改变。设备维护保养方式应该由原来的"事后维修"，"坏了修，不坏不修"的"救火队"模式转变为"主动检查、主动保养和科学维修"的设备管理模式。

为了保证设备的正常使用，管理者需要推行设备预保养维修制度，即按照预防为主的原则，根据设备磨损理论，有计划地对设备进行日常维护和保养，定期检查、校正和修理，及时更新改造旧设备，以保证设备正常运行等工作内容。

（六）完善设备专业化考核制度

为了有效提高现场设备人员的工作积极性，确保设备的有效运行，需要对设备人员实行专业化考核。

管理者需要根据设备工作人员的工作内容确定考核指标，如设备完好率，服务质量，设备日常检查、维护保养工作的完成情况等，然后根据设备工作人员的目标完成情况进行严格的量化考核。

（七）加强设备基础资料的管理

设备管理资料应该具有可追溯性，因此管理者需要加强设备基础资料的管理，如设备档案、维修保养记录等，以便为设备管理工作提供管理资料、技术信息和技术参数。

（八）细化工具与备件管理

通过有效的工具管理，规范工具的使用和保管，降低工具的消耗量和储备量，延长工具使用年限并提高工具使用效率。

通过有效的备件管理，规范备件的库存，以满足生产和维修的需要，保证设备正常运行和降低生产成本。

三、人员管理

肉鸡养殖场人力资源是推动养殖场健康运营的重要因素，养殖场人员管理涵盖员工招聘、员工培训、安全生产和绩效考核等多方面的工作。

（一）员工招聘

肉鸡养殖场通常处于交通不便的地方，现场条件艰苦，而且还要求员工住场工作。

为了招聘到热爱养殖事业、具备吃苦耐劳精神的员工，需要考核员工是否热爱养殖工作、身体条件和家庭状况是否胜任养殖场需求。

考虑到养殖场卫生防疫工作的重要性，需要考核招聘员工是否具备良好的卫生习惯，以确定员工是否能够落实养殖场的卫生防疫要求。

由于养殖工作的特殊性，需要员工从鸡舍冲洗开始，直到淘汰鸡结束都要持之以恒地执行养殖管理要求，因此需要考核员工的执行能力，以保证现场管理的执行到位。

通常，养殖场员工招聘时需要考核的项目见表9-1。

表9-1　养殖场招聘员工时需考核的项目

类　别	考核项目	重要性			岗位胜任力能力标准等级				
		低	中	高	★	★★	★★★	★★★★	★★★★★
个性特征	工作意愿			√				√	
	身体条件			√				√	
	家庭状况			√				√	
	讲卫生			√				√	
	责任心		√				√		
	年　龄	√			√				
知　识	学　历	√					√		
	饲养知识		√				√		
综合能力	执行能力			√				√	
	沟通协调		√				√		
经　验	工作年限	√				√			
	工作经验	√				√			

（二）员工培训

养殖场的日常工作不仅涵盖鸡群的日常饲喂和现场管理工作，还包含设备的管理、卫生防疫工作的实施、人员之间的配合，还必须执行肉鸡场运营工作流程和要求。因此，养殖场必须根据工作需求和培育人才的需要，采用多种方式对员工进行有目的、有计划的培训，使员工不断地更新知识、开拓技能、改进员工的工作态度和行为，适应养殖场的发展要求，更好地胜任工作或担负更高级别的职务，从而促进养殖场工作效率的提高和目标的实现。

［案例 9-2］　某肉鸡养殖场员工培训工作

一、目　的

提高肉鸡养殖场所有员工整体素质和饲养管理水平。

二、范　围

肉鸡场所有员工。

三、职　责

职责一：培训教师、场长、兽医负责对场内员工按培训规程按期培训。
职责二：各培训上级领导对培训内容及培训结果负责

四、培训内容

1. 场长、兽医上岗前培训
场长、兽医上岗前需要在培训中心接受肉鸡场运营管理的系统培训。
（1）理论培训　内容包括：①掌握《肉鸡生产作业指导书》各项操作规程，熟悉公司各项规章制度和目标考核方案。②肉仔鸡的饲养管理和常见病的防治知识。③常用药物的药理及用法、用量和注意事项，并能懂得药残在养鸡业中的重要性。④掌握肉鸡安全体系建立的具体办法（消毒隔离、创造良好的舍内环境条件、免疫接种）。⑤人事管理和组织、协调、沟通能力。⑥观察鸡群、常见病的初步诊断和预防疾病方案。⑦分析肉鸡各周生产技术指标（成活率、体重、各周料肉比等）。
（2）现场培训　内容包括：①现场对各种设备的具体使用及操作、维修保养方法。②各种免疫操作技能（饮水、点眼、喷雾、滴鼻等免疫方法）。③对各种化验结果作简单分析，掌握各种化验检测的取样方法。④各种记录的填写及总结分析。

2. 饲养员上岗前培训
培训内容包括：①肉鸡饲养与管理、常见病防治及用药方法。②掌握肉鸡各项操作规程。③商品鸡场场规场纪。④安全基本知识和消防演练。⑤生产设备操作及使用。⑥肉鸡基础管理（温度、湿度、通风、垫料、光照、扩群等）。

3. 进鸡后，由场长、兽医对饲养员进行肉鸡饲养阶段操作要领培训

第一，通过书面墙贴形式培训员工，主要内容为周工作重点及日工作安排。

第二，通过现场示范操作，培训员工的操作技能。

第三，以周成绩总结分析的形式培训员工，针对存在的问题，查找原因和制定相应的防范措施。

4. 技术中心进行工作检查和培训

（1）检查　技术中心每周对商品鸡场进行全面工作检查 1 次。

（2）培训　对于现场操作中存在的问题，当天对场长进行培训指导，并做详细的培训记录、限期整改和做相应的处罚。

5. 免疫操作培训

免疫前 2 天，场长负责现场培训场内所有参加防疫人员的免疫操作技能。

五、记　录

以上所有培训内容均需要有培训记录，并填写《培训记录表》。

（三）安全生产

安全生产是指养殖场采取一系列措施使生产过程在符合规定的物质条件和工作秩序下进行，有效消除或控制危险和有害因素，无人身伤亡和财产损失等生产事故发生，从而保障养殖场人员安全与健康、设备设施免受损坏、环境免遭破坏，使养殖场生产经营活动得以顺利进行的一种状态。

1. 安全生产责任制　安全生产责任制是根据我国的安全生产方针"安全第一，预防为主，综合治理"和安全生产法规建立的各级领导、职能部门、工程技术人员和岗位操作人员在劳动生产过程中对安全生产层层负责的制度。安全生产责任制是养殖场岗位责任制的一个组成部分，是养殖场中最基本的一项安全制度，也是养殖场安全生产和劳动保护管理制度的核心。

实践证明，凡是建立了健全的安全生产责任制的养殖场，各级领导重视安全生产和劳动保护工作，切实贯彻执行国家安全生产和劳动保护法规，其工伤事故和职业性疾病就会减少。反之，其安全生产和劳动保护工作如无人负责，养殖场的工伤事故与职业病就会不断发生。

2. 安全生产的原则

（1）"以人为本"的原则　养殖场在生产过程中，必须坚持"以人为本"的原则。在生产与安全的关系中，一切以安全为重，安全必须排在第一位。必须预先分析危险源，预测和评价危险和有害因素，掌握危险出现的规律和变化，采取相应的预防措施，将危险和安全隐患消灭在萌芽状态。

（2）"谁主管、谁负责"的原则　安全生产的重要性要求主管者必须是责任人，需要全面履行安全生产的责任。

（3）"管生产必须管安全"的原则　养殖场各级领导和全体员工在生产过程中必须坚持在抓生产的同时抓好安全工作，实现安全与生产的统一。

（4）"安全具有否决权"的原则　安全生产工作是衡量企业管理的一项基本内容，它要求对各项指标考核时首先必须考虑安全指标的完成情况。安全指标没有实现，即使其他指标顺利完成，安全工作也具有一票否决的作用。

（5）"三同时"原则　基本建设项目中的职业安全、卫生技术和环境保护等措施和设施，必须与主体工程同时设计、同时施工和同时投产使用。

（6）"五同时"原则　企业主管在计划、布置、检查、总结和评比生产工作的同时，同时计划、布置、检查、总结和评比安全工作。

（7）"四不放过"原则　企业如果发生安全事故，要求贯彻执行"事故原因未查清不放过、当事人和员工没有受到教育不放过、事故责任人未受到处理不放过和没有制订切实可行的预防措施不放过"的"四不放过"原则。

3. 养殖场落实安全生产工作的措施

（1）安全文化　养殖场的安全文化建设要紧紧围绕"一个中心"（以人为本）和"两个基本点"（安全理念渗透和安全行为养成），不断提高广大员工的安全意识和安全责任，把安全第一变为每个员工的自觉行为。根据养殖场各时期安全工作的特点，场区通过悬挂安全横幅、张贴标语和宣传画、制作宣传墙报、发放宣传资料、播放宣传片、广播安全知识、工作场所张贴安全职责和操作规程以及组织安全学习会议等形式，不断向员工灌输安全知识，使安全文化能够转化为员工的自觉行动。

（2）安全制度　要建立养殖场安全生产长效机制，必须坚持"以法治安"，用国家法律、法规和建立养殖场安全制度来规范养殖场领导和员工的安全行为，使安全生产工作有法可依、有章可循。一方面养殖场要组织员工学习国家有关安全生产的法律、法规和条例；另一方面还要建立、修订和完善养殖场安全管理相关的规定、办法和细则，为落实安全生产工作提供具体的工作方法。

（3）安全责任　养殖场必须逐级落实安全责任，逐级签定安全生产责任书。

（4）安全投入　安全投入是安全生产的基本保障，包括人才投入和资金投入两方面。对于安全生产所需的设备、设施和宣传等资金投入必须充足。同时，养殖场应创造机会让安全工作人员参加专业培训，也可以通过招聘安全管理专业人才来提高养殖场安全管理队伍的素质，为实现养殖场安全工作打下坚实的基础。

（四）绩效考核

养殖场的绩效考核是一项系统工程，涉及到养殖场的战略目标体系、目标责任体系、指标评价体系、评价标准及评价方法等内容，其核心是促进养殖场获利能力的提高及综合实力的增强，做到人尽其才，使人力资源作用发挥到极致。

1. 绩效考核的目标　绩效考核的目标是改善员工的组织行为，充分发挥员工的潜能和积极性，以追求更好地达到组织目标。

2. 养殖场常用绩效考核方法

（1）**工作标准法**　把员工的工作与养殖场制定的工作标准、劳动定额相对照，以确定员工业绩。优点在于参照标准明确，评价结果易于做出。缺点在于针对管理岗位人员的标准制定难度较大，缺乏可量化的指标。

（2）**排序法**　把一定范围内的员工按照某一标准由高到低进行排列的一种绩效评价方法。其优点在于简便易行，避免了趋中误差，缺点是标准单一，不同部门或岗位之间难以比较。

（3）**硬性分布法**　此方法和排序法有一定程度的相似，是将限定范围的员工按照某一概率分布强制分布的一种方法，这种方法的优点是避免了大锅饭，缺点在于概率假设不一定合乎事实，不同部门或范围中的概率可能不同。

（4）**关键事件法**　指记录那些对部门或养殖场效益产生重大积极或消极影响的行为。考核者必须把被考核者在考核期内所有关键事件都记录下来，其优点在于比较客观，缺点在于工作量大，而且还需要一个量化的过程。

（5）**目标管理法**　其基本特点是考核者和被考核者一起制定工作目标，并且指导和协助其完成目标，并不断修正目标。这使考核者和被考核者的关系从单纯监督与被监督转变为顾问和促进者，促进了工作目标和绩效目标的实现。

（6）**"360度"考核法**　此方法结合上述多种方法，通过不同的考核者来进行考核，在考核指标选择上尽可能量化，同时结合目标管理和一定程度上的硬性分布和强制排序。

[案例 9-3]　某肉鸡自养场的绩效管理方案

　　某一条龙肉鸡公司有 12 个自养肉鸡场，平均每个肉鸡场出栏量为 30 万只/批，公司年出栏 2 160 万只肉鸡。该公司的 12 个肉鸡场组成自养部，由自养部经理统一管理。自养部经理配备副经理 1 人，各肉鸡场配备场长 1 人、技术员 2 人、后勤主管 1 名、警卫 1 人、厨师 1 人、维修电工 1 人和饲养员 15 人。

　　2014 年，公司自养肉鸡场的绩效管理方案如下：

一、目　的

　　肉鸡自养场实行自养部经理领导下的场长负责制，通过严格规范的标准化管理，并配合利润奖励、效益奖励和超产奖励等多种方式来充分调动员工的工作积极性，降低饲养成本、提高养殖效益，达到企业与员工双赢的目标。

二、主要管理干部责任分工

　　1. 自养部经理

　　主持自养系统全面工作，侧重于各自养场的生产管理工作，负责生产技术措施的制定和落实，各场奖惩分配方案的审核，各项计划及费用的审批，进出鸡计划的制定以及跨区域、跨部门的工作协调等。

　　2. 自养部副经理

　　协助经理工作，侧重于各自养场的后勤管理工作，负责出鸡以及鸡舍清理整理、安全保卫、员工生活、设施设备管护和环境卫生管理等工作的指导和监督检查。

　　3. 各自养场场长

　　负责各自养场的整体工作，如组织生产开展、物料计划的编制、费用审核、奖惩分配方案的制定和生产技术骨干的培养。

　　4. 各场后勤主管

　　其直接上级是各自养场场长，负责所辖场的所有后勤工作，包括进出鸡的后勤准备、周边关系协调、物料和水电供应、鸡粪拉运、出栏抓鸡、毛鸡交售、鸡舍清洗、设施设备管护、人员招收、员工生活、场区安全和环境卫生管理等工作。

三、薪资结构

1. 薪资总额构成

薪资总额＝基本工资＋利润奖＋效益奖＋超产奖

其中，基本工资：根据出勤核算，按批次发放。

利润奖：根据每批鸡的纯利润核算，按批次发放。

效益奖：根据每批鸡的欧洲效益指数核算，按批次发放。

超产奖：根据每批鸡的出栏结果核算，按批次发放。

2. 利润奖

公司自养肉鸡场的利润按照合同养殖户结算模式进行结算，由公司财务人员根据每批鸡出栏结果核算，测算出应该得到的纯利润奖惩总额，经公司相关部门审批后发放。表 9-2 为鸡场利润奖明细表。

表 9-2　鸡场利润奖明细表

只均纯利润	奖罚标准（占纯利润的比例）	分配标准（%）					
		自养部经理	副经理	场　长	后勤主管	技术员或助理（2人）	员　工
0.0 元≤利润＜0.5 元	5%	8%	4%	48%	4%	6%	30%
0.5 元≤利润＜1.8 元	6%						
1.8 元≤利润＜2.5 元	6.5%						
2.5 元≤利润	7%						
−0.5 元≤利润＜0 元	−2.7%						
−1.0≤利润＜−0.5 元时	−3%						
−1.5 元≤利润＜−1.0 元	−3.3%						
−1.5 元＞利润	−3.4%						

3. 效益奖

效益奖由各场区财务人员根据每批鸡出栏结果核算，测算出应该得到的效益奖惩总额，经公司相关部门审批后发放。表 9-3 为鸡场效益奖明细表。

表 9-3　鸡场效益奖明细表

岗　位	奖罚标准	
	280 点以上（元/点）	280 点以下（元/点）
自养部经理	30	−15
自养部副经理	18	−9
场长	165	−82
技术员（助理）	15	−8
后勤主管	12	−6
饲养员	60	−30
小计	300	−150

注：①欧洲效率指数 $= \dfrac{成活率 \times 只均重}{料肉比 \times 出栏天数} \times 100$

②效益奖计算方法：

高于 280 点时，提成系数＝实际欧洲效益指数－280，

低于 280 点时，惩罚系数＝280－实际欧洲效益指数；

奖罚总额＝超产系数×奖罚标准

③生产效率指数的核算：有责任区的（如饲养员、栋长等）以责任区鸡舍数为计算标准，场长、技术员以及生产辅助岗位以全场平均数为标准。

4. 超产奖

超产奖按单位面积的产肉量实行考核。基础考核产肉量数据为 29.5 千克/米²，超基础考核部分奖励按超出部分 200 元/吨计算（分配办法参照利润奖分配比例计算）。出栏平均体重未达标的，无超产奖。

四、结算方式

第一，基本工资、利润奖、效益奖和实发超产奖在每批鸡出栏后统一结算和发放。

第二，每批次超产奖金的 50%作为年度奖金，全年全场统一计算，盈利即补发全部超产奖金，未盈利则扣发年度奖金。

第三，离职及解聘员工工资均按照在岗实际天数结合出栏后绩效实际数发放，无年终超产奖。

第四，场区会计按批次建立留存金专户，奖励额 5 万元以下按 10%余留，奖励额 5 万元以上按 13%余留。

第五，奖励留存金在批次亏损严重时可适当用于弥补罚款额；留存金持续

累计至合适额度时可作为本场团队奖金。

五、其他内容

第一，人才输出奖。各场每输出一名技术员级别的管理人员，奖励场长1 000元。

第二，商品肉鸡饲养过程中的死鸡处理记录、发电机运行记录、发电机用油记录、药品（疫苗）发放记录、药品（疫苗）包装回收记录、料袋回收记录和水井供水记录等资料在成鸡交售时一并交回财务，作为当批结算的依据。

第三，鸡粪处理、鸡群免疫和成鸡装车等工作必须严格执行公司规定。

第四，全体在职在岗员工统一签订劳动合同和在职自律书。

第五，财务部要逐批统计每批肉鸡的用药和疫苗使用情况，澄清所用药品（疫苗）名称、厂家和用量。

第六，财务要逐月逐批统计煤炭消耗和水电消耗情况。

第七，自养部制定统一的进鸡前准备工作标准以及饲养工作规范，并全程监控各场落实情况。自养部经理在每批鸡饲养结束后都要对各场场长、技术员的工作做出书面评价，并以此作为场长、技术员晋级提薪的依据。

四、合同管理

合同管理是指养殖场对以自身为当事人的合同依法进行订立、履行、变更、解除、转让、终止以及审查、监督、控制等一系列行为的总称。其中订立、履行、变更、解除、转让和终止是合同管理的内容，审查、监督和控制是合同管理的手段。合同管理具有全过程、系统性和动态性的管理要求。

养殖场的经济往来主要是通过合同形式来进行，其经营成败与合同及合同管理密切相关，故养殖场管理者必须十分重视合同及合同管理。

（一）合同内容严谨

如果合同条款不全面、不完整、有缺陷、有漏洞或合同文字表示不准确，都会引起不必要的争议和执行不力。因此，合同内容的订立必须严谨，如文字必须讲究咬文嚼字和不能漏掉违约责任等。

（二）增强合同的索赔意识

合同意识是市场经济意识、法律意识和养殖场管理意识的综合体现。由于我国长期受计划经济影响，合同管理和索赔尚未引起养殖场经营者的高度重视。所以，首先应加强对养殖场各级管理人员进行合同、合同管理及索赔的宣传、培训和教育，其次还要研究国内外养殖场合同管理方法与程序、合同订立与索赔案例，使他们认识到问题的重要性而重视合同和合同管理。

（三）严格进行合同交底

首先，养殖场合同管理人员要向项目负责人及项目合同管理人员进行合同交底，全面陈述合同背景、合同工作范围、合同目标、合同执行要点及特殊情况处理。

其次，项目负责人要向项目职能部门负责人进行合同交底，并解答各职能部门提出的问题，形成书面交底记录。各职能部门负责人需要再向其相关执行人员进行合同交底，陈述合同基本情况、本部门的合同责任及执行要点、合同风险防范措施等，并解答他们提出的问题。

最后，各部门将交底情况反馈给项目合同管理人员，由其对合同执行计划、合同管理程序、合同管理措施及风险防范措施进行进一步修改完善，并形成合同管理文件，下发各执行人员并指导其活动。

（四）加强合同变更管理

合同变更是索赔的重要依据，因此对合同变更的处理要迅速、全面和系统。合同变更指令应立即在工程实施中贯彻并体现出来。

（五）建立合同实施的保证体系

首先，要建立合同管理的工作程序。在工程实施过程中，要协调好各方面关系，使合同的实施工作程序化和规范化。

其次，还要建立文档系统。养殖场要设专职或兼职的合同管理人员来负责各种合同资料和相关的工程资料的收集、整理和保存。

最后，还要建立报告和行文制度。合同履行相关方之间的沟通都应该以书面形式进行，或以书面形式为最终依据。对合同履行中合同双方的任何协商、意见都应落实在纸上，使合同履行活动有依有据。

[案例 9-4]　2012 年某公司肉鸡饲养和收购合同书

甲　　方：＿＿＿＿＿＿＿＿＿＿＿＿（一条龙公司）

乙　　方：＿＿＿＿＿＿＿＿＿＿＿＿（毛鸡回购公司）

丙　　方：＿＿＿＿＿＿＿＿＿＿＿＿（合同养殖户）

合同编号：_____

签定日期：_____年____月____日

甲乙丙三方协商同意签定本合同，并共同遵守下列条款：

一、饲养时间、数量

1. 本批进鸡时间_____年____月____日。

2. 本批饲养数量____羽。

二、甲方责任

1. 按合同时间有偿供应雏鸡，保证雏鸡的数量和质量，并收取雏鸡押金 2 元/只，接雏时应由双方在孵化场抽样检查。进雏数量允许有 ±10% 的浮动。

2. 按饲养计划有偿供应饲料，并保证饲料的品质（按甲方产品标准）。

3. 按需要有偿供应药品、疫苗。

4. 提供技术指导和咨询服务。

5. 受乙方委托，甲方负责监督丙方的饲养管理及进行毛鸡回收管理。

三、乙方责任

1. 乙方负责收购丙方本批饲养符合本合同约定标准的毛鸡。

2. 乙方收到丙方交付的成鸡后，按合同约定的回收价格同丙方结算。

四、丙方责任

1. 使用符合甲方要求的养殖舍及甲方认可的设备器具进行养殖。

2. 按合同签定的进雏时间和数量接雏，如不按时按量接雏，视为违约，给甲方造成损失，由丙方赔偿鸡雏合同价格与市场价格的差价。

3. 丙方必须严格按照《肉鸡饲养管理手册》来做好肉鸡的饲养管理工作。因饲养管理不善造成损失时，由丙方负责，并承担甲方赊销部分的损失。丙方要认真如实地填写饲养管理报表，在成鸡出栏之前，将饲养报表提供给甲方，否则，按出栏成鸡数，承担每只鸡____1____元的违约金。

4. 丙方防疫消毒和治疗用药必须到甲方购买，严禁滥用药。发现疫情应立即报告甲方技术人员，并按技术人员的指导使用甲方有偿提供的药品，禁止使用国家规定的《禁用药品名录》之药品。丙方需配合官方检验检疫、兽医采血检验，否则不予安排出栏或拒收。

5. 丙方须按饲料标准用量使用甲方有偿提供的饲料，如自配饲料或外购饲料则视为违约，一经查出，乙方拒收毛鸡并取消合同资格。根据丙方饲料用量与甲方标准用量之差额，由丙方支付违约金 1200 元/吨。

6. 丙方须全部饲养甲方供应的鸡雏，禁止私自混养，如果私购其他鸡与合同鸡混养，乙方拒收毛鸡，并解除合同。

7. 出栏前提前 8 小时断食，保持鸡体干燥，如不按规定断食，肉鸡在加工厂屠宰时，经甲方检验发现嗉料和胗料超标，按甲方规定进行扣罚。

8. 丙方必须把经过饲养的成鸡全部交付给乙方，由甲方负责运输到肉食品加工厂。毛鸡交付率低于 90% 视为违约，押金不予返还。不经甲方同意私自处理成鸡的，甲方有权终止一切合作关系，除索回相应费用外，并要求丙方支付违约金 5 元/只。每天死亡率超出 0.5% ，须报甲方的技术员和甲方相关部门确认；发生疾病造成出栏率降低，必须有甲方技术员出具的证明和签字的饲养记录报表作依据，除承担养殖所发生的费用外不支付违约金。

9. 丙方要严格执行出栏计划，按时按车交付毛鸡，因雨天土路不能进汽车，土路段由丙方负责倒运。

10. 本批鸡的饲养天数初定为 40～42 天，具体日龄由甲方根据需要排定，若不按甲方通知的出栏时间将毛鸡交付乙方，视为丙方私自处理成鸡，甲方有权要求丙方按本款第八项的约定支付违约金 5 元/只。

11. 甲方和丙方委托乙方在毛鸡结算款中代扣其在甲方赊欠的饲料、雏鸡、药品款和其他欠款，代扣其违反本合同的各项扣罚及违约金。

五、结算程序

1. 乙方收到丙方交付的成鸡后，按本合同约定之价格，预留丙方下批鸡饲养所需药品、雏鸡、饲料款后并按甲方规定进行结算付款。

2. 丙方及时核对毛鸡结算单及转（付）款金额，丙方在交付成鸡 3 个月内无异议视同对合同履行的程序、方式和饲养时间的认可。

六、其他条款

1. 本批雏鸡、饲料供应价格表，见表 9-4。

表 9-4 本批雏鸡、饲料供应价格表

雏鸡价格			饲料价格			
现金价	赊销价	指定雏鸡品种	料号	现金价（元/吨）	赊销价（元/吨）	饲料限量（千克/只）
5.80 元	5.85 元	5.90 元	CT-1	3980	4130	不低于 0.85
			CT-2	3770	3900	不低于 1.86
			CT-3	3550	3660	不低于料肉比标准

2. 成鸡等级标准、料肉比标准及回收价格表，见表 9-5。

表 9-5　成鸡等级标准、料肉比标准及回收价格表

等　级	毛鸡均重范围	料肉比标准	回收价格单价（元/千克）
合格毛鸡	1.2千克≤平均体重＜1.6千克	1.80	9.00
	1.6千克≤平均体重＜1.8千克		11.19
	1.8千克≤平均体重＜2.0千克		11.64
	2.0千克≤平均体重＜2.1千克	1.85	11.64
	2.1千克≤平均体重＜2.2千克	1.90	11.99
	2.2千克≤平均体重＜2.3千克	1.95	12.09
	2.3千克≤平均体重＜2.4千克	2.00	
	2.4千克≤平均体重＜2.5千克	2.03	
	2.5千克≤平均体重＜2.6千克	2.05	
	2.6千克≤平均体重＜2.7千克	2.10	11.89
	2.7千克≤平均体重	2.10	11.79
三级毛鸡	符合三级毛鸡标准		9.00
毛鸡回收率	毛鸡回收率＞96％		6.00

3. 饲料运输及费用由丙方负担；雏鸡、毛鸡运输及费用由甲方负担。

4. 由甲方贷款提供流动资金的，必须由丙方提供有效的经济担保，本合同方生效。

5. 丙方不得恶意向毛鸡车上装死鸡，经甲方品管部鉴定为非当日死亡的毛鸡按 10 倍价格向甲方支付违约金。

6. 在毛鸡出栏过程中如发现丙方作弊，乙方有权扣留其相应的毛鸡款作为赔偿。

七、毛鸡标准约定

1. 乙方收购的所有毛鸡均需有甲方的宰前药残检验结果，没有检验结果的毛鸡，乙方不予收购。

2. 宰前检验出现国家规定的违禁药物的毛鸡，乙方不予收购，丙方承担责任，并上报当地畜牧兽医监管部门，追究其法律责任。

3. 宰前检验药残合格、宰后药残不合格，毛鸡做宠物食品或无害化处理，丙方承担责任。

4. 如有急宰毛鸡，经过特殊流程审批后，一律按照＿4＿元/千克进行收

购，根据宰后检验结果做宠物食品或无害化处理。

5. 其他毛鸡标准（嗉料、胗料、爪垫、羽湿等）执行甲方《毛鸡质量验收及扣罚标准》。

八、违约条款

1. 任何一方不得无故单方终止合同，违约方不执行合同而给各方造成经济损失时应予赔偿，并且守约方有权终止合同。

2. 丙方有违约行为的，乙方有权从应付丙方的任何款项中扣留丙方因违约行为给甲方和乙方所造成的损失，且甲方也将有权扣留乙方的押金作为赔偿金。

3. 丙方违反本合同约定的各项义务的，乙方有权通知丙方终止本合同的履行。

九、争议的解决

本合同如有争议，三方可协商解决，如协商不成，应到甲方所在地人民法院提起诉讼。

十、本合同一式四份，甲方一份，乙方一份，丙方两份，自三方签字盖章后生效。

甲方：×××一条龙公司　　乙方：×××毛鸡回购公司　　丙方：×××肉鸡养殖户
地址：×××　　　　　　　地址：×××　　　　　　　　地址：×××
代表人：　　　　　　　　 代表人：　　　　　　　　　代表人：

第三节　鸡场的效益分析

一、生产成本控制

生产成本控制是养殖场为了降低成本，对各种生产消耗和费用进行引导、限制及监督，使实际成本维持在预定的标准成本之内的一系列工作。养殖场通过生产成本控制工作能够有效控制产品的生产成本、提高产品利润和竞争力。

（一）成本构成

成本费用泛指养殖场在生产经营中所发生的各种资金耗费。从生产经营关系的角度，成本费用可分为制造成本与期间费用。

1. 制造成本　制造成本是指按产品分摊的、与生产产品直接相关的成本费用，包括直接材料、直接工资、其他直接支出和制造费用等。

（1）直接材料　养殖场产品成本的主要部分，包括养殖场生产过程中直接使用的饲料、兽药等原料、辅助材料、设备配件、水电油气、包装物和低值易耗品等。

（2）直接工资　包括直接从事养殖场生产工作的员工工资、奖金、津贴和各类补贴等。

（3）其他直接支出　直接从事养殖场生产工作的员工福利费用等。

（4）制造费用　包括生产管理人员工资、福利费、固定资产折旧费、设备维修费、租赁费、办公费、运输费、低值易耗品摊销费和试验费等方面的支出。

2. 期间费用

期间费用是指在一定会计期间内所发生的与生产经营没有直接关系或关系不大的各种费用，包括养殖场的管理费用、财务费用和销售费用。

（1）管理费用　养殖场管理层为组织经营生产活动而支出的费用，包括公司经费、土地使用费、技术引进费、业务招待费、员工教育费及保险费、工会经费和其他管理费用。

（2）财务费用　养殖场为筹集资金而发生的费用，包括养殖场生产经营期间发生的利息净支出、办理贷款等项目的手续费和为筹集资金而发生的其他手续费。

（3）销售费用　养殖场在销售产品、半成品和提供劳务过程中发生的各项费用，以及专门设立销售机构而发生的各项费用，如广告费、展览费、委托销售费、销售人员的工资及福利费。

[案例9-5]　　2014年某一条龙肉鸡企业的肉鸡成本结构

2014年，某一条龙肉鸡企业出栏了2 500万只肉鸡，年度出栏肉鸡的成活率为97%、平均体重为2.37千克/只、料肉比为1.7、出栏天数为39天、欧洲效益指数（欧指）达到347点。公司2014年度出栏肉鸡的成本见表9-6。

表 9-6   2014 年公司出栏肉鸡成本结构表

1. 成活率（%）	97.0	11. 鸡场制造费用（元/千克）	1.888
2. 平均重量（千克/只）	2.37	工资（元/千克）	0.456
3. 料肉比	1.70	折旧（元/千克）	0.355
4. 饲养天数（天）	39	燃料费（元/千克）	0.508
5. 欧洲效益指数	347	水电费（元/千克）	0.132
6. 平均饲料价格（元/千克）	3.075	物料消耗（元/千克）	0.123
育雏料	3.144	运费（元/千克）	0.151
育成料	3.071	维修费（元/千克）	0.104
大鸡料	3.013	保险费（元/千克）	0.027
7. 雏鸡（元/只）	3.090	检疫费（元/千克）	0.008
8. 雏鸡成本（元/千克）	1.344	办公费（元/千克）	0.007
耗用饲料（元/千克）	5.221	其他（元/千克）	0.017
育雏料	1.180	肉鸡生产成本合计（元/千克）	8.824
育成料	2.963	12. 销售费用（元/千克）	0.000
大鸡料	1.078	13. 管理费用（元/千克）	0.201
9. 疫苗（元/千克）	0.150	14. 财务费用（元/千克）	0.000
10. 药品（元/千克）	0.221	三费合计（元/千克）	0.201
原料成本小计（元/千克）	6.936	肉鸡完全成本（元/千克）	9.026

（二）成本预测

成本预测是指运用一定的科学方法，对未来成本水平及其变化趋势做出科学的估计。养殖场管理人员通过成本预测，有助于减少决策的盲目性，使经营管理者易于选择最优方案来作出正确决策。成本预测的主要根据是养殖场历年同产品的成本情况、成本内容和市场变动趋势。

常用的成本预测方法有两种，成本降低率法和倒扣计算法。

1. 成本降低率法　成本降低率法就是根据养殖场上年或历年的平均成本费用水平来确定未来一定时期的成本降低率，然后再进行测算目标成本。参考计算公式：

单位产品目标成本＝上期实际平均成本×（100%－目标成本降低率）

2. 倒扣计算法 倒扣计算法就是先确定养殖场要实现的目标利润，然后再根据预测的销售收入减去目标利润，即为预测的目标成本费用。

举例：某养殖场计划出栏5 000只肉鸡，计划出栏平均体重为2.5千克，预计肉鸡销售价格为9.2元/千克，预计实现利润20 000元。则这个养殖场出栏肉鸡体重的成本费用如下所示：

$$体重成本费用 = （5\,000×2.5×9.2-20\,000）÷（5\,000×2.5）$$
$$= 7.6（元/千克）$$

（三）有效控制成本的方法

有效控制成本的方法涵盖养殖场整个生产经营过程。养殖场需要按照全面介入生产经营全过程的原则，建立健全的成本费用控制组织系统，落实降低成本费用的具体措施，以达到科学实施成本控制的目的。

1. 全面介入原则 全面介入原则是指成本控制的"全部、全员、全过程"的控制原则。

（1）"全部"控制 对养殖生产的全部费用要加以控制，不仅对变动费用要控制，对固定费用也要进行控制。

（2）"全员"控制 发动养殖场全体人员，共同建立成本意识，共同参与成本的控制，认识到成本控制的重要意义，并付诸于实际行动。

（3）"全过程"控制 对肉鸡养殖的设计、生产、销售过程进行全过程控制，并将控制的成果在有关报表上加以反映，借以发现问题。

2. 建立健全的成本费用控制组织体系 健全的成本费用控制组织体系包含建立成本费用控制组织结构、创建反应快速的信息反馈系统和执行科学的成本费用控制措施。

（1）建立成本费用控制组织结构 建立以养殖场总经理为第一负责人的成本费用控制组织结构，使生产经营的各级消耗费用的部门有专人负责。

（2）创建反应快速的信息反馈系统 成本控制信息反馈系统要求对养殖场成本费用的任何变动因素都能及时反馈，通过分析问题，找到变动的因素，以利于制定相应的改正措施。

（3）执行科学的成本费用控制措施 养殖场管理者对于可能出现的成本费用问题，事先要有成本费用控制预案。一旦出现成本费用问题，立即启动拟定预案，使养殖场经济损失降到最低程度。

3. 降低成本费用的具体措施 常见的养殖场降低成本费用的具体措施有如下几方面：

（1）减少间接性费用的支出 大部分的期间费用是养殖场生产经营的间接

性支出，对养殖场产品的生产并无直接的限定关系，而且期间费用的标准和开支范围弹性较大。养殖场需要加强成本费用的预算工作，认真制订期间费用的计划和采取相应的控制措施来控制间接性费用的支出。

（2）提高产品质量　产品质量能够保证和提高产品的销售价格，会相对降低养殖场产品的成本，同时还能提高养殖场的信誉度。对于肉鸡养殖场而言，提高产品质量的主要措施是保证肉鸡健康和减少出栏肉鸡的废弃率。

（3）提高工作效率　针对肉鸡养殖场的特点，培训和提高员工工作技能、使用自动化设备（如自动喂料系统、自动水线、自动环境控制系统）能够提高养殖场的工作效率，即提高肉鸡舍单位面积的出肉量。

二、利润管理

养殖场运营管理的目的就是不断地提高养殖场的获利水平。养殖场盈利能力是衡量养殖场经营水平、经济实力和发展前景的重要指标。养殖场利润管理是养殖场目标管理的重要组成部分。

（一）利润构成

利润是指养殖场在一定会计期间的经营成果，一般包括营业利润、营业外收入和营业外支出。养殖场的利润构成可以用以下公式来进行计算。

1. 利润总额

$$利润总额＝营业利润＋营业外收入－营业外支出$$

营业外收入：养殖场发生的与其日常经营活动无直接关系的各项得利。
营业外支出：养殖场发生的与其日常经营活动无直接关系的各项损失。

2. 净利润

$$净利润＝利润总额－所得税费用$$

所得税费用：养殖场确认的应从当期利润总额中按一定比例向地方政府税务机关计缴的所得税和费用。

3. 营业利润

$$营业利润＝营业收入－营业成本－营业税金及附加－销售费用－$$
$$管理费用－财务费用－资产减值损失＋公允价值变动$$
$$收益（－公允价值变动损失）＋投资收益（－投资损失）$$

营业收入：是指养殖场经营业务所确认的收入总额，包括主营业务收入和其他业务收入。

营业成本：是指养殖场经营业务所发生的实际成本总额，包括主营业务成本和其他业务成本。

资产减值损失：养殖场计提各项资产减值准备所形成的损失。

公允价值变动收益（或损失）：养殖场交易性金融资产等公允价值变动形成的应计入当期损益的利得（或损失）。

投资收益（或损失）：养殖场以各种方式对外投资所取得的收益（或发生的损失）。

（二）利润预测

利润预测是指根据养殖场利润的历史资料、销售预测资料以及产品原材料价格等变动情况，在采取相应措施的基础上，对养殖场未来目标利润及其变动趋势所作科学的测算和估计。

由于养殖场利润主要是产品的销售利润，所以目标利润的预测主要是对产品销售利润的预测。预测养殖场目标利润常用的两种方法如下。

1. 本量利分析法　计划期利润的预测，可按照本量利分析法的原理，根据计划期预测销售量或销售收入和产品售价、成本资料，通过下列公式来测算：

$$目标销售利润总额＝预计销售数量×（预计单位售价－$$
$$预计单位变动成本）－固定成本总额$$

举例：某养殖场计划出栏 5 000 只肉鸡，预计肉鸡销售价格为 28 元/只，计划固定成本总额为 87 500 元，肉鸡的变动成本为 6.5 元/只。则该养殖场这批肉鸡预测的目标利润总额为：

$$目标利润总额＝5 000×（28－6.5）－87 500$$
$$＝20 000（元）$$

2. 成本利润法　成本利润法就是按照预计的成本利润率来计算利润额。其计算公式如下：

$$目标销售利润＝计划产品成本总额×产品应销比例×预计产品利润率$$

举例：某养殖场计划出栏 8 000 只肉鸡，计划该批肉鸡成本总额为 192 000元，预计该批肉鸡应销比例为 100%，预计成本利润率为 15%。

则这批肉鸡预测的目标利润总额为：

$$目标利润总额＝192 000×100%×15%＝28 800（元）$$

（三）有效提高利润的方法

取得理想的经济效益是养殖场经营的目的，千方百计地增加养殖场利润是养殖场经营工作的重点。提高养殖场利润的方法主要有以下 3 方面：

1. 提升销售价格　提升产品的销售价格会立即扩大养殖场的销售收入和增加养殖场利润。提高产品质量、改进和开发适销产品、搞好售后技术服务和培育养殖场的信誉度有利于适当提高产品销售价格。

2. 扩大产品产量　在养殖场有发展潜力、市场有发展空间以及销售利润率比较合适且稳定时，扩大产品产量是养殖场增加利润最有效和最直接的方法。

3. 降低生产成本　在一定的市场环境下，同等同质产品的价格由市场决定，养殖场调控产品价格的手段有限。因此，在养殖场资金和市场有限的情况下，通过养殖场内部苦练内功，降低产品生产成本是养殖场提高利润的主要方法。

［案例 9-6］　某笼养肉鸡场增产节支措施

某自动化笼养肉鸡项目自 2013 年初相继投产 6 座鸡场，年生产规模达到 1 580 万只，2013 年各养殖场平均欧指 303 点。

2014 年，养殖团队为了全面贯彻"高投入、高产出、低成本"的经管理念，以创新思维对养殖场的实际情况进行了缜密分析，科学优化了肉鸡饲养方法。在确保养殖成绩快速提高的同时，紧紧围绕如何降低饲养成本上下功夫，开展了大胆的增产节支工作，取得了明显的经济效益。

一、向生产成绩要效益

考虑到肉鸡生产性能的发挥是影响肉鸡养殖效益的最大因素，养殖团队在通过科学论证后，调整了鸡舍的最低通风量、育雏温度、光照程序、肉鸡饲料营养配方和优化了免疫程序，这些饲养技术的创新运用和现场管理工作的准确到位，使得 2014 年各养殖场平均欧指达到了 354 点，比 2013 年度的欧指提高了 51 点。对比 2013 年肉鸡饲养成本，2014 年肉鸡饲养成本降低了 0.7 元/只。

二、向饲养时间要效益

过去清洗鸡舍需要一周的时间，而且还常因业务不熟练、工具不专业，鸡舍清洗不干净，导致病原微生物检测超标而时常返工，造成进鸡时间拖延。2014 年，养殖场组建了专业的清洗队伍，人员经过培训才能上岗，按工作工序分工，每道工序作业时间精确到分钟。通过优化空舍期间的冲洗流程，将清洗鸡舍的时间缩短了 1 天，节省了空舍费 3 万元/栋，肉鸡饲养成本降低了 0.1 元/只。

三、向饲养密度要效益

以前各场平均饲养密度为 21.9 只/米² （按笼底面积计算），2014 年实际饲养密度达到了 22.8 只/米²，多养了 4% 的肉鸡，固定成本分摊降低了 4%、肉鸡生产成本降低了 0.1 元/只。

四、向增加饲养批次要效益

2014 年，将传统的肉鸡每年只能饲养 6 批提高到年饲养 8 批。实现肉鸡年饲养 8 批后，每场年饲养量由原来的 198 万只增加到 264 万只，年饲养量增加了 33%。按一期计划年饲养 5 000 万只规模，可少建 6 座养鸡场，节省投资 4.2 亿元，每只肉鸡固定资产折旧从 3.5 元/只降低到 2.6 元/只，下降了 26%，即每只肉鸡的设备折旧费降低了 0.9 元/只。

五、向降低鸡场费用要效益

以前各鸡场的生产费用相对偏高，其中药品疫苗费用每只鸡为 1～1.3 元。2014 年，通过使用国产产品和优化免疫程序，将药品疫苗费用降到 0.8 元/只以内，每只肉鸡降低了生产成本 0.2～0.5 元/只。

通过上述各项增产节支措施后，共计降低了肉鸡生产成本 2～2.3 元/只。

三、效 益 分 析

（一）肉鸡市场产品的主要形式

我国的肉鸡品种有来源于国外快大型的白羽肉鸡和国内的黄羽肉鸡，这两种不同的肉鸡品种有着不同的市场需求。

1. 白羽肉鸡的产品形式　经过 30 多年白羽肉鸡市场的发展和借鉴国外成熟的市场模式，目前我国白羽肉鸡产品的产业化程度非常高，年屠宰规模过 3 000 万只白羽肉鸡的企业已经超过了 45 家。

白羽肉鸡产品形式极其丰富，包括冰鲜产品、冷冻产品、熟食品、调理品及其他深加工产品。规模化肉鸡养殖场由于供应量大、食品安全系数较高和产品形式多种多样，深受各类商业超市、酒店、快餐连锁店、学校、企业的欢迎。

（1）冰鲜产品和冷冻产品　目前国内大约94％的肉鸡产品都是以冰鲜或冷冻形式进行市场销售。

（2）熟食品、调理品及其他深加工产品　我国鸡肉产品中的熟食品、调理品及其他深加工产品仅占鸡肉总量的6％左右。目前鸡肉调理品等深加工产品在我国的发展势头良好，产品种类繁多，口味多样，深受消费者喜爱。

在我国鸡肉深加工产品中，高温制品多而低温制品少、初加工产品多而精深加工产品少，鸡肉资源综合利用程度低、高附加值产品少。努力提高鸡肉深加工率和鸡肉资源综合利用水平，将是未来我国鸡肉加工产业的重点任务。

（3）肉鸡副产物利用　在肉鸡的屠宰分割中，产生的副产物主要有鸡血、鸡毛、头、爪、内脏和骨架等。不同规模的企业，对副产物的利用程度和深度不尽相同。大型企业对鸡血、内脏、鸡骨架和鸡毛的利用程度较好，如内脏直接上市或加工成调理产品，鸡骨架经过再加工成调理产品、鸡骨素或者用作灌肠类产品的辅料，鸡毛经过发酵降解成蛋白粉而用作饲料添加剂。而中小型企业对副产物的利用程度较低，有时对有些副产物（如鸡血）不做任何处理直接排放，不仅造成浪费，还污染环境。

总体而言，目前我国对肉鸡副产物利用程度和方式比较单一，多是作为烹饪辅料或加工为骨胶、饲料、肥料等传统低附加值工业原料，而骨肽、保健功能食品或活性物质提取等高附加值产品的开发水平仍然比较落后。

2. 黄羽肉鸡的产品形式　由于我国国情的实际情况，不同地区对黄鸡的消费习惯不同，如华东地区以吃白斩鸡为主，广东地区以煲鸡汤为主，港澳地区主要是以消费三黄鸡为主。

目前我国黄羽肉鸡消费中80％是活鸡消费，集贸市场大多卖鲜活鸡（现场宰杀），黄羽肉鸡转化加工的比例特别少（冷鲜或冰鲜鸡仅占15％）。同时黄羽肉鸡本地区销售比例大，跨区域销售比例少。

由于黄羽肉鸡的大众化资源开发滞后于现代消费需求，未能开发出与现代消费接轨的富有特色的系列商品，因此仍以传统消费为主。与快大型白羽肉鸡的快餐市场和即食市场相比，黄羽肉鸡消费市场的发展显得相对滞后。

考虑到我国近几年来家禽疫病情况，未来黄羽肉鸡消费市场发展的方向必然走向"集中屠宰、统一检疫、冷链运输、冷鲜上市"的产业化道路。

（二）出栏时间与上市体重

由于肉鸡饲料转化率在不同周龄的差异、市场产品需求的不同、实际饲养状况和市场价格等因素的影响，出于经济效益和市场需求等方面的考虑，不同肉鸡品种在不同的市场环境、不同的饲养状况下的出栏时间和出栏体重存在差异。

1. 正常出栏时间 目前，白羽肉鸡通常在 32～49 日龄、上市体重达到 1.8～3.3 千克/只后出栏；效益最佳的出栏日龄是 42 日龄左右，上市体重达到 2.6～2.8 千克/只。快大型黄羽肉鸡出栏日龄为 49～60 日龄，平均体重达到 1.3～1.5 千克/只；中速型黄羽肉鸡出栏日龄为 80～100 日龄，母鸡体重达到 1.5～2 千克/只；优质型黄羽肉鸡出栏日龄为 90～120 日龄，母鸡体重达到 1.1～1.5 千克/只。

2. 保本时间计算 根据肉鸡生产实践经验，通过认真测算肉鸡的保本价格、保本体重和保本日增重，能够帮助广大肉鸡养殖户更好地预测合适的出栏日龄和上市体重，以取得更大的经济效益。

（1）保本价格 保本价格又称盈亏临界价格，即能保住成本的出售肉鸡的价格。

保本价格＝（本批肉鸡饲料费用÷饲料费用占总成本的比例）÷肉鸡总体重

公式中"肉鸡总体重"可先抽样称体重，算出每只鸡的平均体重，然后乘以实际存栏鸡数即可。

计算出的保本价格就是实际成本，所以在肉鸡上市前可预估按当前市场价格出售的本批肉鸡是否有利可图。如果市场价格高出算出的成本价格，说明可以盈利；相反，就会亏损，需要继续饲养或采取其他对策。

（2）保本体重 保本体重是指在活鸡售价一定的情况下，为实现不亏损必须达到的肉鸡上市体重。

保本体重＝平均料价×平均耗料量÷饲料成本占总成本的比率÷活鸡售价

公式中的"平均料价"是指先算出饲料总费用，再除以总耗料量的所得值，而不能用 3 种饲料的单价相加再除以 3 的方法计算，因为这 3 种料的耗料量不同。此公式表明，若饲养的肉鸡刚好达到保本体重时出栏肉鸡则不亏不盈，因此养殖户必须继续饲养而使鸡群的实际体重超过算出的保本体重才能获取利润。

（3）保本日增重 肉鸡最终上市的体重是由每天的日增重累积起来的。由每天的日增重带来的收入（简称日收入）与当日的一切费用（简称日成本）之间有一定的变化规律。在肉鸡的生长前期是日收入小于日成本，随着肉鸡日龄增大，逐渐变成日收入大于日成本，日龄继续增大到一定时期，又逐渐变为日收入小于日成本阶段。在生产实践中，当肉鸡的体重达到保本体重时，已处于日收入大于日成本阶段，正常情况下，继续饲养就能盈利，直至利润峰值出现。利润峰值出现后，若再继续饲养下去，利润就会逐日减少，甚至出现亏损。

保本日增重＝当日耗料量×饲料价格÷当日饲料费用占日成本的比例÷活鸡价格

经过计算，假如肉鸡的实际日增重大于保本日增重，继续饲养可增加盈利。正常情况下，肉鸡养到实际体重达到保本体重时，已处于日收入大于日成本阶段，继续饲养直至达到利润峰值，此时实际日增重刚好等于保本日增重，养殖户应抓住时机及时出售肉鸡，以求获得最高利润。因为这时已经达到了肉鸡最佳上市时间，如果再继续养下去，总利润就会下降。

必须强调的是，以上3种方法是基于鸡群健康状况正常情况下的粗略预测方法。如果考虑到鸡群死淘、煤火费、鸡舍折旧和人员工资等情况，为了准确地预测鸡群合适的出栏时间和上市体重，则需要进行财务测算以确定肉鸡饲养效益平衡点来决定合适的出栏时间。

[案例9-7]　　某肉鸡养殖场饲养效益平衡点的测算

某肉鸡养殖场入舍鸡数、育肥饲料价格、毛鸡销售价格、出栏废弃率和体重耗损、42日龄鸡群实际生产情况见表9-7。

表9-7　42日龄鸡群实际生产情况

测算标准		42日龄鸡群基本状况	
入舍鸡数（只）	17340	日龄	42
育肥饲料价格（元/千克）	3.08	累计耗料量（千克）	79230
毛鸡价格（元/千克）	9.20	累计死淘鸡数（只）	899
出栏废弃率预估（％）	1.5％	期末存栏鸡数（只）	16441
出栏体重损耗（千克/只，包括运输损耗）	0.10	存栏鸡平均体重（千克/只）	2.65
		累计死淘率（％）	5.2％
		累计料肉比	1.92

根据鸡群42日龄的健康状况和实际死淘、鸡群耗料和增重等情况，进行财务测算鸡群延长1～2日龄出栏的效益预估，结果见表9-8。

表9-8 42日龄的健康状况

延期1天出栏效益预估			延期2天出栏效益预估		
日龄	43		日龄	44	
耗料量（千克/日）	3299	只耗料量（克/只·日） 201.7	耗料量（千克/日）	3320	只耗料量（克/只·日） 204.3
死淘鸡数（只/日）	88	死淘鸡平均体重（千克） 2.74	死淘鸡数（只/日）	100	死淘鸡平均体重（千克） 2.83
期末存栏鸡数（只）	16353		期末存栏鸡数（只）	16253	
只均增重（克/只·日）	90.00	存栏鸡平均体重（千克/只） 2.74	只均增重（克/只·日）	88.00	存栏鸡平均体重（千克/只） 2.83
累计死淘率（%）	5.7	当日死淘率（%） 0.5	累计死淘率（%）	6.3	日死淘率（%） 0.6
出栏率（%）	92.9		出栏率（%）	92.3	
累计料肉比	1.94	当日料肉比 2.24	累计料肉比	1.97	当日料肉比 2.32
延期1天收入（元）		延期1天支出（元）	延期1天收入（元）		延期1天支出（元）
增重收入	13540	饲料支出 10161	增重收入	13158	饲料支出 10223
鸡舍其他收入	—	死淘鸡损耗 2218	鸡舍其他收入	—	死淘鸡损耗 2602
		鸡舍费用支出 500			鸡舍费用支出 500
合计收入	13540	合计支出 12879	合计收入	13158	合计支出 13327
对比42日龄，延期1天的效益为661元			对比43日龄，延期1天的效益为 —169元		

从上表可以看出，鸡群在43日龄有661元的利润，而到44日龄则日亏损169元。这表明该群鸡的日饲养效益平衡点在43～44日龄期间，即鸡群在43～44日龄出栏将获得最大的经济效益。

（三）肉鸡效益分析

肉鸡的经济效益等于肉鸡的销售价格减去肉鸡的生产成本，由此可见肉鸡饲养的经济效益取决于肉鸡生产成本和销售价格。

1. 影响肉鸡生产成本因素 肉鸡饲养期间的全部费用都应列入肉鸡的生产成本，如饲料、雏鸡、药品疫苗、人工、水电、房屋及饲养器具折旧、垫料和其他零星费用。

$$毛鸡的单位成本＝料肉比×平均料价＋雏鸡成本（雏鸡价格÷成活率÷$$
$$出栏体重）＋（药品疫苗费用＋人员工资＋水电费＋$$
$$折旧费＋其他费用）÷出栏数$$

因此，影响肉鸡生产成本因素包含了雏鸡价格、肉鸡成活率、料肉比、出栏体重、饲料价格、药品疫苗费用、人员工资、水电费、折旧费和其他费用等。其中影响肉鸡生产成本起重要作用的是料肉比、平均料价和雏鸡成本。

（1）**料肉比** 料肉比又称饲料转化率，指肉鸡所消耗的饲料与出栏体重之比。料肉比与饲料的质量密切相关，差的饲料料肉比高，而好的饲料料肉比低。

料肉比受饲养管理条件的影响。饲养管理条件好的肉鸡料肉比低，反之则高，尤其在饲料浪费、肉鸡发病和成活率低时，对料肉比的影响很大。

肉鸡品种对料肉比也有很大影响。生长速度快、抗病力强的肉鸡料肉比低，而生长速度慢、抗病力弱的肉鸡则料肉比高。

（2）**平均料价** 平均料价指肉鸡所用的所有饲料费用与饲料数量之比。

饲料质量的高低与饲料成本是否最低（即不同饲料厂的饲料价格与其饲养肉鸡的料肉比的乘积是否达到最低点）与肉鸡的生长速度密切相关。如果肉鸡生长速度慢，则其生产成本要相对增加。

（3）**雏鸡成本**

$$雏鸡成本＝雏鸡价格÷（成活率×出栏体重）$$

生产成本最大的因素是饲料成本和雏鸡成本。饲养期越长，肉鸡料肉比越高，雏鸡成本则随着体重的增加而降低。若延长肉鸡饲养期以增加体重，鸡舍折旧、工资、药品疫苗、水电等费用也随之增加，但相对而言，其对雏鸡成本的影响并不很大。

2. 肉鸡销售价格 肉鸡出栏时的市场价格对肉鸡饲养的经济效益影响很大。因此，养殖决策者要及时了解市场信息，需要根据当地的雏鸡饲养量、毛鸡需求量决定进鸡时间和数量，以获得更高效益。但要注意的是，肉鸡养殖者不能一味盲目等待价格上扬而延长鸡群日龄，因为肉鸡随着日龄的增大，其饲料报酬率会下降、死亡率会增高，并且体重过大也不一定好销售。所以，要根据市场行情和自己的实际情况，做到适时出栏上市。

[案例9-8]　某肉鸡养殖户养殖效益分析

目前养殖户从鸡舍清洗消毒到肉鸡全部销售完毕，一般需要2个月左右的时间。在此期间发生的全部肉鸡养殖费用和销售收益均作为养殖效益的计算数据。

一、毛鸡生产成本

肉鸡饲养期间的全部费用都应列入本批肉鸡的成本，包括饲料、雏鸡、药品疫苗、人工、水电、房屋及饲养器具折旧、垫料和其他零星费用。

如果肉鸡全期成活率为95％、出栏鸡平均体重为2千克，则毛鸡的单位成本是：[料肉比×平均料价＋雏鸡成本（雏鸡价÷0.95÷2）＋（药品疫苗费用＋人员工资＋水电费＋折旧费＋其他费用）÷出栏数]。

通常情况下，养殖户平均每1000只入舍雏鸡药品疫苗的费用为700元左右，即每千克毛鸡的药品疫苗成本为0.35元左右；养殖户用煤炉保温，每千克毛鸡的水电煤成本为0.1元左右；其他费用，如垫料、易耗品等与鸡粪收入和饲料袋收入相抵。考虑到大多数养殖户在实际中将折旧和人员工资计入利润而不计入成本，所以对养殖户核算毛鸡的成本时，可将公式简化为：毛鸡的单位成本：[料肉比×平均料价＋雏鸡成本（雏鸡价÷0.95÷2）＋0.35＋0.1]。

影响养殖户毛鸡成本的主要指标为料肉比、平均料价和雏鸡价格。详细计算如下。

1. 料肉比

假定饲料平均价格为3元/千克，雏鸡价为2.8元/只，则毛鸡的单位成本为：

$$毛鸡的单位成本＝料肉比×3＋2.8÷0.95÷2＋0.35＋0.1$$

2. 饲料平均价格

假定某种饲料在一般饲养条件下的料肉比为2，雏鸡价为2.8元/只，则毛鸡的单位成本为：

$$毛鸡的单位成本＝2×平均料价＋2.8÷0.95÷2＋0.35＋0.1$$

3. 雏鸡成本

$$雏鸡成本＝雏鸡价格÷（0.95×2）$$

假定平均料价为3元/千克；料肉比为2，则毛鸡的单位成本为：

$$毛鸡的单位成本＝2×3＋雏鸡成本＋0.35＋0.1$$

二、销售价格

假定毛鸡销售单价是 8.4 元/千克，则毛鸡的销售收入是 8.4 元/千克。

三、肉鸡饲养效益分析

如果肉鸡出栏体重 2 千克，成活率 95%，料肉比 2，平均料价 3 元/千克，雏鸡价 2.8 元/只，则该批鸡的保本价应是 7.92 元/千克。

如果毛鸡销售单价是 8.4 元/千克，则毛鸡的销售收入是 8.4 元/千克，毛鸡的利润则为 0.48 元/千克。如果养殖户肉鸡出栏 10 000 只，则其实际收益为 9 600 元。

若其他条件不变，料肉比每变化 0.05，毛鸡成本将变化 0.15 元/千克。

若其他条件不变，料价每变化 0.05 元/千克，毛鸡成本价将变化 0.1 元/千克。

若其他条件不变，雏鸡价格每变化 0.5 元/只，毛鸡成本将变化 0.26 元/千克。

若其他条件不变，毛鸡销售单价每变化 0.1 元/千克，则毛鸡的销售收入将变化 0.1 元/千克。

第十章

鸡场生产记录与养殖档案

阅读提示：

　　系统的生产记录和完整的养殖档案是反映鸡场生产管理水平的重要方面，鸡场经营者必须高度重视。生产记录不仅包括日常的鸡群死淘、喂料、免疫情况，也包括对鸡群月度、年度生产性能的汇总、市场售价的变化等内容。每个鸡场管理方式不同，可设计不同的生产日报表、月报表以及批次报表。养殖档案是对生产原始记录的整理、归档和保存，是查阅和总结生产情况的重要依据。本章提供了商品肉鸡生产中基本的生产记录格式、档案管理要求，以供读者参考使用。

第一节 鸡场常用生产记录及生产性能分析

一、生产记录

生产记录是日常生产活动总体情况的反映，这些记录形成了鸡场内部管理的核心基础。通过对各种生产记录的汇总分析，让管理层可以及时了解肉鸡场生产经营中的各种状况，从而据此做出及时、正确的决策。比如，对各种生产指标进行分析比较，可以建立科学的考核方法，充分调动员工的积极性，提高劳动生产效率，减少内耗；对成本进行有效分析，可以精简开支，实现抓大放小，确保重点生产顺利实施。

按照《无公害食品 肉鸡饲养管理准则》（NY/T 5038—2001）的要求，养殖场必须建立生产记录档案，包括进雏日期、进雏数量、雏鸡来源等；每日的生产记录包括：日期、肉鸡日龄、死亡数、死亡原因、存栏数、温度、湿度、免疫记录、消毒记录、用药记录、喂料量、鸡群健康状况；出售日期、数量和购买单位等。同时，要求记录应保存 2 年以上。

生产记录是肉鸡场的第一手原始资料，是各种统计报表的基础，养殖场应有专人负责生产记录的收集保管，填写时使用黑色签字笔，字迹工整，不得间断，不得潦草和涂改。肉鸡场常用的生产记录包括：出雏记录、育雏育成期日生产记录及体重记录、肉种鸡个体产蛋记录、肉鸡产蛋期日生产记录以及商品肉鸡生产记录表等。常见的生产记录表格见表 10-1 至表 10-6。

表 10-1 肉种鸡出雏记录表

鸡舍编号： 品种： 批次： 日期： 记录人： 年 月 日

家 系	公鸡翅号	小家系	母鸡翅号	入孵种蛋	受精种蛋	死 胚	出雏数		备 注
							健 雏	弱 雏	

表 10-2　肉种鸡育雏期、育成期体重记录表

鸡舍编号：　　品种：　　批次：　　日期：　　记录人：　　　　　年　月　日

笼　　号	翅　　号	公/母	体　　重	备　　注

表 10-3　肉鸡个体产蛋记录表

鸡舍编号：　　品种：　　批次：　　记录人：　　　　　年　月　日

日期 号数	1	2	3	4	5	6	7	……	24	27	28	29	30	31	合　计
1-1															
1-2															
1-3															
2-1															
2-2															
2-3															
2-4															
2-5															
⋮															
45-3															

表 10-4　肉鸡育雏期、育成期生产日记录

栋号：　　　　　　品种：　　　　　　进雏日期：　　　　　　进雏数：　　　　　　饲养员：

日期	日龄	温度（℃）（最高/最低）	湿度（%）（最高/最低）	上日存栏（羽）	死淘（羽）	转群（羽）	本日存栏（羽）	喂料量（千克）	补光时间（小时）	只均体重（克）	备注（免疫、投药、断喙、称重等）
		/	/								
		/	/								
		/	/								
		/	/								
		/	/								
		/	/								
		/	/								
		/	/								
		/	/								
		/	/								
		/	/								
		/	/								
合计分析				初栏存数：				每只均耗料			成活率

表 10-5　肉鸡产蛋期生产日记录

栋号：　　　　品种：　　　　入舍鸡数：　　　　饲养员：

日期	日龄	上日存栏（羽）	死淘（羽）	本日存栏（羽）	喂料量（千克）	产蛋量（千克）	料蛋比	开灯时间	关灯时间	只均体重（克）	百枚蛋重（克）	产蛋率（%）	温度（℃）（最高/最低）	湿度（%）（最高/最低）	备注（免疫、投药等）
													/	/	
													/	/	
													/	/	
													/	/	
													/	/	
													/	/	
													/	/	
													/	/	
													/	/	
合计													/	/	

表 10-6 商品肉鸡生产记录表

栋号：　　　　　品种：　　　　　人雏日期：　　　　　进雏数：　　　　　饲养员：

日期	日龄	周龄	温度（℃）（最高/最低）	湿度（%）（最高/最低）	死淘（羽）	补光（小时）	存栏（羽）	料号	饲喂（千克）	周末体重（克）	备注（免疫、投药、称重等）
	1	第一周	/	/							
	2		/	/							
	3		/	/							
	4		/	/							
	5		/	/							
	6		/	/							
	7		/	/							
……	小计										
	35	第四周	/	/							
	36		/	/							
	37		/	/							
	38		/	/							
	39		/	/							
	40		/	/							
	41		/	/							
……	小计										

二、生产数据统计分析

（一）主要生产性能指标测定的含义

1. 种蛋合格率 指种母鸡在规定的产蛋期内所产符合本品种、品系要求的种蛋数占产蛋总数的百分比。

$$种蛋合格率（\%）=\frac{合格种蛋数}{产蛋总数}\times100\%$$

2. 种蛋受精率 指受精蛋数占入孵蛋数的百分比。

$$种蛋受精率（\%）=\frac{受精蛋数}{入孵蛋数}\times100\%$$

3. 孵化率 又称出雏率，通常指出雏数占受精蛋数的百分比。

$$受精蛋孵化率（\%）=\frac{出雏数}{受精蛋数}\times100\%$$

4. 成活率 指育雏、育成期末成活鸡数占育雏、育成期初期入舍鸡数的百分比。

5. 产蛋量 指母鸡在统计期内的产蛋数量，是养鸡生产的重要经济指标。按母鸡饲养只日统计。

$$母鸡饲养只日产蛋量（枚/只）=\frac{统计期内总产蛋数}{平均饲养母鸡只数}$$

6. 产蛋率 指母鸡在统计期内的产蛋百分率。

$$入舍母鸡产蛋率（\%）=\frac{统计期内总产蛋数}{入舍母鸡数\times统计期日数}\times100\%$$

7. 屠宰率

$$屠宰率=\frac{屠体重}{活重}\times100\%$$

屠体重：活体重放血，净毛，剥去脚皮、爪壳、喙壳后的重量。
活重：屠宰前停喂 12 小时的重量。

8. 半净膛率

$$半净膛率=\frac{半净膛重}{屠体重}\times100\%$$

半净膛重：屠体重除去食管、气管、嗉囊、肠、脾、胰和生殖器官，保留心、肝（去胆囊）、肺、肾、肌胃（除去内容物和角质层）、腺胃以及腹脂的重量。

9. 全净膛率

$$全净膛率 = \frac{全净膛重}{屠体重} \times 100\%$$

全净膛重：指半净膛重除去心、肝、腺胃、肌胃、腹脂重量。

10. 屠体外观　屠体皮肤以黄色和白色为佳，屠体要求外观丰满、光泽、洁净、无伤痕及胸囊肿。

11. 料肉比　即饲料转化率，用每增重 1 千克体重所消耗的饲料量来表示。

$$料肉比 = \frac{全程耗料量（千克）}{总活重（千克）}$$

（二）肉鸡生产指标统计

在肉鸡养殖生产中，对原始生产记录的加工整理，针对生产指标进行量化统计分析，有助于生产经营者全面掌控肉鸡生产的整个链条，实现资源的整合配置，降低养殖成本，提高产能和效益，最终形成科学化养殖和规范化管理。

日常生产中，通过监测鸡群体重或变异系数，可以了解鸡群的生产情况及鸡群的均匀度，这样就有目标地调整喂料量，通过补饲和限饲等手段，使鸡群达到品种标准要求的增重指标。比如，通过统计入舍母鸡的产蛋数及开产日龄，可以衡量祖代及父母代种鸡的繁殖性能；通过计算受精率、孵化率，可以反映鸡群的供种能力；通过统计一定时期的体重和耗料量，就可以计算出料肉比。通过这些指标，鸡场管理者可适时调整对策，做到养殖效益的最大化。表 10-7 为 AA＋商品肉鸡生产性能标准，表 10-8、表 10-9 为黄羽肉鸡（京星黄鸡 100）的生产性能统计分析表。

表 10-7　AA＋商品肉鸡生产性能标准

日　龄	温　度（℃）	湿　度（%）	光　照（勒）	体　重（克）	日增重（克）	克/只·日	累计料量	次/日	备　注
1	35	60～65	24	51		10	10	8	
2	35	60～65	24	62	11	14	24	8	
3	34	60～65	24	76	14	18	42	8	
4	34	60～65	23	95	19	22	64	8	

续表 10-7

日 龄	温 度 (℃)	湿 度 (%)	光 照 (勒)	体 重 (克)	日增重 (克)	克/只·日	累计料量	次/日	备 注
5	33	60～65	23	115	20	26	90	8	
6	33	60～65	23	139	24	29	119	8	
7	33	60～65	23	165	26	30	149	8	
8	32	55～60	23	193	28	32	181	6	
9	31	55～60	23	225	32	36	217	6	
10	31	55～60	23	258	33	40	257	6	
11	30	55～60	23	294	36	45	302	6	
12	30	55～60	23	332	38	51	353	6	
13	29	55～60	23	373	41	56	409	6	
14	29	55～60	23	416	43	61	470	6	
15	28	55～60	23	462	46	67	537	4	
16	28	55～60	23	510	48	72	609	4	
17	28	55～60	23	560	50	77	686	4	
18	27	55～60	23	612	52	82	768	4	
19	27	55～60	23	666	54	87	855	4	
20	27	55～60	23	722	56	91	946	4	
21	26	55～60	23	779	57	96	1042	4	
22	26	55～60	23	839	60	102	1144	4	
23	26	55～60	23	900	61	105	1249	4	
24	26	55～60	23	963	63	110	1359	4	
25	25	55～60	23	1027	64	113	1472	4	
26	25	55～60	23	1093	66	117	1589	4	
27	25	55～60	23	1160	67	121	1710	4	
28	25	55～60	23	1228	68	127	1938	4	
29	25	55～60	23	1397	69	125	1962	4	
30	25	55～60	23	1367	70	133	2095	4	
31	25	55～60	23	1438	71	137	2232	4	
32	25	55～60	23	1510	72	140	2372	4	
33	25	55～60	23	1583	73	144	2516	4	
34	25	55～60	23	1657	74	150	2666	4	

续表 10-7

日 龄	温 度 （℃）	湿 度 （%）	光 照 （勒）	体 重 （克）	日增重 （克）	克/只·日	累计料量	次/日	备 注
35	25	55～60	23	1731	74	150	2816	4	
36	24	55～60	23	1805	74	158	2974	4	
37	24	55～60	23	1880	75	159	3133	4	
38	24	55～60	23	1954	75	165	3298	4	
39	24	55～60	23	2029	75	167	3465	4	
40	24	55～60	23	2104	75	174	3639	4	
41	24	55～60	23	2179	75	177	3816	4	
42	24	55～60	23	2253	75	175	3991	4	
43	24	55～60	23	2328	75	184	4175	3	
44	24	55～60	23	2402	74	182	4357	3	
45	24	55～60	23	2475	73	188	4545	3	
46	24	55～60	23	2548	73	190	4735	3	
47	24	55～60	23	2620	72	193	4928	3	
48	24	55～60	23	2692	72	191	5119	3	

注：参考 AA＋肉鸡饲养标准。

表 10-8 京星黄鸡 100 父母代种母鸡主要生产性能指标

生产指标	生产性能
育雏育成期：	
成活率（1～20 周龄）	94%～97%
耗料量（1～20 周龄）	8.5～8.8 千克
产蛋期：	
20 周龄体重	♂：2407±154 克　♀：1600±143 克
5% 开产日龄	154±7.5 天
50% 产蛋率周龄	25 周
66 周龄入舍母鸡产蛋数	196±18 枚
66 周龄入舍母鸡产合格种蛋数	184±16 枚
66 周龄平均受精率	92%～94%
66 周龄平均孵化率	82%～84%
66 周龄提供健雏数	150～162 只
21～66 周龄存活率	92%～95%
66 周龄母鸡体重	2180～2200 克

表 10-9　京星黄鸡 100 父母代种公鸡体重及耗料标准

周　龄	周末体重 （克）	喂料量 （克/只·日）	周　龄	周末体重 （克）	喂料量 （克/只·日）
1～7	1140	自由采食	16	2250	96
8	1200	68	17	2390	99
9	1310	71	18	2540	102
10	1490	75	19	2730	105
11	1600	79	20	2820	110
12	1720	83	21	2900	120
13	1880	87	22	2930	125
14	1990	90	22～27	3150	130
15	2001	93	27～50	3200～3450	135～139

第二节　养殖档案管理

　　2006 年 6 月 26 日农业部第 67 号部令，发布了畜禽标识和养殖档案管理办法，进一步细化了畜禽养殖场养殖档案管理制度，并明确其养殖档案格式由农业部统一制定。2007 年 2 月 7 日农业部下发了关于加强畜禽养殖管理通知（农牧发〔2007〕1 号），要求畜禽养殖场依法建立科学规范的养殖档案，准确填写有关信息，做好档案保存工作，以备查验，并发布了法定的畜禽养殖场养殖档案样本格式。

　　重视肉鸡场生产记录，不仅能让管理人员掌握鸡场的整体情况，有序地开展工作流程，保证鸡群质量，还能及时淘汰产能低的群体，减少饲养成本。肉鸡养殖场养殖档案的主要内容有：生产记录，饲料、饲料添加剂和兽药使用记录，消毒记录，免疫记录，诊疗记录，防疫监测记录和病死肉鸡无害化处理记录，共计 7 本，详见表 10-10 至表 10-16。

表 10-10 生产记录（按日或变动记录）

圈舍号	时 间	出 生	变动情况（数量）			存栏数	备 注
			调 入	调 出	死 淘		

注：①圈舍号：填写畜禽饲养的圈、舍、栏的编号或名称。不分圈、舍、栏的此栏不填。

②时间：填写出生、调入、调出和死淘的时间。

③变动情况（数量）：填写出生、调入、调出和死淘的数量。调入的需要在备注栏注明动物检疫
合格证明编号，并将检疫证明原件粘贴在记录背面。调出的需要在备注栏注明详细的去向。
死亡的需要在备注栏注明死亡和淘汰的原因。

④存栏数：填写存栏总数，为上次存栏数和变动数量之和。

表 10-11 饲料、饲料添加剂和兽药使用记录

开始使用时间	投入产品名称	生产厂家	批号或加工日期	用 量	停止使用时间	备 注

注：①养殖场外购入的饲料应在"备注"栏注明原料组成。

②养殖场自己加工的饲料，在"生产厂家"栏填写"自加工"，并在"备注"栏写明使用的药物
饲料添加剂的详细成分。

表 10-12　消毒记录

日　　期	消毒场所	消毒药名称	用药剂量	消毒方法	操作员签字

注：①时间：填写实施消毒的时间。

②消毒场所：填写圈舍、人员出入通道和附属设施等场所。

③消毒药名称：填写消毒药的化学名称。

④用药剂量：填写消毒药的使用量和使用浓度。

⑤消毒方法：填写熏蒸、喷洒、浸泡、焚烧等。

表 10-13　免疫记录

时　间	圈　舍	存栏数量	免疫数量	疫苗名称	疫苗生产厂	批　号（有效期）	免疫方法	免疫剂量	免疫人员	备　注

注：①时间：填写实施免疫的时间。

②圈舍号：填写动物饲养的圈、舍、栏的编号或名称。不分圈、舍、栏的此栏不填。

③批号：填写疫苗的批号。

④数量：填写同批次免疫畜禽的数量，单位为头、只。

⑤免疫方法：填写免疫的具体方法，如喷雾、饮水、滴鼻点眼、注射部位等方法。

⑥备注：记录本次免疫中未免疫动物的耳标号。

表 10-14　诊疗记录

时　间	畜禽标识编码	圈舍号	日　龄	发病数	病　因	诊疗人员	用药名称	用药方法	诊疗结果

注：①畜禽标识编码：填写15位畜禽标识编码中的标识顺序号，按批次统一填写。猪、牛、羊以外的畜禽养殖场此栏不填。

②圈舍号：填写动物饲养的圈、舍、栏的编号或名称。不分圈、舍、栏的此栏不填。

③诊疗人员：填写做出诊断结果的单位，如某某动物疫病预防控制中心。执业兽医填写执业兽医的姓名。

④用药名称：填写使用药物的名称。

⑤用药方法：填写药物使用的具体方法，如口服、肌内注射、静脉注射等。

表 10-15　防疫监测记录

采样日期	圈舍号	采样数量	监测项目	监测单位	监测结果	处理情况	备　注

注：①圈舍号：填写动物饲养的圈、舍、栏的编号或名称。不分圈、舍、栏的此栏不填。

②监测项目：填写具体的内容如布氏杆菌病监测、口蹄疫免疫抗体监测。

③监测单位：填写实施监测的单位名称，如：某某动物疫病预防控制中心。企业自行监测的填写自检。企业委托社会检测机构监测的填写受委托机构的名称。

④监测结果：填写具体的监测结果，如阴性、阳性、抗体效价数等。

⑤处理情况：填写针对监测结果对畜禽采取的处理方法。如针对结核病监测阳性牛的处理情况，可填写为对阳性牛全部予以扑杀。针对抗体效价低于正常保护水平，可填写为对畜禽进行重新免疫。

表 10-16　病死肉鸡无害化处理记录

日　期	数　量	处理或死亡原因	畜禽标识编码	处理方法	处理单位（或责任人）	备　注

注：①日期：填写病死肉鸡无害化处理的日期。

②数量：填写同批次处理的病死畜禽的数量，单位为头、只。

③处理或死亡原因：填写实施无害化处理的原因，如染疫、正常死亡、死因不明等。

④畜禽标识编码：填写 15 位畜禽标识编码中的标识顺序号，按批次统一填写。猪、牛、羊以外的畜禽养殖场此栏不填。

⑤处理方法：填写《畜禽病害肉尸及其产品无害化处理规程》GB 16548 规定的无害化处理方法。

⑥处理单位：委托无害化处理场实施无害化处理的填写处理单位名称；由本厂自行实施无害化处理的由实施无害化处理的人员签字。

附　　录

附录一　肉鸡养殖相关政策法规、
行业标准及惠民政策

近年来，随着畜牧兽医法律法规不断完善，我国畜牧业的发展越来越规范化和法规化。不断完善的畜牧兽医法律法规有利于进一步加快推进现代畜牧业的发展，有利于实现畜牧业发展，由依靠企业自律和行政手段管理向依靠行政、经济和法律手段共同管理转变的客观要求，有利于树立科学发展观来切实解决畜牧业发展中面临的新问题和促进农业增效和农民增收，也有利于推进依法治国方略的实施、强化依法行政、依法管理，为肉鸡事业的健康发展创造更加有利的法制环境。

一、行业政策法规

1.《中华人民共和国畜牧法》

为了规范畜牧业生产经营行为，保障畜禽产品质量安全，保护和合理利用畜禽遗传资源，维护畜牧业生产经营者的合法权益，促进畜牧业持续健康发展而制定的畜牧法规。在中华人民共和国境内从事畜禽的遗传资源保护利用、繁育、饲养、经营、运输等活动必须遵守《中华人民共和国畜牧法》。

2.《中华人民共和国动物防疫法》

为了加强对动物防疫活动的管理，预防、控制和扑灭动物疫病，促进养殖业发展，保护人体健康，维护公共卫生安全而制定的法规。本法适用于在中华人民共和国领域内的动物防疫及其监督管理活动。

3.《中华人民共和国农产品质量安全法》

为保障农产品质量符合保障人的健康和安全的要求，维护公众健康，促进农业和农村经济发展而制定的法规。

4.《畜禽标识和养殖档案管理办法》

为了规范畜牧业生产经营行为，加强畜禽标识和养殖档案管理，建立畜禽及畜禽产品可追溯制度，有效防控重大动物疫病，保障畜禽产品质量安全而制定的管理办法。在中华人民共和国境内从事畜禽及畜禽产品生产、经营、运输等活动，应当遵守本办法。

5.《兽药管理条例》

为了加强兽药管理，保证兽药质量，防治动物疾病，促进养殖业的发展，维护人体健康而制定的管理条例。在中华人民共和国境内从事兽药的研制、生产、经营、进出口、使用和监督管理，应当遵守本条例。

6.《兽用生物制品经营管理办法》

为了加强兽用生物制品经营管理，保证兽用生物制品质量，根据《兽药管理条例》而制定的管理办法。在中华人民共和国境内从事兽用生物制品的分发、经营和监督管理，应当遵守本办法。

7.《兽用处方药和非处方药管理办法》

国家对兽药实行分类管理，根据兽药的安全性和使用风险程度，将兽药分为兽用处方药和非处方药。为加强兽药监督管理兽医临床合理用药，保障动物产品安全，根据《兽药管理条例》而制定的管理办法。

8.《饲料和饲料添加剂管理条例》

为了加强对饲料、饲料添加剂的管理，提高饲料、饲料添加剂的质量，保障动物产品质量安全，维护公众健康而制定的饲料和饲料添加剂管理条例。

9.《畜禽规模养殖污染防治条例》

为了防治畜禽养殖污染，推进畜禽养殖废弃物的综合利用和无害化处理，保护和改善环境，保障公众身体健康，促进畜牧业持续健康发展而制定本条例。

10.《执业兽医管理办法（农业部令第 18 号）》

为了规范执业兽医执业行为，提高执业兽医业务素质和职业道德水平，保障执业兽医合法权益，保护动物健康和公共卫生安全，根据《中华人民共和国动物防疫法》而制定的执业兽医管理办法。在中华人民共和国境内从事动物诊疗和动物保健活动的兽医人员适用本办法。

11.《允许使用的饲料添加剂品种目录（农业部公告第 105 号）》

为加强饲料添加剂的管理，根据《饲料和饲料添加剂管理条例》的规定，农业部制定《允许使用的饲料添加剂品种目录》，并给予公布。

12.《饲料药物添加剂使用规范（农业部公告第 168 号）》

为加强兽药的使用管理，进一步规范和指导饲料药物添加剂的合理使用，防止滥用饲料药物添加剂，根据《兽药管理条例》的规定，发布的《饲料药物添加剂使用规范》。

13.《中华人民共和国农业部公告第 278 号》

为加强兽药使用管理，保证动物性产品质量安全，根据《兽药管理条例》规定，农业部组织制订了兽药国家标准和专业标准中部分品种的停药期规定，并确定了部分不需制订停药期规定的品种而发布的第 278 号公告。

14.《废止兽药质量标准目录（农业部公告第 1845 号）》

为保证兽药安全有效和动物产品安全，根据《兽药管理条例》规定，农业部组织开展了部分兽药品种的安全评价工作。经研究决定，现将质量不可控、毒副作用大、制剂产品生产无原料药合法来源、长期未生产、兽医临床使用量小且已有替代产品、国家重点保护动物药材及可归属饲料添加剂管理的 109 个品种列入《废止兽药质量标准目录》。

二、国家和农业行业标准

1.《无公害食品 肉鸡饲养管理准则》

本标准规定了无公害食品肉鸡的饲养管理条件，包括产地环境、引种来源、大气环境质量、水质量、禽舍环境、饲料、兽药、免疫、消毒、饲养管理、废弃物处理、生产记录、出栏和检验，适用于肉用仔鸡、优质肉鸡及地方土杂鸡的饲养。

2.《无公害食品 畜禽饮用水水质》

本标准规定了生产无公害畜禽产品过程中畜禽饮用水水质的要求和检测方法，适用于生产无公害畜禽产品过程中畜禽饮用水水质的要求。

3.《无公害食品 肉鸡饲养饲料使用准则》

本标准规定了生产无公害肉鸡所需的配合饲料、浓缩饲料、添加剂预混合饲料、饲料原料、饲料添加剂的使用要求，以及饲料加工过程、饲料包装、贮存和运输的基本准则。本标准适用于生产无公害肉鸡所需的商品配合饲料、浓缩饲料、添加剂预混合饲料、饲料原料、饲料添加剂和生产无公害肉鸡的养殖场自配饲料。

4.《无公害食品 肉鸡饲养兽药使用准则》

本标准规定了无公害食品肉鸡饲养中兽药的使用准则，允许使用的兽药品种、剂型、用法与用量及休药期。本标准适用于无公害食品肉鸡的生产、管理和认证。

5.《无公害食品 肉鸡饲养兽医防疫准则》

本标准规定了生产无公害食品的肉鸡场在疫病预防、监测、控制和扑灭方面的兽医防疫准则，适用于生产无公害食品肉鸡场的卫生防疫。

6.《商品肉鸡生产技术规程》

本标准规定了商品肉鸡全程饲养的生产技术规程，包括饲养管理、卫生防疫、药物残留控制、环境保护等方面。适用于大型现代快大型商品肉鸡饲养企业和中小型商品肉鸡专业饲养场。

7.《高致病性禽流感疫情处置技术规范》

为进一步加强高致病性禽流感防控工作，规范疫情处置措施，根据我国有关规定，按照"早、快、严"原则，特制定本规范。

8.《病害动物和病害动物产品生物安全处理规程》

本标准规定了病害动物和病害动物产品的销毁、无害化处理的技术要求，适用于国家规定的染疫动物及其产品、病死毒死或者死因不明的动物尸体、经检验对人畜健康有危害的动物和病害动物产品、国家规定的其他应该进行生物处理的动物和动物产品。

9.《畜禽粪便无害化处理技术规范》

本标准规定了畜禽粪便无害化处理设施的选址、场区布局、处理技术、卫生学控制指标及污染物监测和污染防治的技术要求，适用于规模化养殖场、养殖小区和畜禽粪便处理场。

10.《畜禽场环境质量标准》

为贯彻《中华人民共和国环境保护法》和《中华人民共和国环境保护标准管理办法》，保护畜禽场与其周围环境，保证畜禽产品质量，保障人民群众健康，促进畜牧业可持续发展，特制定本标准。

本标准包含畜禽场必要的空气环境、生态环境质量标准和畜禽饮用水水质标准的 3 部分内容。本标准适用于畜禽场环境质量的监督、检验、测试、管理、建设项目的环境影响评价及畜禽场环境质量的评估。

11.《畜禽养殖业污染物排放标准》

本标准按集约化畜禽养殖业的不同规模分别规定了水污染物、恶臭气体的最高允许日均排放浓度、最高允许排水量和畜禽养殖业废渣无害化环境标准，适用于全国集约化畜禽养殖场和养殖区污染物的排放管理，以及这些建设项目环境影响评价、环境保护设施设计、竣工验收及其投产后的排放管理。

12.《畜禽产地检疫规范》

本标准规定了畜禽产地检疫内容和临床健康检查的技术规范，适用于离开饲养产地之前的畜禽检疫。

三、惠民政策

为了促进和支持肉鸡产业的持续健康发展，保护肉鸡养殖者的利益，国家和地方政府出台了许多肉鸡养殖惠民政策。

1. 政策性肉鸡养殖保险

为了减少肉鸡养殖风险，不同地方政府出台了相应的政策性肉鸡养殖险种，如《江苏省政策性农业保险肉鸡养殖保险条款》。在政府补贴下，肉鸡养殖户缴纳少量保险费，与保险公司签订合同，就可把不可预料的农业风险损失转嫁出去，形成一种现实的互助性风险保障。

2. 农机补贴

农业部和财政部每年会发布《农业机械购置补贴实施指导意见》，各级地方政府据此出台相应的农业机械购置补贴政策，对肉鸡养殖所需的饲养设备（如孵化器、喂料设备和水帘降温设备等）和相关设备实施购置补贴。

3. 动物防疫补贴政策

国家实施《全国动物防疫体系建设规划》，初步形成了覆盖全国的中央、省、县、乡四级防疫网络，出台了动物防疫强制免疫补助、强制扑杀补贴和基层动物防疫工作补助政策。

（1）重大动物疫病强制免疫补助政策　国家对高致病性禽流感、口蹄疫、高致病性猪蓝耳病、猪瘟等重大动物疫病实行强制免疫政策。疫苗经费由中央财政和地方财政共同按比例分担，养殖场（户）无须支付强制免疫疫苗费用。

（2）扑杀补贴政策　国家对高致病性禽流感、口蹄疫、高致病性猪蓝耳病、小反刍兽疫发病动物及同群动物和布鲁氏菌病、结核病阳性奶牛实施强制扑杀。对因重大动物疫病扑杀畜禽给养殖者造成的损失予以补贴，补贴经费由中央财政和地方财政共同承担。

（3）基层动物防疫工作补助政策　为支持基层动物防疫工作，中央财政对基层动物防疫工作实行经费补助。补助经费用于对村级防疫员承担的为畜禽实施强制免疫等基层动物防疫工作经费的劳务补助。

4. 农业用电　国家农业用电政策规定，家禽饲养的用电享受农业用电优惠。

5. 其他优惠政策　地方政府为了鼓励和支持肉鸡事业，制定了相关的优惠政策。

不同地区的优惠政策包含：新建商品肉鸡场的养殖设备、新建商品鸡场及其道路、通讯、土地平整、水电、治污等鸡场基础设施建设费用享受地方相关规定的优惠政策；享受农业用地优惠政策；项目投产后，奖励增值税地方留存部分；地方政策性资金补助；项目在建设期间，免收或少收基础设施配套费、地方行政性、事业性、经营服务性收费，包括投资建设期间的耕地占用税、土地使用税、契税及所建房屋办理产权证涉及的所有税费；免收地方政府有权免收的其他规费；政府其他招商引资优惠政策。

附录二 中华人民共和国农业行业标准
肉鸡标准化养殖 (NY/T 2666—2014)

一、肉鸡标准化养殖场

1 范围

本标准规定了肉鸡标准化养殖场的基本要求、选址和布局、生产设施与设备、管理与防疫、废弃物处理和生产水平等内容。

本标准适用于商品肉鸡规模养殖场的标准化生产。

2 规范性引用文件

下列文件对于本文件的应用是必不可少的。凡是注日期的引用文件，仅所注日期的版本适用于本文件。凡是不注日期的引用文件，其最新版本（包括所有的修改单）适用于本文件。

GB 16548 畜禽病害肉尸及其产品无害化处理规程

GB 16549 畜禽产地检疫规范

GB 18596 畜禽养殖业污染物排放标准

GB/T 19664 商品肉鸡生产技术规程

NY/T 682 畜禽场场区设计技术规范

NY/T 1168 畜禽粪便无害化处理技术规范

NY/T 1566 标准化肉鸡养殖场建设规范

NY/T 1871 黄羽肉鸡饲养管理技术规程

NY 5027 无公害食品畜禽饮用水水质

中华人民共和国畜牧法（中华人民共和国主席令第 45 号）

畜禽标识和养殖档案管理办法（中华人民共和国农业部令第 67 号）

饲料药物添加剂使用规范（中华人民共和国农业部公告第 168 号）

中华人民共和国兽药典（中华人民共和国农业部公告第 1521 号）

饲料原料目录（中华人民共和国农业部公告第 1773 号）

3 基本要求

3.1 场址不应位于《中华人民共和国畜牧法》规定的禁止区域，并符合相关法律、法规及土地利用规划。

3.2 具有《动物防疫条件合格证》。

3.3 在县级人民政府畜牧兽医行政主管部门备案。

3.4 单栋存栏 5 000 只以上，年出栏白羽肉鸡 10 万只或黄羽肉鸡 5 万只以上。

4 选址和布局

4.1 距离生活饮用水源地、居民区、畜禽屠宰加工、交易场所和主要交通干线 500 米以上，其他畜禽养殖场 1 000 米以上。

4.2 选址地势高燥，背风向阳，通风良好，远离噪声。

4.3 场区有稳定水源及电力供应，水质符合 NY 5027 的规定。

4.4 场区主要路面须硬化。净道、污道严格分开。

4.5 场区周围有防疫隔离设施，区域间有消毒设施，并有明显的防疫标识。

4.6 场区布局应符合 NY/T 1566 和 NY/T 682 的规定，生活区、生产区严格分开，并具有有效隔离。

5 生产设施和设备

5.1 鸡舍建筑基本要求和舍内环境参数符合 NY/T 1566 的规定。鸡舍具有防鼠、防鸟等设施设备。

5.2 鸡舍配备通风换气、升温和降温、光照等环境控制设备，具备饮水和加料系统，建有储料罐或储料库。

5.3 场区门口、生产区入口和鸡舍门口应设有消毒设施，生产区入口同时设有更衣消毒室。

5.4 场内和舍内应有消毒设备。

5.5 配备药品储备室和专门的解剖室及设施设备。

5.6 具备应急条件下的电源及饮水供应设备。

6 管理与防疫

6.1 饲养单一类型的品种，采取全进全出制饲养方式。

6.2 饲养密度合理，符合所养殖品种的要求。

6.3 制定生产管理、防疫消毒、兽药和饲料使用、人员管理等各项制度并公示。

6.4 兽药、饲料药物添加剂、消毒剂等的使用符合《中华人民共和国兽药典》和《饲料药物添加剂使用规范》的规定。

6.5 饲养管理操作技术规程应符合 GB/T 19664 和 NY/T 1871 的要求。

6.6 免疫程序的制定须有专业兽医资格的兽医认可。

6.7 按照《畜禽标识和养殖档案管理办法》的要求建立养殖档案。建立员工培训档案。建立设备使用、维护档案。

6.8 具备 1 名以上畜牧兽医专业的技术人员，或有专业技术人员提供稳定的技术服务。

6.9 雏鸡应来源于具有《种畜禽生产经营许可证》的种鸡场；并保留种畜禽生产经营许可证复印件、动物检疫合格证和车辆消毒证明。

6.10 出栏肉鸡检疫符合 GB 16549 的要求。

7 废弃物处理

7.1 有固定的防雨、防渗漏、防溢流鸡粪储存场所，鸡粪应发酵或经其他无害化处理，鸡粪的贮存和处理需符合 NY/T 1168 的规定，排放须符合 GB 18596 的规定。

7.2 所有病死鸡采取焚烧或深埋等方式进行无害化处理，处理规程需符合 GB 16548 的规定。

7.3 场区整洁，垃圾合理收集、及时清理。

8 生产水平

8.1 成活率　年平均出栏肉鸡成活率≥90%。

8.2 料肉比

50 日龄内出栏的白羽肉鸡：年平均出栏肉鸡的料肉比≤2。

60 日龄内出栏的快大型黄羽肉鸡：年平均出栏肉鸡的料肉比≤2.4。

61～90 日龄内出栏的中速型黄羽肉鸡：年平均出栏肉鸡的料肉比≤2.8。

二、肉鸡标准化示范场验收评分标准

肉鸡标准化示范场验收评分标准，见附表 1。

附表 1　肉鸡标准化示范场验收评分标准

申请验收单位：		验收时间：　　年　　月　　日
必备条件（任一项不符合不得验收）	1. 场址不得位于《中华人民共和国畜牧法》明令禁止区域，并符合相关法律法规及区域内土地使用规划	可以验收□ 不予验收□
	2. 具备县级以上畜牧兽医部门颁发的《动物防疫条件合格证》，2 年内无重大疫病和产品质量安全事件发生	
	3. 具有县级以上畜牧兽医行政主管部门备案登记证明；按照农业部《畜禽标识和养殖档案管理办法》要求，建立养殖档案	
	4. 单栋饲养量 5000 只以上，年出栏量 15 万只以上	

续附表 1

项　目	验收内容	评分标准及分值	满分	得分	扣分原因
（一）选址和布局（20分）	1. 选址（5分）	距离生活饮用水源地、居民区和主要交通干线、其他畜禽养殖场及畜禽屠宰加工、交易场所500米以上。得3分，否则不得分	3		
		地势高燥，背风向阳，通风良好，远离噪声。得2分，否则不得分	2		
	2. 基础条件（5分）	有稳定水源及电力供应，得1分；有水质检验报告，得1分	2		
		交通便利，场区主要路面硬化，得2分；部分道路硬化得1分	2		
		养殖场周围有防疫隔离措施，并有明显的防疫标识，得1分；起不到防疫隔离效果的不得分	1		
	3. 场区布局（4分）	生产区、生活区、辅助生产区、废污处理区分开，且布局合理。粪便污水处理设施和尸体焚烧炉处于生产区、生活区的常年主导风向的下风向或侧风向处。存在不合理的地方，每处扣1分，扣完为止	4		
	4. 净道与污道（2分）	净道、污道严格分开，未区分，或在场内有交叉，不得分	2		
	5. 饲养工艺（4分）	采取按区全进全出模式，得2分，采取按栋全进全出模式，得1分；饲养单一品种得2分，饲养2种及以上品种得1分。不同品种同栋混养此项不得分	4		

续附表 1

项　目	验收内容	评分标准及分值	满分	得分	扣分原因
（二）生产设施（30）	1. 鸡舍建筑（5分）	鸡舍建筑牢固，能够保温，结构抗自然灾害（雨雪等）的能力；封闭式、半封闭式得3分，开放式得1分，简易鸡舍不得分	3		
		具有完善的防鼠、防鸟等设施设备，得2分，不完善的，得1分；鸡舍内发现其他动物，不得分	2		
	2. 饲养密度（2分）	饲养密度合理，符合所养殖品种的要求，白鸡出栏体重25～30千克/米²，快速型黄鸡20～25千克/米²，其他品种符合本品种要求。符合得分，不符合不得分	2		
	3. 消毒设施（8分）	场区门口设有消毒池，得2分，没有不得分	2		
		鸡舍门口设有消毒盆，得2分；除空舍外，没有或缺少不得分	2		
		场区内备有消毒泵，得2分，没有不得分	2		
		养鸡场人员入口处有更衣消毒室（含衣柜）、淋浴洗澡室、换衣室（含衣柜），得2分，有缺少的扣0.5～1分	2		
	4. 饲养设备（10分）	有鸡舍通风以及湿帘等降温设备，得2分；部分安装扣1～2分，通风不合理不得分	2		
		有储料罐或储料库，得2分；条件简陋得1分，没有不得分	2		
		鸡舍配备光照系统，得2分；没有不得分	2		
		鸡舍配备自动饮水系统，没有或混用不得分	2		
		鸡舍配备自动加料系统，得2分，不全扣1～2分	2		

续附表 1

项　目	验收内容	评分标准及分值	满分	得分	扣分原因
（二）生产设施（30）	5. 辅助设施（5分）	有专门的解剖室和必要的解剖设备，并有运输病死鸡的密闭设备；没有固定的解剖室不得分，无解剖设备扣2分，无密闭设备扣1分	3		
		药品储备室有必要的药品、疫苗储藏设备。有违禁药品不得分，无固定药品储备室不得分，无疫苗储藏设备不得分，药品随意堆放扣1分	2		
（三）管理及防疫（30分）	1. 制度建设（3分）	有生产管理、防疫消毒、投入品管理、人员管理等各项制度，并上墙，得3分；未上墙扣2分，缺1项扣1分，扣完为止	3		
	2. 操作规程（5分）	饲养管理操作技术规程合理，并执行良好，得3分；有不合理之处，每处扣1分，扣完为止	3		
		免疫程序合理，并执行良好；不合理或未严格执行，扣2分	2		
	3. 档案管理（16分）	2年内，或建场以来的饲养品种、来源、数量、日龄等情况记录完整，有但不全，扣1～2分	2		
		2年内，或建场以来的饲料、饲料添加剂、兽药等来源与使用记录清楚，有但不全，扣2～3分	3		
		2年内，或建场以来的免疫、消毒、发病、诊疗、死亡鸡无害化处理记录，有但不全，扣2～4分	4		
		2年内，或建场以来的完整的生产记录，包括日死淘、饲料消耗等，有但不全，扣2～4分	4		
		2年内，或建场以来的出栏记录，包括数量和去处，有但不全，扣1～3分	3		

续附表 1

项 目	验收内容	评分标准及分值	满分	得分	扣分原因
（三）管理及防疫（30分）	4. 从业人员（2分）	有1名以上经过畜牧兽医专业知识培训的技术人员，持证上岗，得2分，否则不得分	2		
	5. 引种来源（4分）	所饲养的肉鸡均从有《种畜禽生产经营许可证》的合格种鸡场引种，得3分，否则不得分；进鸡时的种畜禽生产经营许可证复印件、动物检疫合格证和车辆消毒证明保留完好，得1分	4		
（四）环保要求（12分）	1. 粪污处理（5分）	有固定的鸡粪储存场所和设施，储粪场有防雨、防渗漏、防溢流措施。设施不全的扣2～3分	3		
		有鸡粪发酵或其他处理设施，或采用农牧结合良性循环措施。有不足之处扣1～2分	2		
	3. 病死鸡无害化处理（5分）	配备焚尸炉或化尸炉等病死鸡无害化处理设施，得3分	3		
		有病死鸡无害化处理使用记录，得2分	2		
	4. 环境卫生（2分）	垃圾集中堆放处理，位置合理，场区无杂物堆放，无死禽、鸡毛等污染物，得2分	2		
（五）生产水平（8分）	1. 成活率	最近3批平均数≥95%得4分，每降低1个百分点扣1分，扣完为止	4		

续附表1

项　目	验收内容	评分标准及分值	满分	得分	扣分原因
（五）生产水平（8分）	2. 饲料转化率（料肉比）	最近3批平均数 白鸡：≤2.0，得4分，每提高0.05，扣1分，扣完为止； 快大黄鸡（60天内出栏）：≤2.2，得4分，每提高0.1，扣1分，扣完为止； 中速黄鸡（61～90天内出栏）：≤2.6，得4分，每提高0.1，扣1分，扣完为止	4		
合计得分			100		

注：①分阶为0.5分。

②饲养密度：所述指标为常规值，供参考。如设备性能优越，管理水平高，饲养密度可以适当提高，反则应适度降低。饲养周期较长的鸡，也应适度降低饲养密度。白鸡：25～30千克/米²；快大黄鸡：20～25千克/米²；是指每平方米有效饲养面积所承载的最终出栏体重。

③饲料转化率（料肉比）指标中的出栏天数是指所饲养品种规定的正常出栏天数。

④生产性能水平的考核应以最近（1年内）连续3批出栏鸡的平均数为准，如果生产记录不全或饲养批数不足，此项不得分。

附录三　兽药管理条例

第一章　总　则

第一条　为了加强兽药管理，保证兽药质量，防治动物疾病，促进养殖业的发展，维护人体健康，制定本条例。

第二条　在中华人民共和国境内从事兽药的研制、生产、经营、进出口、使用和监督管理，应当遵守本条例。

第三条　国务院兽医行政管理部门负责全国的兽药监督管理工作。

县级以上地方人民政府兽医行政管理部门负责本行政区域内的兽药监督管理工作。

第四条　国家实行兽用处方药和非处方药分类管理制度。兽用处方药和非处方药分类管理的办法和具体实施步骤，由国务院兽医行政管理部门规定。

第五条　国家实行兽药储备制度。

发生重大动物疫情、灾情或者其他突发事件时，国务院兽医行政管理部门可以紧急调用国家储备的兽药；必要时，也可以调用国家储备以外的兽药。

第二章　新兽药研制

第六条　国家鼓励研制新兽药，依法保护研制者的合法权益。

第七条　研制新兽药，应当具有与研制相适应的场所、仪器设备、专业技术人员、安全管理规范和措施。

研制新兽药，应当进行安全性评价。从事兽药安全性评价的单位，应当经国务院兽医行政管理部门认定，并遵守兽药非临床研究质量管理规范和兽药临床试验质量管理规范。

第八条　研制新兽药，应当在临床试验前向省、自治区、直辖市人民政府兽医行政管理部门提出申请，并附具该新兽药实验室阶段安全性评价报告及其他临床前研究资料；省、自治区、直辖市人民政府兽医行政管理部门应当自收到申请之日起 60 个工作日内将审查结果书面通知申请人。

研制的新兽药属于生物制品的，应当在临床试验前向国务院兽医行政管理部门提出申请，国务院兽医行政管理部门应当自收到申请之日起 60 个工作日内将审查结果书面通知申请人。

研制新兽药需要使用一类病原微生物的，还应当具备国务院兽医行政管理部门规定的条件，并在实验室阶段前报国务院兽医行政管理部门批准。

第九条　临床试验完成后，新兽药研制者向国务院兽医行政管理部门提出新兽药注册申请时，应当提交该新兽药的样品和下列资料：

（1）名称、主要成分、理化性质；

（2）研制方法、生产工艺、质量标准和检测方法；

（3）药理和毒理试验结果、临床试验报告和稳定性试验报告；

（4）环境影响报告和污染防治措施。

研制的新兽药属于生物制品的，还应当提供菌（毒、虫）种、细胞等有关材料和资料。菌（毒、虫）种、细胞由国务院兽医行政管理部门指定的机构保藏。

研制用于食用动物的新兽药，还应当按照国务院兽医行政管理部门的规定进行兽药残留试验并提供休药期、最高残留限量标准、残留检测方法及其制定依据等资料。

国务院兽医行政管理部门应当自收到申请之日起 10 个工作日内，将决定受理的新兽药资料送其设立的兽药评审机构进行评审，将新兽药样品送其指定的检验机构复核检验，并自收到评审和复核检验结论之日起 60 个工作日内完成审查。审查合格的，发给新兽药注册证书，并发布该兽药的质量标准；不合格的，应当书面通知申请人。

第十条　国家对依法获得注册的、含有新化合物的兽药的申请人提交的其自己所取得且未披露的试验数据和其他数据实施保护。

自注册之日起 6 年内，对其他申请人未经已获得注册兽药的申请人同意，使用前款规定的数据申请兽药注册的，兽药注册机关不予注册；但是，其他申请人提交其自己所取得的数据的除外。

除下列情况外，兽药注册机关不得披露本条第一款规定的数据：

（1）公共利益需要；

（2）已采取措施确保该类信息不会被不正当地进行商业使用。

第三章　兽药生产

第十一条　设立兽药生产企业，应当符合国家兽药行业发展规划和产业政策，并具备下列条件：

（1）与所生产的兽药相适应的兽医学、药学或者相关专业的技术人员；

（2）与所生产的兽药相适应的厂房、设施；

（3）与所生产的兽药相适应的兽药质量管理和质量检验的机构、人员、仪器设备；

（4）符合安全、卫生要求的生产环境；

（5）兽药生产质量管理规范规定的其他生产条件。

符合前款规定条件的，申请人方可向省、自治区、直辖市人民政府兽医行政管理部门提出申请，并附具符合前款规定条件的证明材料；省、自治区、直辖市人民政府兽医行政管理部门应当自收到申请之日起 20 个工作日内，将审核意见和有关材料报送国务院兽医行政管理部门。

国务院兽医行政管理部门，应当自收到审核意见和有关材料之日起 40 个工作日内完成审查。经审查合格的，发给兽药生产许可证；不合格的，应当书面通知申请人。申请人凭兽药生产许可证办理工商登记手续。

第十二条　兽药生产许可证应当载明生产范围、生产地点、有效期和法定代表人姓名、住址等事项。

兽药生产许可证有效期为 5 年。有效期届满，需要继续生产兽药的，应当在许可证有效期届满前 6 个月到原发证机关申请换发兽药生产许可证。

第十三条　兽药生产企业变更生产范围、生产地点的，应当依照本条例第十一条的规定申请换发兽药生产许可证，申请人凭换发的兽药生产许可证办理工商变更登记手续；变更企业名称、法定代表人的，应当在办理工商变更登记手续后 15 个工作日内，到原发证机关申请换发兽药生产许可证。

第十四条 兽药生产企业应当按照国务院兽医行政管理部门制定的兽药生产质量管理规范组织生产。

国务院兽医行政管理部门，应当对兽药生产企业是否符合兽药生产质量管理规范的要求进行监督检查，并公布检查结果。

第十五条 兽药生产企业生产兽药，应当取得国务院兽医行政管理部门核发的产品批准文号，产品批准文号的有效期为 5 年。兽药产品批准文号的核发办法由国务院兽医行政管理部门制定。

第十六条 兽药生产企业应当按照兽药国家标准和国务院兽医行政管理部门批准的生产工艺进行生产。兽药生产企业改变影响兽药质量的生产工艺的，应当报原批准部门审核批准。

兽药生产企业应当建立生产记录，生产记录应当完整、准确。

第十七条 生产兽药所需的原料、辅料，应当符合国家标准或者所生产兽药的质量要求。

直接接触兽药的包装材料和容器应当符合药用要求。

第十八条 兽药出厂前应当经过质量检验，不符合质量标准的不得出厂。

兽药出厂应当附有产品质量合格证。

禁止生产假、劣兽药。

第十九条 兽药生产企业生产的每批兽用生物制品，在出厂前应当由国务院兽医行政管理部门指定的检验机构审查核对，并在必要时进行抽查检验；未经审查核对或者抽查检验不合格的，不得销售。

强制免疫所需兽用生物制品，由国务院兽医行政管理部门指定的企业生产。

第二十条 兽药包装应当按照规定印有或者贴有标签，附具说明书，并在显著位置注明"兽用"字样。

兽药的标签和说明书经国务院兽医行政管理部门批准并公布后，方可使用。

兽药的标签或者说明书，应当以中文注明兽药的通用名称、成分及其含量、规格、生产企业、产品批准文号（进口兽药注册证号）、产品批号、生产日期、有效期、适应证或者功能主治、用法、用量、休药期、禁忌、不良反应、注意事项、运输贮存保管条件及其他应当说明的内容。有商品名称的，还应当注明商品名称。

除前款规定的内容外，兽用处方药的标签或者说明书还应当印有国务院兽医行政管理部门规定的警示内容，其中兽用麻醉药品、精神药品、毒性药品和放射性药品还应当印有国务院兽医行政管理部门规定的特殊标志；兽用非处方药的标签或者说明书还应当印有国务院兽医行政管理部门规定的非处方药标志。

第二十一条　国务院兽医行政管理部门，根据保证动物产品质量安全和人体健康的需要，可以对新兽药设立不超过 5 年的监测期；在监测期内，不得批准其他企业生产或者进口该新兽药。生产企业应当在监测期内收集该新兽药的疗效、不良反应等资料，并及时报送国务院兽医行政管理部门。

第四章　兽药经营

第二十二条　经营兽药的企业，应当具备下列条件：

（1）与所经营的兽药相适应的兽药技术人员；

（2）与所经营的兽药相适应的营业场所、设备、仓库设施；

（3）与所经营的兽药相适应的质量管理机构或者人员；

（4）兽药经营质量管理规范规定的其他经营条件。

符合前款规定条件的，申请人方可向市、县人民政府兽医行政管理部门提出申请，并附具符合前款规定条件的证明材料；经营兽用生物制品的，应当向省、自治区、直辖市人民政府兽医行政管理部门提出申请，并附具符合前款规定条件的证明材料。

县级以上地方人民政府兽医行政管理部门，应当自收到申请之日起 30 个工作日内完成审查。审查合格的，发给兽药经营许可证；不合格的，应当书面通知申请人。申请人凭兽药经营许可证办理工商登记手续。

第二十三条　兽药经营许可证应当载明经营范围、经营地点、有效期和法定代表人姓名、住址等事项。

兽药经营许可证有效期为 5 年。有效期届满，需要继续经营兽药的，应当在许可证有效期届满前 6 个月到原发证机关申请换发兽药经营许可证。

第二十四条　兽药经营企业变更经营范围、经营地点的，应当依照本条例第二十二条的规定申请换发兽药经营许可证，申请人凭换发的兽药经营许可证办理工商变更登记手续；变更企业名称、法定代表人的，应当在办理工商变更登记手续后 15 个工作日内，到原发证机关申请换发兽药经营许可证。

第二十五条　兽药经营企业，应当遵守国务院兽医行政管理部门制定的兽药经营质量管理规范。

县级以上地方人民政府兽医行政管理部门，应当对兽药经营企业是否符合兽药经营质量管理规范的要求进行监督检查，并公布检查结果。

第二十六条　兽药经营企业购进兽药，应当将兽药产品与产品标签或者说明书、产品质量合格证核对无误。

第二十七条　兽药经营企业，应当向购买者说明兽药的功能主治、用法、用量和注意事项。销售兽用处方药的，应当遵守兽用处方药管理办法。

兽药经营企业销售兽用中药材的，应当注明产地。

禁止兽药经营企业经营人用药品和假、劣兽药。

第二十八条　兽药经营企业购销兽药，应当建立购销记录。购销记录应当载明兽药的商品名称、通用名称、剂型、规格、批号、有效期、生产厂商、购销单位、购销数量、购销日期和国务院兽医行政管理部门规定的其他事项。

第二十九条　兽药经营企业，应当建立兽药保管制度，采取必要的冷藏、防冻、防潮、防虫、防鼠等措施，保持所经营兽药的质量。

兽药入库、出库，应当执行检查验收制度，并有准确记录。

第三十条　强制免疫所需兽用生物制品的经营，应当符合国务院兽医行政管理部门的规定。

第三十一条　兽药广告的内容应当与兽药说明书内容相一致，在全国重点媒体发布兽药广告的，应当经国务院兽医行政管理部门审查批准，取得兽药广告审查批准文号。在地方媒体发布兽药广告的，应当经省、自治区、直辖市人民政府兽医行政管理部门审查批准，取得兽药广告审查批准文号；未经批准的，不得发布。

第五章　兽药进出口

第三十二条　首次向中国出口的兽药，由出口方驻中国境内的办事机构或者其委托的中国境内代理机构向国务院兽医行政管理部门申请注册，并提交下列资料和物品：

（1）生产企业所在国家（地区）兽药管理部门批准生产、销售的证明文件；

（2）生产企业所在国家（地区）兽药管理部门颁发的符合兽药生产质量管理规范的证明文件；

（3）兽药的制造方法、生产工艺、质量标准、检测方法、药理和毒理试验结果、临床试验报告、稳定性试验报告及其他相关资料；用于食用动物的兽药的休药期、最高残留限量标准、残留检测方法及其制定依据等资料；

（4）兽药的标签和说明书样本；

（5）兽药的样品、对照品、标准品；

（6）环境影响报告和污染防治措施；

（7）涉及兽药安全性的其他资料。

申请向中国出口兽用生物制品的，还应当提供菌（毒、虫）种、细胞等有关材料和资料。

第三十三条　国务院兽医行政管理部门，应当自收到申请之日起 10 个工作日内组织初步审查。经初步审查合格的，应当将决定受理的兽药资料送其设立的兽药评审机构进行评审，将该兽药样品送其指定的检验机构复核检验，并自收到评审和复核检验结论之日起 60 个工作日内完成审查。经审查合格的，发给进口兽药注册证书，并发布该兽药的质量标准；不合格的，应当书面通知申请人。

在审查过程中，国务院兽医行政管理部门可以对向中国出口兽药的企业是否符合兽药生产质量管理规范的要求进行考查，并有权要求该企业在国务院兽医行政管理部门指定的机构进行该兽药的安全性和有效性试验。

国内急需兽药、少量科研用兽药或者注册兽药的样品、对照品、标准品的进口，按照国务院兽医行政管理部门的规定办理。

第三十四条　进口兽药注册证书的有效期为 5 年。有效期届满，需要继续向中国出口兽药的，应当在有效期届满前 6 个月到原发证机关申请再注册。

第三十五条　境外企业不得在中国直接销售兽药。境外企业在中国销售兽药，应当依法在中国境内设立销售机构或者委托符合条件的中国境内代理机构。

进口在中国已取得进口兽药注册证书的兽用生物制品的，中国境内代理机构应当向国务院兽医行政管理部门申请允许进口兽用生物制品证明文件，凭允许进口兽用生物制品证明文件到口岸所在地人民政府兽医行政管理部门办理进口兽药通关单；进口在中国已取得进口兽药注册证书的其他兽药的，凭进口兽药注册证书到口岸所在地人民政府兽医行政管理部门办理进口兽药通关单。海关凭进口兽药通关单放行。兽药进口管理办法由国务院兽医行政管理部门会同海关总署制定。

兽用生物制品进口后，应当依照本条例第十九条的规定进行审查核对和抽查检验。其他兽药进口后，由当地兽医行政管理部门通知兽药检验机构进行抽查检验。

第三十六条　禁止进口下列兽药：

（1）药效不确定、不良反应大以及可能对养殖业、人体健康造成危害或者存在潜在风险的；

（2）来自疫区可能造成疫病在中国境内传播的兽用生物制品；

（3）经考查生产条件不符合规定的；

（4）国务院兽医行政管理部门禁止生产、经营和使用的。

第三十七条　向中国境外出口兽药，进口方要求提供兽药出口证明文件的，国务院兽医行政管理部门或者企业所在地的省、自治区、直辖市人民政府兽医行政管理部门可以出具出口兽药证明文件。

国内防疫急需的疫苗，国务院兽医行政管理部门可以限制或者禁止出口。

第六章　兽药使用

第三十八条　兽药使用单位，应当遵守国务院兽医行政管理部门制定的兽药安全使用规定，并建立用药记录。

第三十九条　禁止使用假、劣兽药以及国务院兽医行政管理部门规定禁止使用的药品和其他化合物。禁止使用的药品和其他化合物目录由国务院兽医行政管理部门制定公布。

第四十条　有休药期规定的兽药用于食用动物时，饲养者应当向购买者或者屠宰者提供准确、真实的用药记录；购买者或者屠宰者应当确保动物及其产品在用药期、休药期内不被用于食品消费。

第四十一条　国务院兽医行政管理部门，负责制定公布在饲料中允许添加的药物饲料添加剂品种目录。

禁止在饲料和动物饮用水中添加激素类药品和国务院兽医行政管理部门规定的其他禁用药品。

经批准可以在饲料中添加的兽药，应当由兽药生产企业制成药物饲料添加剂后方可添加。禁止将原料药直接添加到饲料及动物饮用水中或者直接饲喂动物。

禁止将人用药品用于动物。

第四十二条　国务院兽医行政管理部门，应当制定并组织实施国家动物及动物产品兽药残留监控计划。

县级以上人民政府兽医行政管理部门，负责组织对动物产品中兽药残留量的检测。兽药残留检测结果，由国务院兽医行政管理部门或者省、自治区、直辖市人民政府兽医行政管理部门按照权限予以公布。

动物产品的生产者、销售者对检测结果有异议的，可以自收到检测结果之日起 7 个工作日内向组织实施兽药残留检测的兽医行政管理部门或者其上级兽医行政管理部门提出申请，由受理申请的兽医行政管理部门指定检验机构进行复检。

兽药残留限量标准和残留检测方法，由国务院兽医行政管理部门制定发布。

第四十三条　禁止销售含有违禁药物或者兽药残留量超过标准的食用动物产品。

第七章　兽药监督管理

第四十四条　县级以上人民政府兽医行政管理部门行使兽药监督管理权。

兽药检验工作由国务院兽医行政管理部门和省、自治区、直辖市人民政府兽医行政管理部门设立的兽药检验机构承担。国务院兽医行政管理部门，可以根据需要认定其他检验机构承担兽药检验工作。

当事人对兽药检验结果有异议的，可以自收到检验结果之日起 7 个工作日内向实施检验的机构或者上级兽医行政管理部门设立的检验机构申请复检。

第四十五条　兽药应当符合兽药国家标准。

国家兽药典委员会拟定的、国务院兽医行政管理部门发布的《中华人民共和国兽药典》和国务院兽医行政管理部门发布的其他兽药质量标准为兽药国家标准。

兽药国家标准的标准品和对照品的标定工作由国务院兽医行政管理部门设立的兽药检验机构负责。

第四十六条　兽医行政管理部门依法进行监督检查时，对有证据证明可能是假、劣兽药的，应当采取查封、扣押的行政强制措施，并自采取行政强制措施之日起 7 个工作日内作出是否立案的决定；需要检验的，应当自检验报告书发出之日起 15 个工作日内作出是否立案的决定；不符合立案条件的，应当解除行政强制措施；需要暂停生产、经营和使用的，由国务院兽医行政管理部门或者省、自治区、直辖市人民政府兽医行政管理部门按照权限作出决定。

未经行政强制措施决定机关或者其上级机关批准，不得擅自转移、使用、销毁、销售被查封或者扣押的兽药及有关材料。

第四十七条　有下列情形之一的，为假兽药：

（1）以非兽药冒充兽药或者以他种兽药冒充此种兽药的；

（2）兽药所含成分的种类、名称与兽药国家标准不符合的。

有下列情形之一的，按照假兽药处理：

（1）国务院兽医行政管理部门规定禁止使用的；

（2）依照本条例规定应当经审查批准而未经审查批准即生产、进口的，或者依照本条例规定应当经抽查检验、审查核对而未经抽查检验、审查核对即销售、进口的；

（3）变质的；

（4）被污染的；

（5）所标明的适应证或者功能主治超出规定范围的。

第四十八条　有下列情形之一的，为劣兽药：

（1）成分含量不符合兽药国家标准或者不标明有效成分的；

（2）不标明或者更改有效期或者超过有效期的；

（3）不标明或者更改产品批号的；

（4）其他不符合兽药国家标准，但不属于假兽药的。

第四十九条　禁止将兽用原料药拆零销售或者销售给兽药生产企业以外的单位和个人。

禁止未经兽医开具处方销售、购买、使用国务院兽医行政管理部门规定实行处方药管理的兽药。

第五十条　国家实行兽药不良反应报告制度。

兽药生产企业、经营企业、兽药使用单位和开具处方的兽医人员发现可能与兽药使用有关的严重不良反应，应当立即向所在地人民政府兽医行政管理部门报告。

第五十一条　兽药生产企业、经营企业停止生产、经营超过 6 个月或者关闭的，由原发证机关责令其交回兽药生产许可证、兽药经营许可证，并由工商行政管理部门变更或者注销其工商登记。

第五十二条　禁止买卖、出租、出借兽药生产许可证、兽药经营许可证和兽药批准证明文件。

第五十三条　兽药评审检验的收费项目和标准，由国务院财政部门会同国务院价格主管部门制定，并予以公告。

第五十四条　各级兽医行政管理部门、兽药检验机构及其工作人员，不得参与兽药生产、经营活动，不得以其名义推荐或者监制、监销兽药。

第八章　法律责任

第五十五条　兽医行政管理部门及其工作人员利用职务上的便利收取他人财物或者谋取其他利益，对不符合法定条件的单位和个人核发许可证、签署审查同意意见，不履行监督职责，或者发现违法行为不予查处，造成严重后果，构成犯罪的，依法追究刑事责任；尚不构成犯罪的，依法给予行政处分。

第五十六条　违反本条例规定，无兽药生产许可证、兽药经营许可证生产、经营兽药的，或者虽有兽药生产许可证、兽药经营许可证，生产、经营假、劣兽药的，或者兽药经营企业经营人用药品的，责令其停止生产、经营，没收用于违法生产的原料、辅料、包装材料及生产、经营的兽药和违法所得，并处违法生产、经营的兽药（包括已出售的和未出售的兽药，下同）货值金额 2 倍以上 5 倍以下罚款，货值金额无法查证核实的，处 10 万元以上 20 万元以下罚款；无兽药生产许可证生产兽药，情节严重的，没收其生产设备；生产、经营假、劣兽药，情节严重的，吊销兽药生产许可证、兽药经营许可证；构成犯罪的，依法追究刑事责任；给他人造成损失的，依法承担赔偿责任。生产、经营企业的主要负责人和直接负责的主管人员终身不得从事兽药的生产、经营活动。

擅自生产强制免疫所需兽用生物制品的，按照无兽药生产许可证生产兽药处罚。

第五十七条 违反本条例规定，提供虚假的资料、样品或者采取其他欺骗手段取得兽药生产许可证、兽药经营许可证或者兽药批准证明文件的，吊销兽药生产许可证、兽药经营许可证或者撤销兽药批准证明文件，并处5万元以上10万元以下罚款；给他人造成损失的，依法承担赔偿责任。其主要负责人和直接负责的主管人员终身不得从事兽药的生产、经营和进出口活动。

第五十八条 买卖、出租、出借兽药生产许可证、兽药经营许可证和兽药批准证明文件的，没收违法所得，并处1万元以上10万元以下罚款；情节严重的，吊销兽药生产许可证、兽药经营许可证或者撤销兽药批准证明文件；构成犯罪的，依法追究刑事责任；给他人造成损失的，依法承担赔偿责任。

第五十九条 违反本条例规定，兽药安全性评价单位、临床试验单位、生产和经营企业未按照规定实施兽药研究试验、生产、经营质量管理规范的，给予警告，责令其限期改正；逾期不改正的，责令停止兽药研究试验、生产、经营活动，并处5万元以下罚款；情节严重的，吊销兽药生产许可证、兽药经营许可证；给他人造成损失的，依法承担赔偿责任。

违反本条例规定，研制新兽药不具备规定的条件擅自使用一类病原微生物或者在实验室阶段前未经批准的，责令其停止实验，并处5万元以上10万元以下罚款；构成犯罪的，依法追究刑事责任；给他人造成损失的，依法承担赔偿责任。

第六十条 违反本条例规定，兽药的标签和说明书未经批准的，责令其限期改正；逾期不改正的，按照生产、经营假兽药处罚；有兽药产品批准文号的，撤销兽药产品批准文号；给他人造成损失的，依法承担赔偿责任。

兽药包装上未附有标签和说明书，或者标签和说明书与批准的内容不一致的，责令其限期改正；情节严重的，依照前款规定处罚。

第六十一条 违反本条例规定，境外企业在中国直接销售兽药的，责令其限期改正，没收直接销售的兽药和违法所得，并处5万元以上10万元以下罚款；情节严重的，吊销进口兽药注册证书；给他人造成损失的，依法承担赔偿责任。

第六十二条 违反本条例规定，未按照国家有关兽药安全使用规定使用兽药的、未建立用药记录或者记录不完整真实的，或者使用禁止使用的药品和其他化合物的，或者将人用药品用于动物的，责令其立即改正，并对饲喂了违禁药物及其他化合物的动物及其产品进行无害化处理；对违法单位处1万元以上5万元以下罚款；给他人造成损失的，依法承担赔偿责任。

第六十三条 违反本条例规定，销售尚在用药期、休药期内的动物及其产品用于食品消费的，或者销售含有违禁药物和兽药残留超标的动物产品用于食品消费的，责令其对含有违禁药物和兽药残留超标的动物产品进行无害化处理，没收违法所得，并处3万元以上10万元以下罚款；构成犯罪的，依法追究刑事责任；给他人造成损失的，依法承担赔偿责任。

第六十四条 违反本条例规定，擅自转移、使用、销毁、销售被查封或者扣押的兽药及有关材料的，责令其停止违法行为，给予警告，并处5万元以上10万元以下罚款。

第六十五条 违反本条例规定，兽药生产企业、经营企业、兽药使用单位和开具处方的兽医人员发现可能与兽药使用有关的严重不良反应，不向所在地人民政府兽医行政管理部门报告的，给予警告，并处5000元以上1万元以下罚款。

生产企业在新兽药监测期内不收集或者不及时报送该新兽药的疗效、不良反应等资料的，责令其限期改正，并处1万元以上5万元以下罚款；情节严重的，撤销该新兽药的产品批准文号。

第六十六条 违反本条例规定，未经兽医开具处方销售、购买、使用兽用处方药的，责令其限期改正，没收违法所得，并处5万元以下罚款；给他人造成损失的，依法承担赔偿责任。

第六十七条 违反本条例规定，兽药生产、经营企业把原料药销售给兽药生产企业以外的单位和个人的，或者兽药经营企业拆零销售原料药的，责令其立即改正，给予警告，没收违法所得，并处2万元以上5万元以下罚款；情节严重的，吊销兽药生产许可证、兽药经营许可证；给他人造成损失的，依法承担赔偿责任。

第六十八条 违反本条例规定，在饲料和动物饮用水中添加激素类药品和国务院兽医行政管理部门规定的其他禁用药品，依照《饲料和饲料添加剂管理条例》的有关规定处罚；直接将原料药添加到饲料及动物饮用水中，或者饲喂动物的，责令其立即改正，并处1万元以上3万元以下罚款；给他人造成损失的，依法承担赔偿责任。

第六十九条 有下列情形之一的，撤销兽药的产品批准文号或者吊销进口兽药注册证书：

（1）抽查检验连续2次不合格的；

（2）药效不确定、不良反应大以及可能对养殖业、人体健康造成危害或者存在潜在风险的；

（3）国务院兽医行政管理部门禁止生产、经营和使用的兽药。

被撤销产品批准文号或者被吊销进口兽药注册证书的兽药，不得继续生产、进口、经营和使用。已经生产、进口的，由所在地兽医行政管理部门监督销毁，所需费用由违法行为人承担；给他人造成损失的，依法承担赔偿责任。

第七十条　本条例规定的行政处罚由县级以上人民政府兽医行政管理部门决定；其中吊销兽药生产许可证、兽药经营许可证、撤销兽药批准证明文件或者责令停止兽药研究试验的，由原发证、批准部门决定。

上级兽医行政管理部门对下级兽医行政管理部门违反本条例的行政行为，应当责令限期改正；逾期不改正的，有权予以改变或者撤销。

第七十一条　本条例规定的货值金额以违法生产、经营兽药的标价计算；没有标价的，按照同类兽药的市场价格计算。

第九章　附　则

第七十二条　本条例下列用语的含义是：

（1）兽药，是指用于预防、治疗、诊断动物疾病或者有目的地调节动物生理机能的物质（含药物饲料添加剂），主要包括：血清制品、疫苗、诊断制品、微生态制品、中药材、中成药、化学药品、抗生素、生化药品、放射性药品及外用杀虫剂、消毒剂等。

（2）兽用处方药，是指凭兽医处方方可购买和使用的兽药。

（3）兽用非处方药，是指由国务院兽医行政管理部门公布的、不需要凭兽医处方就可以自行购买并按照说明书使用的兽药。

（4）兽药生产企业，是指专门生产兽药的企业和兼产兽药的企业，包括从事兽药分装的企业。

（5）兽药经营企业，是指经营兽药的专营企业或者兼营企业。

（6）新兽药，是指未曾在中国境内上市销售的兽用药品。

（7）兽药批准证明文件，是指兽药产品批准文号、进口兽药注册证书、允许进口兽用生物制品证明文件、出口兽药证明文件、新兽药注册证书等文件。

第七十三条　兽用麻醉药品、精神药品、毒性药品和放射性药品等特殊药品，依照国家有关规定管理。

第七十四条　水产养殖中的兽药使用、兽药残留检测和监督管理以及水产养殖过程中违法用药的行政处罚，由县级以上人民政府渔业主管部门及其所属的渔政监督管理机构负责。

第七十五条　本条例自 2004 年 11 月 1 日起施行。

附录四 我国饲料添加剂品种目录（2013）

我国饲料添加剂品种，见附表2。

附表2 我国饲料添加剂品种目录

类 别	通用名称	适用范围
氨基酸、氨基酸盐及其类似物	L-赖氨酸、液体L-赖氨酸（L-赖氨酸含量不低于50%）、L-赖氨酸盐酸盐、L-赖氨酸硫酸盐及其发酵副产物（产自谷氨酸棒杆菌、乳糖发酵短杆菌，L-赖氨酸含量不低于51%）、DL-蛋氨酸、L-苏氨酸、L-色氨酸、L-精氨酸、L-精氨酸盐酸盐、甘氨酸、L-酪氨酸、L-丙氨酸、天（门）冬氨酸、L-亮氨酸、异亮氨酸、L-脯氨酸、苯丙氨酸、丝氨酸、L-半胱氨酸、L-组氨酸、谷氨酸、谷氨酰胺、缬氨酸、胱氨酸、牛磺酸	养殖动物
	半胱胺盐酸盐	畜禽
	蛋氨酸羟基类似物、蛋氨酸羟基类似物钙盐	猪、鸡、牛和水产养殖动物
	N-羟甲基蛋氨酸钙	反刍动物
	α-环丙氨酸	鸡
维生素及类维生素	维生素A、维生素A乙酸酯、维生素A棕榈酸酯、β-胡萝卜素、盐酸硫胺（维生素B_1）、硝酸硫胺（维生素B_1）、核黄素（维生素B_2）、盐酸吡哆醇（维生素B_6）、氰钴胺（维生素B_{12}）、L-抗坏血酸（维生素C）、L-抗坏血酸钙、L-抗坏血酸钠、L-抗坏血酸-2-磷酸酯、L-抗坏血酸-6-棕榈酸酯、维生素D_2、维生素D_3、天然维生素E、DL-α-生育酚、DL-α-生育酚乙酸酯、亚硫酸氢钠甲萘醌（维生素K_3）、二甲基嘧啶醇亚硫酸甲萘醌、亚硫酸氢烟酰胺甲萘醌、烟酸、烟酰胺、D-泛醇、D-泛酸钙、DL-泛酸钙、叶酸、D-生物素、氯化胆碱、肌醇、L-肉碱、L-肉碱盐酸盐、甜菜碱、甜菜碱盐酸盐	养殖动物
	25-羟基胆钙化醇（25-羟基维生素D_3）	猪、家禽
	L-肉碱酒石酸盐	宠物

续附表 2

类　别	通用名称	适用范围
矿物元素及其络（螯）合物①	氯化钠、硫酸钠、磷酸二氢钠、磷酸氢二钠、磷酸二氢钾、磷酸氢二钾、轻质碳酸钙、氯化钙、磷酸氢二钙、磷酸二氢钙、磷酸三钙、乳酸钙、葡萄糖酸钙、硫酸镁、氧化镁、氯化镁、柠檬酸亚铁、富马酸亚铁、乳酸亚铁、硫酸亚铁、氯化亚铁、氯化铁、碳酸亚铁、氯化铜、硫酸铜、碱式氯化铜、氧化锌、氯化锌、碳酸锌、硫酸锌、乙酸锌、碱式氯化锌、氯化锰、氧化锰、硫酸锰、碳酸锰、磷酸氢锰、碘化钾、碘化钠、碘酸钾、碘酸钙、氯化钴、乙酸钴、硫酸钴、亚硒酸钠、钼酸钠、蛋氨酸铜络（螯）合物、蛋氨酸铁络（螯）合物、蛋氨酸锰络（螯）合物、蛋氨酸锌络（螯）合物、赖氨酸铜络（螯）合物、赖氨酸锌络（螯）合物、甘氨酸铜络（螯）合物、甘氨酸铁络（螯）合物、酵母铜、酵母铁、酵母锰、酵母硒、氨基酸铜络合物（氨基酸来源于水解植物蛋白）、氨基酸铁络合物（氨基酸来源于水解植物蛋白）、氨基酸锰络合物（氨基酸来源于水解植物蛋白）、氨基酸锌络合物（氨基酸来源于水解植物蛋白）	养殖动物
	蛋白铜、蛋白铁、蛋白锌、蛋白锰	养殖动物（反刍动物除外）
	羟基蛋氨酸类似物络（螯）合锌、羟基蛋氨酸类似物络（螯）合锰、羟基蛋氨酸类似物络（螯）合铜	奶牛、肉牛、家禽和猪
	烟酸铬、酵母铬、蛋氨酸铬、吡啶甲酸铬	猪
	丙酸铬、甘氨酸锌	猪
	丙酸锌	猪、牛和家禽
	硫酸钾、三氧化二铁、氧化铜	反刍动物
	碳酸钴	反刍动物、猫、狗
	稀土（铈和镧）壳糖胺螯合盐	畜禽、鱼和虾
	乳酸锌（α-羟基丙酸锌）	生长育肥猪、家禽

续附表 2

类　别	通用名称	适用范围
酶制剂[②]	淀粉酶（产自黑曲霉、解淀粉芽孢杆菌、地衣芽孢杆菌、枯草芽孢杆菌、长柄木霉[③]、米曲霉、大麦芽、酸解支链淀粉芽孢杆菌）	青贮玉米、玉米、玉米蛋白粉、豆粕、小麦、次粉、大麦、高粱、燕麦、豌豆、木薯、小米、大米
	α-半乳糖苷酶（产自黑曲霉）	豆粕
	纤维素酶（产自长柄木霉[③]、黑曲霉、孤独腐质霉、绳状青霉）	玉米、大麦、小麦、麦麸、黑麦、高粱
	β-葡聚糖酶（产自黑曲霉、枯草芽孢杆菌、长柄木霉[③]、绳状青霉、解淀粉芽孢杆菌、棘孢曲霉）	小麦、大麦、菜籽粕、小麦副产物、去壳燕麦、黑麦、黑小麦、高粱
	葡萄糖氧化酶（产自特异青霉、黑曲霉）	葡萄糖
	脂肪酶（产自黑曲霉、米曲霉）	动物或植物源性油脂或脂肪
	麦芽糖酶（产自枯草芽孢杆菌）	麦芽糖
	β-甘露聚糖酶（产自迟缓芽孢杆菌、黑曲霉、长柄木霉[③]）	玉米、豆粕、椰子粕
	果胶酶（产自黑曲霉、棘孢曲霉）	玉米、小麦
	植酸酶（产自黑曲霉、米曲霉、长柄木霉 3、毕赤酵母）	玉米、豆粕等含有植酸的植物籽实及其加工副产品类饲料原料
	蛋白酶（产自黑曲霉、米曲霉、枯草芽孢杆菌、长柄木霉[③]）	植物和动物蛋白
	角蛋白酶（产自地衣芽孢杆菌）	植物和动物蛋白
	木聚糖酶（产自米曲霉、孤独腐质霉、长柄木霉[③]、枯草芽孢杆菌、绳状青霉、黑曲霉、毕赤酵母）	玉米、大麦、黑麦、小麦、高粱、黑小麦、燕麦

续附表 2

类　别	通用名称	适用范围
微生物	地衣芽孢杆菌、枯草芽孢杆菌、两歧双歧杆菌、粪肠球菌、屎肠球菌、乳酸肠球菌、嗜酸乳杆菌、干酪乳杆菌、德式乳杆菌乳酸亚种（原名：乳酸乳杆菌）、植物乳杆菌、乳酸片球菌、戊糖片球菌、产朊假丝酵母、酿酒酵母、沼泽红假单胞菌、婴儿双歧杆菌、长双歧杆菌、短双歧杆菌、青春双歧杆菌、嗜热链球菌、罗伊氏乳杆菌、动物双歧杆菌、黑曲霉、米曲霉、迟缓芽孢杆菌、短小芽孢杆菌、纤维二糖乳杆菌、发酵乳杆菌、德氏乳杆菌保加利亚亚种（原名：保加利亚乳杆菌）	养殖动物
	产丙酸丙酸杆菌、布氏乳杆菌	青贮饲料、牛饲料
	副干酪乳杆菌	青贮饲料
	凝结芽孢杆菌	肉鸡、生长育肥猪和水产养殖动物
	侧孢短芽孢杆菌（原名：侧孢芽孢杆菌）	肉鸡、肉鸭、猪、虾
非蛋白氮	尿素、碳酸氢铵、硫酸铵、液氨、磷酸二氢铵、磷酸氢二铵、异丁叉二脲、磷酸脲、氯化铵、氨水	反刍动物
抗氧化剂	乙氧基喹啉、丁基羟基茴香醚（BHA）、二丁基羟基甲苯（BHT）、没食子酸丙酯、特丁基对苯二酚（TBHQ）、茶多酚、维生素 E、L-抗坏血酸-6-棕榈酸酯	养殖动物
	迷迭香提取物	宠物
防腐剂、防霉剂和酸度调节剂	甲酸、甲酸铵、甲酸钙、乙酸、双乙酸钠、丙酸、丙酸铵、丙酸钠、丙酸钙、丁酸、丁酸钠、乳酸、苯甲酸、苯甲酸钠、山梨酸、山梨酸钠、山梨酸钾、富马酸、柠檬酸、柠檬酸钾、柠檬酸钠、柠檬酸钙、酒石酸、苹果酸、磷酸、氢氧化钠、碳酸氢钠、氯化钾、碳酸钠	养殖动物
	乙酸钙	畜禽
	焦磷酸钠、三聚磷酸钠、六偏磷酸钠、焦亚硫酸钠、焦磷酸一氢三钠	宠物
	二甲酸钾	猪
	氯化铵	反刍动物
	亚硫酸钠	青贮饲料

续附表 2

类　别	通用名称		适用范围
着色剂	β-胡萝卜素、辣椒红、β-阿朴-8'-胡萝卜素醛、β-阿朴-8'-胡萝卜素酸乙酯、β，β-胡萝卜素-4，4-二酮（斑蝥黄）		家禽
	天然叶黄素（源自万寿菊）		家禽、水产养殖动物
	虾青素、红法夫酵母		水产养殖动物、观赏鱼
	柠檬黄、日落黄、诱惑红、胭脂红、靛蓝、二氧化钛、焦糖色（亚硫酸铵法）、赤藓红		宠物
	苋菜红、亮蓝		宠物和观赏鱼
调味和诱食物质④	甜味物质	糖精、糖精钙、新甲基橙皮苷二氢查耳酮	猪
		糖精钠、山梨糖醇	养殖动物
	香味物质	食品用香料5、牛至香酚	
	其他	谷氨酸钠、5'-肌苷酸二钠、5'-鸟苷酸二钠、大蒜素	
粘结剂、抗结块剂、稳定剂和乳化剂	α-淀粉、三氧化二铝、可食脂肪酸钙盐、可食用脂肪酸单/双甘油酯、硅酸钙、硅铝酸钠、硫酸钙、硬脂酸钙、甘油脂肪酸酯、聚丙烯酸树脂Ⅱ、山梨醇酐单硬脂酸酯、聚氧乙烯20山梨醇酐单油酸酯、丙二醇、二氧化硅、卵磷脂、海藻酸钠、海藻酸钾、海藻酸铵、琼脂、瓜尔胶、阿拉伯树胶、黄原胶、甘露糖醇、木质素磺酸盐、羧甲基纤维素钠、聚丙烯酸钠、山梨醇酐脂肪酸酯、蔗糖脂肪酸酯、焦磷酸二钠、单硬脂酸甘油酯、聚乙二醇400、磷脂、聚乙二醇甘油蓖麻酸酯		养殖动物
	丙三醇		猪、鸡和鱼
	硬脂酸		猪、牛和家禽
	卡拉胶、决明胶、刺槐豆胶、果胶、微晶纤维素		宠物

续附表 2

类　别	通用名称	适用范围
多糖和寡糖	低聚木糖（木寡糖）	鸡、猪、水产养殖动物
	低聚壳聚糖	猪、鸡和水产养殖动物
	半乳甘露寡糖	猪、肉鸡、兔和水产养殖动物
	果寡糖、甘露寡糖、低聚半乳糖	养殖动物
	壳寡糖［寡聚 β-(1-4)-2-氨基-2-脱氧-D-葡萄糖］（n＝2～10）	猪、鸡、肉鸭、虹鳟鱼
	β-1,3-D-葡聚糖（源自酿酒酵母）	水产养殖动物
	N，O-羧甲基壳聚糖	猪、鸡
其　他	天然类固醇萨洒皂角苷（源自丝兰）、天然三萜烯皂角苷（源自可来雅皂角树）、二十二碳六烯酸（DHA）	养殖动物
	糖萜素（源自山茶籽饼）	猪和家禽
	乙酰氧肟酸	反刍动物
	苜蓿提取物（有效成分为苜蓿多糖、苜蓿黄酮、苜蓿皂苷）	仔猪、生长育肥猪、肉鸡
	杜仲叶提取物（有效成分为绿原酸、杜仲多糖、杜仲黄酮）	生长育肥猪、鱼、虾
	淫羊藿提取物（有效成分为淫羊藿苷）	鸡、猪、绵羊、奶牛
	共轭亚油酸	仔猪、蛋鸡
	4，7-二羟基异黄酮（大豆黄酮）	猪、产蛋家禽
	地顶孢霉培养物	猪、鸡
	紫苏籽提取物（有效成分为 α-亚油酸、亚麻酸、黄酮）	猪、肉鸡和鱼
	硫酸软骨素	猫、狗
	植物甾醇（源于大豆油/菜籽油，有效成分为 β-谷甾醇、菜油甾醇、豆甾醇）	家禽、生长育肥猪

注：①所列物质包括无水和结晶水形态。

②酶制剂的适用范围为典型底物，仅作为推荐，并不包括所有可用底物。

③目录中所列长柄木霉亦可称为长枝木霉或李氏木霉。

④以一种或多种调味物质或诱食物质添加载体等复配而成的产品可称为调味剂或诱食剂。其中，以一种或多种甜味物质添加载体等复配而成的产品可称为甜味剂；以一种或多种香味物质添加载体等复配而成的产品可称为香味剂。

⑤食品用香料见《食品安全国家标准食品添加剂使用卫生标准》（GB 2760）中食品用香料名单。